基于文脉传承的大学校园景观设计研究——以邢台学院北门景观改造为例

课题编号：XTSK1768

河北省社会科学基金项目"基于生态文明视域下的美丽乡村建设研究"

项目批准号：HB18YS039

现代城市

绿 化 艺 术 设 计 发 展 战 略

王会京　李静　李进　著

河北人民出版社

石家庄

图书在版编目（ＣＩＰ）数据

现代城市绿化艺术设计发展战略 ／ 王会京，李静，
李进著. -- 石家庄：河北人民出版社，2020.1
ISBN 978-7-202-14520-3

Ⅰ．①现… Ⅱ．①王… ②李… ③李… Ⅲ．①城市－
绿化－设计 Ⅳ．①S731.2

中国版本图书馆CIP数据核字(2020)第020907号

书　　名	现代城市绿化艺术设计发展战略	
	XIANDAI CHENGSHI LVHUA YISHU SHEJI FAZHAN ZHANLUE	
著　　者	王会京　李　静　李　进	
责任编辑	陈冠英	
美术编辑	李　欣	
封面设计	优盛文化	
责任校对	张三铁	
出版发行	河北人民出版社（石家庄市友谊北大街 330 号）	
印　　刷	三河市华晨印务有限公司	
开　　本	710 毫米 ×1000 毫米　　1/16	
印　　张	15	
字　　数	272 000	
版　　次	2020 年 1 月第 1 版　　2020 年 1 月第 1 次印刷	
书　　号	ISBN 978-7-202-14520-3	
定　　价	68.00 元	

前　言

在城市化进程不断加快、人口不断增加以及各类环境问题日益严重的今天，人们对城市绿化的认识已不再停留在单纯的可有可无的点缀和装饰上，而是深刻地认识到绿化在改善城市生态环境、塑造城市形象上发挥着极其重要的作用——调节气候、保持水土、减少污染、美化环境以及促进经济社会发展和提高人民生活质量。随着人们对环境问题的日益重视，加强城市生态环境建设，创造良好的人居环境，促进城市可持续发展，成为摆在各级政府面前的重要工作。

生态平衡、环境保护、可持续发展是人类社会在 21 世纪初所达成的共识，相关的行动计划和课题研究也在逐步深入地展开。伴随着社会的发展，人们认识的进步，世界各大城市已将园林绿化水平作为城市文明程度的重要标志之一。国内一批批"园林城市""魅力城市""花园城市""绿城"也相继脱颖而出。全国形成了提倡绿色、发展绿色的时代氛围，许多城市也提出了自己的绿化目标。

城市绿化作为城市基础设施建设的一项重要内容，直接关系到城市居民生活质量的提高和城市的可持续发展，一定程度上体现了城市的文明程度，对城市的发展至关重要。因此，对城市绿化进行系统深入的研究具有重大的社会意义。

本书内容共分为七章，第一章阐述了城市化发展与城市生态环境的关系，介绍了城市生态绿地系统以及城市绿化的功能与作用。第二章至第六章从道路绿化、公园绿化、广场绿化、居住区绿化以及立体绿化五个方面阐述了城市绿化的主要内容、原则及方法。第七章从整体上分析了城市绿化工程的构建。

鉴于笔者水平和学识有限，书中的一些不足之处，敬请读者指正。

目录

第一章 城市生态环境与绿化

第一节 城市化发展与城市生态环境

一、城市生态环境

（一）城市大气环境

1. 城市大气圈

大气环境主要是指与人类生活密切相关的大气圈。地球的大气圈围绕地球，包括高达几千米至几十千米范围内的各种气体，其主要成分是：氮 78.09%、氧 20.94%、氩 0.93%、二氧化碳 0.035%，此外，还有氖、氦、氪、氙、氡、氢、甲烷、一氧化氮、一氧化碳、臭氧、水汽、二氧化硫、硫化氢、氨等微量气体。

组成大气的气体可分为稳定组分和不稳定组分，氮、氧、氩及微量的氖、氦、氪、氙、氡、氢、甲烷等是大气中的稳定组分，而二氧化碳、二氧化硫、臭氧、水汽等是大气中不稳定的组分。

地球大气中还有一些固体和液体杂质，主要来源于自然界的火山喷发、森林火灾、地震、岩石风化以及人类活动产生的煤烟、尘埃、硫氧化物、氮氧化物等；这些也是大气中的不稳定组成部分。

2. 城市大气污染

城市人口的不断增加及社会经济活动的发展必然会导致城市大气环境的变化，严重时会引起大气污染。所谓大气污染是指大气中污染物质的浓度达到有害的程度，以致破坏生态系统和人类正常生存与发展的条件，对人和物造成危害的现象。

大气污染来源于自然和人为两个方面，混入大气中的有毒有害成分称为大气污染物。排入大气的污染物种类很多，可依照污染物的形态、来源等不同进行分类。

（二）城市气候环境

高度的城市化水平再加上区域面积的有限性导致的过高人口密度，必然会造成城市下垫面性质的改变、空气组成的变化、人为热和人为水汽的影响等，在当地纬度、大气环流、海陆位置、地形等区域气候因素作用的基础上，就会产生城市内部与其附近郊区气候的差异。这种差异并不能改变原有的气候类型，但在许多气候要素上，则明显地表现出人类活动对气候的影响。而城市气候又是重要的城市环境要素，因此了解和研究城市气候的特点，弄清城市的温度、湿度、风、降水、雾、太阳辐射等气候要素的变化规律，对于进行城市规划的合理布局，减轻和避免大气污染，改善城市生态环境具有十分重要的意义。

一个城市气候环境的类型取决于全球大气候。气候环境的优劣受城市的地理纬度、大气环境、地形、植被、水体等自然因素的影响，我国地跨温带、亚热带和热带三个气候带，因此南方城市与北方城市、东部城市与西部城市气候条件明显不同。城市气候环境又明显地受到人类活动的影响，城市人口高度集中、工业高度发展、建筑物高度密集、城市化的结构等都会影响到城市的气候环境，表现出明显的城市气候特征，其最基本的特点有以下几方面。

1. 太阳辐射和气温

城市直接辐射和总辐射比郊区少。由于城市人口集中，活动强度和频度比周围郊区大，排入空气中的粉尘等颗粒物、二氧化碳等气体比郊区多，使城市空气混浊，出现"混浊岛效应"，削弱了空气的透明度，从而减少了到达城市中的太阳直接辐射和总辐射强度，使城市的紫外线辐射和总辐射比郊区少，散射辐射比郊区稍微多一些。

城市气温比郊区高，形成"城市热岛"。由于城市下垫面性质特殊，空气中二氧化碳等温室气体较多，又有人为热等原因，使城市气温明显比郊区高，出现城市"热岛效应"或形成城市"热岛"。城市温差随城市规模、性质、季节、天气等状况不同而异，有些城市还随工厂的工作日与休息日出现同期变化。

2. 城市风和湍流

城市的风速比郊区小，风向不稳定。由于城市建筑物鳞次栉比，街道纵横交错，大大地增加了地面的粗糙度，在大多数情况下，使城市的风速小于郊区，风向复杂多变。

城市空气多湍流运动，有热岛环流和城市风。由于热力和动力不稳定，使得城市空气的湍流增多。在城市热岛的作用下，产生城市热岛环流，周围郊区的空气向市中心汇合，使城市不同方位风向有别，形成"城市风"。

3. 蒸散和湿度

城市蒸散量和空气湿度比郊区小。蒸散包括地面蒸发和植物蒸腾。城市由于地面大部分为不透水的路面和建筑物，人工排水管网发达，能迅速地排放降水，绿化面积又少，因此，蒸发量和蒸腾量都比郊区少。而城市气温又比郊区高，使城市空气的绝对湿度和相对湿度都比郊区低，形成"城市干岛"。但在一定条件下，城市夜间的绝对湿度又会较高，形成"城市湿岛"。

4. 城市云和雾

城市云量比郊区多，尤其是低云。由于城市多湍流运动，热岛效应促进气流上升，城市空气中凝结核丰富，有利于水汽凝结。因此，城市云量比郊区多，尤其是低云。

城市的雾比郊区多，有的还有光化学烟雾。因为城市空气中粉尘、吸湿性凝结核丰富，有利于水汽凝结，所以城市出现雾日比郊区多。相对湿度小的时候出现阴霾，使城市能见度低。在条件适合时，即使空气中水汽并未达到饱和，在相对湿度为 70% ~ 80% 时，城市中往往就会有雾出现。有些城市因汽车排放的废气较多，在强烈阳光作用下，还会形成浅蓝色的"光化学烟雾"。

5. 城市降水

城市降水比郊区多，尤其是对流性降水。因为城市空气中凝结核多，城市下垫面的热力、动力作用强，促进对流运动，气流上升，凝结产生降水和伴随对流性天气较多。

（三）城市土壤环境

自然界中的土壤是地壳表面的岩石经过以地质历史时间为周期的长期风化过程和风化产物的淋溶过程而逐步形成的，再经过植物对土壤中养分的选择吸收，以残留物形式归还地表，通过微生物分解还原进入土壤三个环节，形成了具有肥力的土壤，它由矿物质、有机质、水分和空气组成，其团粒结构，成为地球上绿色植物生长发育的基地，也是人类的基本生产资料与劳动对象。城市里的土壤是在地带性土壤背景下，在城市化过程中受人类活动影响而形成的一种特殊土壤。除了那些已被人工彻底破坏和地表被各种建筑材料覆盖的土壤已完全丧失了土壤的传统价值外，即使仍然暴露的土壤，由于人类活动的影响，其物理、化学等各种性质也都发生了显著的变化。因此，城市里的土壤与自然生态系统中的土壤性质有较大的差异。

1. 城市土壤类型

城市土壤大致可分为以下几种类型。

①填充土。城市绿地多属于这种土壤。它们是房屋、道路等建好后余下的空地，或是新建房、改建的公园绿地。原来的土壤被翻动，土中混入建筑的渣料和垃圾，也混进生土。

②农田土。包括城市部分绿地土壤、苗圃、花圃的土壤。这些地方的土壤还保持着农田土的特点，但由于苗圃地带土起苗，再加上枝条、树干、树根全部出圃，有机物质不能归还给土壤，因此土壤肥力逐年下降。

③自然土壤。自然土壤如郊区的自然保护区、国家森林公园和风景旅游区，受人为干扰少，在自然植被的影响下，土壤剖面有较明显的发育层次。

2. 城市土壤特点

城市土壤由于受到人为活动的影响，发生了很大的变化，其主要特点如下。

土壤无层次。人为活动产生各种废弃物，过去长期多次无序侵入土体和地下施工翻动土壤，破坏原土壤代表土壤肥力的表土层或腐殖层，形成无层次、无规律的土体构造。

土体中外来侵入体多而且分布深。侵入体是指土体内过多的建筑垃圾、各种渣砾等，成分很复杂。城市土壤中掺入大量侵入体以及地下建筑管道等，占据了地下空间，改变了土壤固、液、气三相组成、孔隙分布状况等，最终导致土壤水汽、热、养分状况的变化，影响了土壤的肥力水平。

土壤结构差。城市土壤有机质含量低，有机胶体少，土体在机械和人为外力作用下，挤压土粒，破坏具有水汽状况良好的团粒结构，形成理化性状较差的片状或块状结构。

城市土壤紧实度较大。因人为践踏、不合理灌溉等原因，城市土壤表层容重大，土壤被压缩紧实，在土壤固、液、气三相中，固相或液相相对偏高，气相偏低，土壤透气和渗透能力差，树木根系分布浅，土壤温度变化增大。从测定公园绿地得知，由于游人践踏等原因，绿地原有植被被破坏殆尽，赤裸的土地温度变化剧烈，夏天地表土温可达35℃，对树木须根生长不利。

土壤养分匮乏。城市森林植物的枝条落叶大部分被运走或烧掉，在土壤基本上没有养分补给的情况下，已有大量侵入体占据一定空间的土体，致使植株生长所需的营养不足，减少了土壤中水、气、养分的绝对含量。植物在这种土壤里生长，每一株树木要在固定地点生存几十年乃至上百年，每年都要从有限的营养空间汲取养分，势必使城市土壤越来越贫瘠，肥力逐渐下降。

土壤污染。城市人为活动所产生的工业废水、生活废水、大气污染物等进入土体内，超过土壤自净能力，造成土壤污染。

（四）城市水环境

水是生物界赖以生存的最为重要的环境因素之一，是地球表面重要的组成成分之一，因此也把水环境称为水圈。水环境是指地球上分布的各种水体的综合体。水环境主要由地表水环境和地下水环境两部分组成。地表水环境主要包括河流、湖泊、水库、海洋、池塘、沼泽、冰川等；地下水环境包括泉水、浅层地下水、深层地下水等。

城市水环境是一个城市所处的地球表层的空间中水圈的所有水体、水中悬浮物及溶解物的总称，是城市居民赖以生存和发展的重要场所，也是受人类干扰和破坏最严重的区域。城市所处的水圈的水体包括河流、湖泊、沼泽、水库、冰川、海洋等地面水以及地下水等，它们构成一个城市的总体水资源。其中，与城市经济系统和人类生活关系最密切的是具有一定质量和数量的淡水资源。城市水环境主要有以下几个特点。

1. 城市淡水资源的有限性

任何一座城市的淡水资源总量都是有限的。中国长江以南多雨地区城市的淡水资源量就比华北地区城市相对充足得多。比如，北京市的地表水和地下水主要来源于降水，而北京年降水总量为 $105 \times 10^8 t$，其中蒸掉的约 $50 \times 10^8 t$，水利工程拦蓄的约 $22 \times 10^8 t$，一部分形成径流流到下游地区，一部分渗入地下补足地下水。北京地区地下水总量在 20 世纪 60 年代以前约为 $30 \times 10^8 t$，现在由于过量开采和气候干旱，只有 $20 \times 10^8 \sim 25 \times 10^8 t$。随着城市化的进一步发展，城市淡水资源越来越紧缺，且存在水污染严重、污水净化率低、重复利用率低等问题，对城市化发展产生严重的影响。

2. 城市水环境的系统性

城市水环境的系统性是指组成城市水环境的各个方面相互影响、相互制约，结合成了有机的整体。特别是城市地面水和地下水、江河和湖泊等之间在水量上互补余缺，在水体的环境质量上相互影响。如果地面水或地下水的一部分受到严重污染，就会互相影响，导致城市整个水环境系统质量的恶化。城市水环境除了自成系统外，还同城市土壤环境相结合，成为城市自然环境系统。

3. 城市水环境系统自净能力的有限性

城市的水环境系统有一定的自净能力或环境容量，但这种自净能力与城市生态系统的水环境子系统的特点有关。例如，一个过境流量很大的江河边的城市，排入江河适量的经过处理的污水后，经过大水量的江河的稀释和江河中的生物净化，仍能使下游水质保持一定的质量。过量的未经处理的污水排入江河或市郊的水量不大、流动性较差的湖泊中去，就会很快使城市市郊的这些水体受到严重污染。

（五）城市噪声环境

噪声通常被认为是一种音量过强或者是人们不愿听到的声音，从广义上说是指一切不需要的声音，也可指振幅和频率杂乱、断续或统计上无规律的声振动。城市的扩大、人口的集聚、交通工具等的增加会引起噪声污染，必须加以控制。噪声的大小在环境学中常用声压级表示，单位为"分贝（dB）"，人耳刚刚能听到的声音为零分贝。80 dB 以下的声音不损伤人的听力，90 dB 以上的噪声将造成明显的听力损伤，115 dB 是听力保护最高允许上限，120 ～ 130 dB 的噪声使人耳有痛感，噪声达到 140 ～ 160dB 时会使听觉器官发生急性外伤，鼓膜破裂出血，螺旋体从基底膜剥离，双耳完全失聪。噪声污染对城市居民的危害很大，因而经常被比作是一种"无形的污染物"、不露面的"杀手"。

产生噪声的声源称为噪声源。按噪声产生的机理来划分，可将噪声分为机械噪声、空气动力性噪声和电磁性噪声三大类。但与人们生活密切相关的是城市噪声，城市噪声主要是由运行中的各种工业设备产品噪声，以及人群活动噪声向周围生活环境辐射而产生的。因此，按照造成城市噪声污染的污染源来划分，城市噪声主要分交通噪声、工业噪声、建筑施工噪声和其他的社会生活噪声四类。

1. 交通噪声

交通噪声是城市噪声的重要来源，其主要来自交通运输工具的行驶、振动和喇叭声，如载重汽车、公共汽车、拖拉机、火车、飞机等交通运输工具的行进，这些都是活动的噪声源，其影响面较大。

汽车是城市中最主要的交通工具，也是城市最为严重的噪声源。随着汽车数量的增加，城市噪声愈来愈严重。其噪声的强弱和行车速度有很大关系，车速提高一倍，噪声增加 6 ～ 10 dB。载重汽车、公共汽车、拖拉机等重型车辆的行进噪声为 89 ～ 92 dB，电喇叭声大约为 90 ～ 110 dB，汽喇叭大约为 105 ～ 110 dB（距行驶车辆 5 m 处）。

交通噪声中危害最大的是飞机噪声，飞机在飞行中产生一系列压力波，爆发轰隆响声，当飞行在 15 000 m 高空时，压力波可扩展到飞行航道两侧 30 ～ 50 km 范围的地面，使很多人受影响。一般大型喷气客机起飞时，距跑道两侧 1 km 内语言通信受干扰，4 km 内不能睡眠和休息。喷气式飞机在起飞、降落、加速或减速时，噪声强度最大，有时能损害建筑物、窗户玻璃和塑料制品。因此，有些国家规定不允许这类飞机在城市上空飞过。

2. 工业噪声

工业噪声指工厂的机器在运转时产生的噪声。按其噪声源特性可分为气流噪声和机械噪声两类。气流噪声是由于气流的起伏运动或气动力产生的噪声。机械噪声是由机械设备及其部件在运转和能量传递过程中产生振动而辐射的噪声。各类工业使用的机器设备和生产工艺不同，造成的噪声种类和污染程度也不同。例如，造纸工业的噪声声级范围为 80～90 dB，一般电子工业和轻工业噪声在 90 dB 以下，纺织厂为 90～106 dB，凿岩机、大型球磨机达 120 dB，风镐、大型鼓风机在 130 dB 以上。工业噪声是造成职业性耳聋，甚至是年轻人脱发秃顶的主要原因。它不仅给生产工人带来危害，而且工厂附近居民也深受其害，特别是市区内的一些街道工厂，与居民住宅只有一墙之隔，其噪声扰民严重。

3. 建筑施工噪声

建筑施工噪声指建筑施工现场大量使用各种不同性能的动力机械时产生的噪声。这种噪声具有突发性、冲击性和不连续性等特点，特别容易引起人们烦恼。据有关部门测定统计，距离建筑施工机械 10 m 处的噪声，打桩机为 88dB，推土机、挖土机为 91 dB。

4. 社会生活噪声及其他噪声

社会生活噪声指商业、娱乐、体育、游行、庆祝、宣传和不适时的音乐等活动产生的噪声，还有与人们生活密切相关的其他噪声。在生活中，缝纫机的噪声为 50～80 dB，电视机的噪声为 60～83 dB，洗衣机的噪声为 50～80 dB。

据统计，在影响城市环境的各种噪声来源中，工业噪声来源比例占 8%～10%，建筑施工噪声影响范围在 5% 左右，交通噪声影响比例将近 30%，社会生活噪声影响面最广，已经达到城市范围的 47%，是干扰生活环境的主要噪声污染源。

二、城市化发展对城市生态环境的影响

在世界性城市化进程中，许多国家正面临着公共设施的老化、环境的恶化以及市区污染等诸多问题。由于城市经济发展不平衡，不同国家治理城市化环境问题的手段也不同，而发展中国家通常面临着较大的城市生态环境危机。

（一）城市化对大气环境的影响

由于城市人口集中、工业发达、经济活动频繁，人工环境占绝对优势，构成了对自然环境强烈的干预，即人为因素成为制约城市环境变化的重要因素，使城

市在区域气候背景下，形成一种特殊的局地气候——城市气候，致使城市大气环境质量恶化。

1. 城市热岛效应

城市热岛效应（city heat island effect）简称 CHIE，是一种由于城市建筑及人们活动导致的热量在城区空间范围内相对聚集的现象与作用，是城市气候最明显的特征之一。据统计，在 CHIE 区域内，环境大气温度比外围高 $1 \sim 5℃$，最高可达 $10℃$，地面辐射减少 $15\% \sim 20\%$，风速小 $20\% \sim 30\%$，可引起城乡空气环流使城区尘土扩散到城郊，从而进一步影响城市气候。

随着城市化发展，城区、郊区的地面气温温差是呈线性增加的。冬季的城区、郊区气温差值比夏季大，且随着城市化发展，分别以 $0.026℃/a$ 和 $0.029℃/a$ 的速率递增。

2. 混浊岛效应

城市人口密集，工厂、家庭炉灶和汽车不断地排出大量烟尘，使得空气中的尘土飞扬，烟雾弥漫，城市上空透明度下降，仿佛成了一个朦胧的"混浊岛"，从而使到达地面的直接辐射减少（S），日照弱，因散射粒子多，太阳散射辐射增加（D），若以 D/S 表示大气混浊度，则城区明显比郊区大。

3. 局地环流效应

受城市化的影响，在热力因子、动力因子作用下形成了特殊的城市风系。在大范围气压梯度极小的天气下，特别是晴夜，由于城市热岛的存在，在城市形成一个弱低压中心，并出现上升气流。郊区近地面的空气仍从四面八方流入城市，风向热岛中心汇合，由热岛中心上升的空气在一定高度上又流向郊区，在郊区下沉，形成一个缓慢的热岛环流。

4. 雨岛效应

城市化对降水的影响是一个有争议的问题，归纳以往的研究主要有以下几点争议：①认为城市化有使降水增加的效应，尤其是城市的下风方向；②认为城市化对降水有减少的效应；③认为城市化对降水无影响；④认为城市化使对流性降水明显增多。

虽然关于城市化对降水的影响有争议，但许多学者认为，城市化具有使城区及其下风方向降水增多的效应。在国内，以北京、上海、广州的研究为代表，北京市 1981—1987 年，城区年平均降水量比郊区多 9%；上海市 1960—1989 年，市区汛期年平均降水量比周围郊区多 $3.3\% \sim 9.2\%$；广州市 20 世纪 70 年代平均降水量比郊区多 9.3%。在国外，1971—1975 年美国曾在其中部平原密苏里州的圣路易斯城及其附近郊区设置了稠密的雨量调查网，运用先进技术持续进行了 5 年大城市气象观测实验，同样证实了城市及其下风方向有促使降水增多的"雨岛效应"。

导致城市中云多、降水量多的主要原因如下。

①热岛效应：城市热岛效应利于产生热力对流，容易形成对流性降水。

②混浊岛效应：城市由于空气污染，凝结核丰富，也有利于水汽凝结，生成降水。

③摩擦阻挡效应：城市参差不齐的建筑物，不仅能引起机械湍流，有利于低云的形成，而且可使移动性降水系统速度缓慢导致城区降水、温度增高。

（二）城市化对水环境的影响

1. 城市化对水文循环的影响

水分的蒸发、凝结、降落（降雨）、输送（径流）循环往复运动过程，称水文循环。天然流域地表雨水降落后，一部分被植物截留蒸发，一部分降落地面填洼，一部分下渗到地下，补给地下水，一部分涵养在地下水位以上的土壤孔隙内，其余部分形成地表径流，汇入收纳水体。

随着城市化的发展，城区地表性质发生了变化，沥青、水泥等工业材料代替了土壤和植被，雨水无法渗入土壤补给地下水，大部分变成径流。城市化前，蒸发量占40%，地面径流占10%，入渗地下水占50%；城市化后，蒸发量占25%，地面径流占30%，屋顶径流占13%，入渗地下水占32%。由此可见，随着城市化发展，下垫面不透水面积的百分比愈大，水下渗量愈小，地面径流愈大。

2. 城市化对水资源总量的影响

城市化不仅影响自然界水文循环，还给城市水资源带来很大的危机。我国北方多数城市，甚至南方部分城市都出现了不同程度的水荒，并影响到了城市经济发展和市民生活质量。

随着城市化发展，城市规模不断扩大，城市人口增加，工业迅速发展，城市用水量急剧增加，造成水资源短缺。在我国661个城市中，有一半城市严重缺水。

城市居民生活用水随着人口的增加以及生活方式、卫生要求、经济条件的改变而大幅度增加。

城市工业用水的增长率与工业产值的增长有一定的关系。世界各国工业用水的增长情况不尽相同，根据2016年中国水资源公报，目前我国工业用水量占总用水量的21.6%。

3. 城市化对水体环境的影响

随着城市化发展，工业生产规模越来越大，需水量持续增加，其工业排水量亦增多。我国工业用水与国外同行业同类产品相比，有单位耗水量高、排污量大、重复利用率低、用水工艺落后、废污水处理率低等特点。同时，因城市人口急速增长，城市生活污水排放量也日益增多，这些未经处理或处理不充分的废污水排入流经城市的河流、湖泊等水体，工业废气向大气排放，其所含的二氧化硫、氮氧化物等物质形成酸雨下降到地表水体，造成水体污染，水质恶化。

4. 城市化对城市地下水的影响

（1）地下水位下降，水质降低

城市不透水区域下渗水量很少，城市土壤水分补给减少，致使基流减少，地下水位补给也随之减少，促使地下水位急剧下降。

（2）水量平衡失调

由于城市化、工业化的发展，城市用水量大量增加，而地表水又受到不同程度的污染，致使供水不足，水资源短缺，于是超采地下水，超过了自然补给能力，使水量平衡失调。另外，城市化引起的水循环变化也影响水量平衡。

（三）城市化对土壤环境的影响

城市化进程中产生的废弃物直接或间接通过大气、水体和生物向土体输入，使土壤遭受污染，而受到污染的土壤中的污染物质向外界输出，又使大气、水体和生物受到污染。人类生活和生产活动所产生的大量的污染物通过各种途径进入土壤，并不断积累，当其数量和速度超过了土壤的自净能力，就会破坏动态平衡，引起土壤的组成、结构和功能发生变化，使土壤质量下降，抑制农作物（或植物）的正常生长和发育，甚至某些污染物质在植物体内积累，降低其产量和质量，危害人体健康，这种现象被称为土壤污染。

城市化进程中，土壤污染的主要危害有以下几点。

1. 对人体的影响

被病原体污染的土壤能传播伤寒、痢疾、病毒性肝炎等疾病。土壤被有毒化学物污染后，对人体的影响大多是间接的，主要通过农作物、地表水或地下水对人体产生危害，被有机物污染的土壤还容易腐败分解，散发出恶臭而污染空气，或使土壤处于潮湿污秽状态而影响人体健康。

2. 对植物的影响

土壤中污染物超过植物的承受限度，会引起植物的吸收和代谢失调；一些污染物在植物体内残留，会影响植物的生长发育，甚至导致遗传变异。例如，土壤被石油污染后会对一些作物产生矮化作用，主要症状是叶片披散下垂，叶尖变红，抽穗后不能开花授粉，形成空壳。

3. 对建筑物的影响

建筑物周围的土壤经腐蚀后就会出现地基变形：一是土壤的结构被破坏，造成地基沉陷变形，如腐蚀的产物为易溶盐，在地下水中流失或使土变成稀泥。例如，某工厂建厂前地下水的 pH 值为 6 ～ 7，数年后 pH 值降到 3，由于土粒结构被破坏，变成疏松多孔，使地基产生不均匀变形，造成其软化，装置倾斜。西北某厂镍电解厂房，地基为卵石混砂的戈壁土，生产十年后，地基受硫酸溶液的腐蚀而猛烈膨胀，致使地面隆起，最大抬升高度达 80 cm，导致柱基被抬起，厂房产生严重的裂缝。

4. 对生态环境的影响

土壤是一个开放系统，土壤系统以大气、水体和生物等自然因素和人类活动作为环境，并与环境之间发生着作用。城市人类活动以"三废"形式直接或通过大气、水体和生物进一步污染，使整个城市生态环境质量下降。

（四）城市化对声环境的影响

由于城市化发展，城市交通工具、工业生产、社会活动等引起的城市噪声越来越严重，其危害也愈来愈大。

1. 对人体的影响

城市中以因工业生产、建筑施工、商业活动、交通运输等产生的各种令人不适的声音，妨碍人们的休息和工作，甚至影响人体健康，成为城市环境污染的重要因素之一。噪声对人体健康最常见的影响是听力减退和引起噪声性耳聋。人进入噪声环境中，常会感到烦恼、难受、耳鸣，甚至还会出现晕眩、恶心或呕吐等症状。这些症状在脱离噪声环境后即可缓解或消失。若再次接触噪声，上述情况又将重复出现，且随接触次数增加及时间延长而加重，逐渐出现听觉疲劳。据调查，在高噪声车间里，噪声性耳聋的发病率有时可达 50% ～ 60%，甚至高达 90%。极强噪声能使人的听觉器官发生急性外伤，并使整个机体受到严重损伤，引起耳膜破裂出血，双耳完全变聋，语言紊乱，神志不清，脑震荡和休克，甚至死亡。

2. 对建筑物的影响

噪声还给建筑物带来灾害，影响生产活动。例如，超音速飞机产生的巨大压力波往往超过 140 dB，可使墙震裂、瓦落、门窗破损，甚至使烟囱及古老的建筑物发生倒塌，使钢结构产生"声疲劳"而损坏。

3. 对生产活动的影响

强烈的噪声可使自动化、高精度的仪器、仪表失灵，使科研、国防建设和现代化生产遭受损失。

第二节 城市生态绿地系统

一、城市绿地建设与城市绿地系统

（一）人居环境与绿地系统

人居环境（或称"人类住区"）属于生命活动的过程之一，与地球和生命科学有着密切的联系。科学家把覆盖地球表面的薄薄的生命层称为"生物圈"。它是地球上有生命活动的领域及其居住环境的整体。生物圈是地球上最大的功能系统并进行着能量固定、转化与物质迁移、循环。其中，绿色植物具有核心的作用。从生态学的基本观点出发，可以将地球生物圈空间大致划分为自然生境和人居环境两大系统。人居环境的空间构成，按照其对于人类生存活动的作用和受人类行为参与影响程度的高低，又可划分为生态绿地系统和人工建筑系统两大部分。

1992年联合国环境与发展大会以来，可持续发展的人居环境建设已成为全球关注的议题。联合国《21世纪议程》指出："人类住区工作的总目标是改善人类住区的社会、经济和环境质量所有人（特别是城市和乡村贫民）的生活与工作环境。"因此，探讨和寻求能在发展中国家城市化进程中实施的，既符合理想又切实可行的人居环境生态绿地系统建设及其保护与发展战略，就成为具有重要意义的科学研究课题之一。

（二）园林与绿地的关系

绿地是城市园林绿化的载体。园林与绿地属于同一范畴，具有共同的基本内容，但又有区别。

我们现在所称的"园林"是指为了维护和改变自然地貌，改善卫生条件和地区环境条件，在一定的范围内，主要由地形地貌、山、水、泉、石、植物、建筑（亭、廊、阁等）、动物等要素组成。它是根据一定的自然、艺术和工程技术规律，组合建造的"环境优美，主要供休息、游览和文化生活、体育活动的空间境域，包括各种公园、花园、动物园、植物园、风景名胜区等。

由国外有关城市绿地理论与实践可以看出：无论是从霍德华的"田园城市"到英国战后的"绿带法"，还是从美国公园系统的理论与实践到德国"大柏林规划竞赛"方案中的"绿地系统"，绿地从一开始就是一个广义的概念。现代城市绿地，是在城市园林基础上发展起来的，因而具有更深的内涵。绿地的含义比较广泛，凡是种植多种植物形成的绿化境域，都可称作绿地。就所指对象的范围来看，"绿地"比园林广泛。"园林"必是绿地；而"绿地"不一定称"园林"。园林是绿地中设施质量与艺术标准较高，环境优美，可供游憩的精华部分。城市园林绿地既包括了环境和质量要求较高的园林，又包括了居住区、工业企业、机关、学校、街道广场等普遍绿化的用地。

二、现代城市绿地系统的定位与构成

（一）我国对生态园林、城市林业及城市森林等概念的认识

我国由于市区绿化和郊区绿化分属园林和林业两个部门管理，客观上造成了部门间对名称和归属问题的不同看法和理解。

1. 园林

在一定地域内，运用工程技术和艺术手段，通过改造地形（筑山、叠石、理水），种植树木、花卉，营造建筑和布置园路等手段，创造优美的自然环境和游憩领域。

2. 城市绿化

城市绿化是城市建设的重要组成部分，是营造生态城市建设绿地系统的重要手段，是城市生态环境建设的核心内容。城市绿化通过在城区营造规模性的绿地和绿地系统，发挥绿色植物对环境的调控作用，改善城市物质与能量的流动，改善城市的生态环境，提高城市居民的生活质量，创造人与自然和谐的生存空间，较高程度地缓减和减少人对自然的损伤和破坏，促进城市社会、经济以及环境的可持续发展。

3. 生态园林

生态园林与传统园林的最大区别是在保证园林绿地观赏价值的基础上，特别强调园林绿地的生态效益和多种功能的发挥，把改善环境、提高人类健康水平作为自己的核心。园林绿地是一个人工生态系统，传统园林虽然也有生态效益，但生态效益的发挥并不以人的意志为转移。生态园林是能够使园林绿地按照人的要求去发挥作用的目的系统。

生态园林是对传统园林的继承和发展，是"园林"的扩展和深化。生态园林在强调生态效益的同时，并不降低对园林审美质量的要求。生态园林在继承造园意境、植物造园造景等传统园林精华的基础上把园林绿化推向功能更加齐全、高效，经济更加合理，形式更具现代特色的新阶段。生态园林对园林工作者提出了

更高的要求。因此，生态园林是现代园林发展的必然方向。

（二）现代城市生态园林绿地系统的构成

现代城市生态园林绿地系统，泛指城市区域内一切人工或自然的植物群体、水体及具有绿色潜能的空间境域。城市生态园林绿地系统，是有较多人工活动参与培育和经营的，有社会效益、经济效益和环境效益产出的各类绿地（含部分水域）的集合。它是以生态学、环境科学的理论为指导，以人工植物群落为主体，以园林艺术手法构成的具有净化、调节和美化环境功能的生态体系。在可能的条件下，这个系统同时生产各类园林产品，并且维护生物种类的多样性。

具体说来，城市生态园林绿地系统包括：公共绿地（公园、游园、街心花园、专类公园等）、居住区绿地、专用绿地（机关、厂矿、学校庭院绿地）、生产绿地（苗圃、果园等）、防护绿地（城市防护林、防风林、卫生隔离带、水土保持林等）、风景绿地和街道绿地等所有绿地。此外，清洁水体、开敞空间也属于生态绿地范畴。它是集空间、大气、水域、土地、植物、动物、微生物于一体的综合建设。

作为城市的生态园林绿地，第一，必须有绿色植物所形成的生态空间；第二，绿色植物覆盖面分布要合理，点、线、面结合，小、中、大结合，充分发挥生态作用；第三，绿色植物不但要达到一定的数量，而且其栽植形式、结构及色彩、品种、姿态等诸方面，也要合理配置，构成具有艺术效果的绿化、美化的形象，而且要通过正常的养护管理，维护其艺术形象长期不衰，给人以艺术享受；第四，城乡结合，形成区域范围内的复层立体结构的大环境绿化的生态园林绿地系统体系。

（三）城市生态园林绿地系统的特征

1. 系统性

城市生态园林绿地系统是城市系统的子系统，绿地系统与其他子系统构成城市交合系统，各子系统在城市系统中不是孤立存在的，它们之间相互影响，相互作用。

2. 整体性

城市生态园林绿地系统中的每一种类型的绿地都具有独特的作用，但整个系统除了能保持自身的作用外，各类绿地之间还融为一体发挥整体的功效。

3. 连续性

城市生态园林绿地系统是为满足某些功能而以空间体系存在的，故其具有连续性。

4.动态稳定性

绿地系统是一种有生命的系统，因而随着季节的更替，绿地系统的内部也发生相应的变化，但整个系统对外显现着一种稳定性。

5.地域性

城市生态园林绿地系统从属于城市环境系统，城市有自身的地域分布。因而，城市的可持续发展要求地方文化的技术特征也应反映在城市生态绿地系统规划中。地域性体现了绿地系统的个性。

（四）建设城市生态园林绿地系统的原则

城市生态园林绿地系统是城市建设的主要组成部分之一，所以园林与绿地的规划设计的主要范围是：工厂、企业、街道、广场、居住区、公园及其他各种形式的城市绿地。绿地布局要从人与自然的关系，从改善城市生态系统原理来要求。城市生态园林的建设首先应从功能上考虑形成系统，而不是从形式上考虑。为此，生态园林构建应遵循以下原则。

①合理进行城市森林系统的规划布局，通过绿地点、线、面、垂、嵌、环、廊相结合，建立城市绿地系统的生态网络。

②遵循生态学原理，以植物群落为绿地结构单位，构筑乔、灌、草、藤复合群落。

③以生物多样性为基础，以地带性植被为特征，构建具有地域特色的城市森林体系。

④发挥城市生态园林的园林艺术效果，生态效能与绿化、美化、香化相结合，丰富城市景观。

城市绿地建设应运用生态学原理，从群落学的观点出发，建设以乔木为骨架、木本植物为主体，以生物多样性为基础，以地带性植被为特征，以乔、灌、草、藤复层结构为形式，以城乡一体化为格局，以发挥最大的生态效益为目的的城市绿地系统。关键是优化绿地群落的生态结构，而提高绿地系统生物多样性应优先考虑，做好绿化植物材料的规划与培育则是基础。

（五）建设城市生态园林绿地系统的必要性

1.城市可持续发展的要求

城市绿地系统是决定城市各项功能是否完善、协调，是否能够可持续发展的基础，是城市各功能区块在空间上协调、过渡、有机融合的纽带，必须从区域和城市可持续发展的高度来构筑城市的绿地系统。

2. 追求生态城市的要求

对人类住区生态系统的普遍关注，导致了全球化的"生态城市运动"。虽然对生态城市的确切含义学术界尚无明确、统一的解释，但追求人与自然的融合，城市与环境的和谐，建设生态城市、山水城市、园林城市的热潮日益高涨。这就要求必须从生态学的角度来研究城市绿地系统。

3. 追求城市特色的要求

城市的生命力、城市的竞争力在于其个性。通过城市绿地系统与城市景观系统的结合可以实现城市总体形象的整合、塑造和强化，建设有深厚文化底蕴、有鲜明形象特征的城市。

4. 以人为本、追求城市绿地复合功能的要求

城市绿地应体现对人的尊重，不仅满足人们的观赏、休闲、娱乐的需要，还应满足人们的健身、交往的需要。将城市绿地作为旅游资源对外开放，为城市绿地的多渠道建设和城市绿地资源的复合化利用提供了新的途径。

生态园林建设需要结合我国各地的生态条件和植物、土地等资源进行实践和创造。目前，这方面的科研工作落后于形势需要，加强这一环节是增强生态园林建设科学性的重要基础。从城市绿化这个范畴来讲，目前比较迫切的是根据城市生态特点开展的系列研究。例如，对城市的植物生存条件特点的研究；建立合理人工群落的研究；根据城市特点改进种植技术和养护措施的研究；利用城市不同立地条件丰富和优化植物的种类、延长树木的生长寿命、加强古树及老龄树木的保护、改善城市树木树龄结构的研究等。值得强调的是，迫切需要加强植物生理生化方面的研究工作，按照生态位的原则进行植物配置，使复层种植结构建立在合理的共生关系的基础之上，以求全面提高人工群落的保存性、观赏性和经济性。另外，建立生态标准，研究树种组成结构的定量表达等都是值得重视和探讨的问题。

第三节　城市绿化的功能与作用

从宏观来讲，城市绿化工作的主体是城市植物，其中又以园林树木所占比重最大，从园林建设的趋势来讲，必定是以植物造园（景）为主体。因此，城市植物——园林树木，在城市绿化建设中占有非常重要的地位。充分地认识、科学地选择和合理地应用城市植物，对提高城乡园林绿化水平，绿化、美化、净化以及改善城市自然环境，保持自然生态平衡，充分发挥园林的综合功能和效益，都具有重要意义。

一、园林植物净化作用

（一）吸收有毒气体

由于环境污染，空气中各种有害气体增多，主要有二氧化硫、氯气、氟化氢、氨气、汞、铅蒸气等，二氧化硫是大气污染的"元凶"，在空气中数量最多，分布最广，危害最大。园林植物是最大的"空气净化器"，城市绿化植物的叶片能够吸收二氧化硫、氟化氢、氯气、安息香吡啶等多种有害气体或将其富集于体内而减少空气中的毒物量。

1. 二氧化硫

二氧化硫被叶片吸收后，在叶内形成亚硫酸和毒性极强的亚硫酸根离子，后者能被植物本身氧化转变为毒性降为 1/30 的硫酸根离子，因此达到解毒作用而不受害或受害减轻。不同树种吸收二氧化硫的能力是不同的，一般的松林每天可从 $1 m^3$ 空气中吸收 20 mg 的二氧化硫，每公顷（1 公顷 =10 000 平方米，全书同）柳杉林每年可吸收 720 kg 二氧化硫，每公顷垂柳在生长季节每月可吸收 l0 kg 二氧化硫。

人们对于植物吸收二氧化硫的能力进行了许多研究工作，发现空气中的二氧化硫主要是被各种物体表面所吸收，而植物叶片的表面吸收二氧化硫的能力最强。硫是植物必需的元素之一，正常情况下植物中均含有一定量的硫，但在二氧化硫污染的环境中，植物中的硫含量可为其正常含量的 5 ～ 10 倍。有研究表明，绿地上空的气体中二氧化硫的浓度低于未绿化地区的上空；污染区树木叶片的含硫量高于清洁区许多倍，在植物可以忍受的限度内，其吸收量随空气中二氧化硫的浓度提高而增大。研究还表明，对二氧化硫抗性越强的植物，一般吸收二氧化硫的量越多，阔叶树对二氧化硫的抗性比针叶树要强。

据测定，当二氧化硫通过树林时，随着距离增加气体浓度有明显降低，特别是当二氧化硫浓度突然升高时，浓度降低更为明显。

研究表明，臭椿吸收二氧化硫的能力特别强，超过一般树木的 20 倍，另外夹竹桃、罗汉松、大叶黄杨、槐树、龙柏、银杏、珊瑚树、女贞、梧桐、泡桐、紫穗槐、构树、桑树、喜树、紫薇、石榴、菊花、棕榈、牵牛花、广玉兰等植物都有极强的吸收二氧化硫的能力。

2. 氯气

根据吸毒力较强而抗性亦较强的标准来筛选，银柳、赤杨、花曲柳都是吸收氯气的较好树种；此外，银桦、悬铃木、柽柳、女贞、君迁子等均有较强的吸收氯气的能力；构树、合欢、紫荆、木槿等则具有较强的抗氯和吸氯能力。

3. 氟及氟化氢

氟化氢对人体的毒害作用比二氧化硫大 20 倍，不少树种都有较强的吸氟化氢能力。据国外报道，柑橘类可吸收较多的氟化物而不受害。女贞、泡桐、刺槐、大叶黄杨等有较强的吸氟能力，其中女贞的吸氟能力比一般树木高 100 倍以上，梧桐、大叶黄杨、桦树、垂柳等均有不同程度的吸收氟化氢能力。

4. 其他有毒物质

喜树、梓树、接骨木等树种具有吸苯能力；樟树、悬铃木、连翘等具有良好的吸臭氧能力；夹竹桃、棕榈、桑树等能在汞蒸气的环境下生长良好，不受危害；大叶黄杨、女贞、悬铃木、榆树、石榴等在铅蒸气条件下都未有受害症状。因此，在产生有害气体的污染源附近，选择与其相应的具有吸收能力和抗性强的树种进行绿化，对于防止污染、净化空气是十分有益的。

（二）净化水体

城市和郊区的水体常受到工厂废水及居民生活污水的污染而影响环境卫生和人们的身体健康，而植物有一定的净化污水的能力。研究证明，树木可以吸收水中的溶质，减少水中的细菌数量。例如，在通过 30 ～ 40m 宽的林带后，一升水中所含的细菌数量比不经过林带的减少 1/2。

许多植物能吸收水中的有害物质而在体内富集起来，富集的程度，可比水中有害物质的浓度高几十倍至几千倍，因此使水中的有害物质降低，得到净化。而在低浓度条件下，植物在吸收有害物质后，有些植物可在体内将有害物质分解，并转化成无害物质。

不同的植物以及同一植物的不同部位，它们的富集能力是不相同的，如对硒而言，大多数禾本科植物的吸收和积聚量均很低，约为 30 mg/kg，但是紫云英能吸收并富集硒达 1 000 ～ 10 000 mg/kg。一些在植物体内转移很慢的有害物质，如汞、氢、砷、铬等，在根部的积累量最高，在茎、叶中较低，在果实、种子中最低。所以，在上述物质的污染区应禁止栽培根菜类作物，以免人们食用受害。至于镉、硒等物质，在植物体内很易流动，根吸入后很少贮存于根内而是迅速运往地上部贮存在叶片内，亦有一部分存于果实、种子之中。镉是骨痛病的元凶，所以在硒、镉污染区应禁止栽种菜叶类和禾谷类作物，如稻、麦等，以免人们长期食用造成危害。柳树和水中的浮萍均可富集镉，可以利用具有强富集作用的植物来净化水质。但在具体实施时，应考虑到食物链问题，避免人类受害。

最理想的是植物吸收有害物质后转化和分解为无害物质，如水葱、灯芯草等可吸收水或土中的单元酚、苯酚、氰类物质使之转化为酚糖甙、二氧化碳、天冬氨酸等而失去毒性。

许多水生植物和沼生植物对净化城市的污水有明显的作用。每平方米土地上生长的芦苇一年内可积聚 6 kg 的污染物，还可以消除水中的大肠杆菌。在种有芦苇的水池中，水中的悬浮物要减少 30%，氯化物减少 90%，有机氮减少 60%，磷酸盐减少 20%，氨减少 60%，总硬度减少 33%。水葱可吸收污水池中的有机化合物。水葫芦能从污水里吸收银、金、铅等金属物质。

（三）净化土壤

植物的地下根系能吸收大量有害物质而具有净化土壤的能力，有的植物根系分泌物能使进入土壤的大肠杆菌死亡。有植物根系分布的土壤，好气性细菌比没有根系分布的土壤多几百倍至几千倍，故能促使土壤中的有机物迅速无机化，因此，既净化了土壤，又增加了肥力。研究证明，含有好气性细菌的土壤，有吸收空气中一氧化碳的能力。

（四）减轻放射性污染

绿化植物具有吸收和抵抗光化学烟雾污染物的能力，能过滤、吸收和阻隔放射性物质，降低光辐射的传播和冲击波的杀伤力，并对军事设施等起隐蔽作用。

美国近年发现酸木树具有很强的吸收放射性污染物的能力，如种于污染源的周围，可以减少放射性污染的危害。此外，用栎属树木种植成一定结构的林带，也有一定的阻隔放射性物质辐射的作用，它们可起到一定程度的过滤和吸收作用。一般来说，落叶阔叶树林所具有的净化放射性污染的能力与速度要比常绿针叶林大得多。

二、园林植物的滞尘降尘作用

（一）园林树木的滞尘作用

不同园林植物，由于各自叶面粗糙性、树冠结构、枝叶密度和叶面倾角的差异，导致了它们滞留粉尘能力的差异。

各种树木滞尘力差别很大，如桦树比杨树的滞尘力大 2.5 倍，比针叶树大 30 倍。一般言之，树冠大而浓密、叶面多毛或粗糙以及分泌有油脂或黏液者均有较强的滞尘力。例如，北京市环境保护研究所用体积重量法测定粉尘污染区的圆柏和刺槐，得知单位体积的蒙尘量圆柏为 20 g、刺槐为 9 g。

具有滞尘能力的树种有：旱柳、榆树、加拿大杨、桑树、刺槐、花曲柳、枫杨、山桃、皂角、梓树、黄金树、卫矛、美青杨、复叶槭、稠李、桂香柳、黄檗、蒙古栎等。其中，效果最好的有旱柳、榆树、桑树、加拿大杨，其次为刺槐、山桃、花曲柳、枫杨、皂角，再次为美青杨、桃叶卫矛、臭椿等。

树木对粉尘的阻滞作用在不同季节有所不同。植物吸滞粉尘的能力与叶量多少成正比，即冬季植物落叶后，其吸滞粉尘的能力不如夏季。据测定，在树木落叶期间，其枝干、树皮能滞留空气中18%～20%的粉尘。

（二）草坪的滞尘作用

草坪也有明显减尘作用，它可减少重复扬尘污染。在有草坪的足球场上，其空气中的含尘量仅为裸露足球场上含尘量的1/6～1/3。

有研究者对城市常见的草坪植物的滞尘能力进行了测定（见表1-1），结果表明，草坪植物滞尘能力的大小依据种类不同而有很大的差异，滞尘量随着叶面积的增大而增加。

表1-1　草坪草的叶面积及滞尘能力比较

项 目	结缕草	野生草	细叶羊胡子草	寸 草
草叶总面积（m²）	17.32	13.55	8.16	2.43
草坪滞尘量（t/a·hm²）	15.95	19.9	9.72	8.54

据北京市园林科研所研究，不同结构绿地的降尘作用，以乔灌草型减尘率最高，灌草型次之，草坪较差。

一般叶片积尘多，不影响生长，易被大风、大雨和人工大水冲刷干净，便于重新恢复滞尘能力的植物，是较为理想的滞尘植物。

三、园林植物的降温增湿作用

园林植物是城市的"空调"。园林植物通过对太阳辐射的吸收、反射和透射作用以及水分的蒸腾来调节小气候，降低温度，增加湿度，减轻"城市热岛效应"，同时还可以降低风速，在无风时引起对流，产生微风。冬季因为降低风速的关系，又能提高地面温度。在市区内，由于楼房、庭院、沥青路面等所占比重大，形成一个特殊的人工下垫面，对热量辐射、气温、空气湿度都有很大影响，盛夏在市区内形成热岛，因而园林植物对市区增加湿度、降低温度尤为重要。

（一）改善城市小气候

小气候主要指地层表面属性的差异所造成的局部地区气候。其影响因素除太阳辐射和气温外，直接随作用层的狭隘地方属性而转移，如小地形、植物、水面等，特别是植被对地表温度和小区气候温度影响尤大。人类大部分活动是在离地2 m 的范围内进行的，这一层最容易受人类活动的影响。人类对气候的改造，目前还限于对小气候条件进行改造，在这个范围内最容易按照人们需要的方向进行改造。改变地表热状况，是改善小气候的重要方法。

植物叶面的蒸腾作用，能降低气温，调节湿度，吸收太阳辐射，对改善城市小气候有着积极的作用。城市郊区大面积的森林和宽阔的林带，道路上浓密的行道树和城市其他各种公园绿地，对城市各地段的温度、湿度和通风均有良好的调节效果。

（二）降低光照强度，调节温度，减少辐射

1. 调节温度

影响城市小气候最突出的有物体表面温度、气温和太阳辐射，而气温对人体的影响是最主要的。

一般人感觉最舒适的气温为 18 ～ 20℃，相对湿度以 30% ～ 60% 为宜。在夏季，人在树荫下和在阳光直射下的感觉，差异是很大的。这种温度感觉的差异不仅仅是 3 ～ 5℃气温的差异，而主要是由太阳辐射温度决定的。阳光照射到树林上时，约有 20% ～ 25% 被叶面反射，有 35% ～ 75% 为树冠所吸收，有 5% ～ 40% 透过树冠投射到林下。也就是说，茂盛的树冠能挡住 50% ～ 90% 的太阳辐射。经测定，夏季树荫下与阳光直射的辐射温度可相差 30 ～ 40℃之多。不同树种遮阳降低气温的效果也不同。由于树种不同，树冠大小不同，叶片的疏密度、质地等的不同，不同树种的遮阳能力亦不同。遮阳能力愈强，降低辐射热的效果愈显著。行道树中，以银杏、刺槐、悬铃木与枫杨的遮阳降温效果最好，垂柳、槐、旱柳、梧桐较差。

另外，立体绿化也可以起到降低室内温度和墙面温度的作用。对人体健康最适宜的室内温度是 18℃，当室温在 15 ～ 17℃时人的工作效率达到最高。室温超过 23℃，人容易疲劳和精神不振，从事脑力劳动者还会出现注意力不集中。上海闸北区某中学一幢二层砖混结构实验楼的西山墙，从底层到二层长满了爬山虎，有研究者连续 6 天对该实验楼西端外墙有爬山虎和无爬山虎的两间 20 m² 教室的室内外温度进行了测试，数据表明：在最高气温达 31.0℃时，无爬山虎的墙外表面的最高温度达 49.9℃，有爬山虎的外墙表面最高温度是 36.1℃，相差 13.8℃，而

室内温度相差 1.5～2℃。此外，在温度降低 5% 的情况下，湿度值却提高了 13%，即外墙种植爬山虎的室内比外墙未种植爬山虎的室内温度降低的同时湿度增高了。这充分说明，植物遮阴的墙面，不但阳光直接辐射减弱，而且由于大面积叶面的蒸腾作用，有显著的降温效应。

从降温的绿化效能来看，树木减少辐射热的作用要比降低气温的作用大得多。生活的经验使我们知道，在夏季即使气温不太高时，人们亦会由于辐射热而眩晕，因此以树木绿化来改善室外环境，尤其是在街道、广场等行人较多处种植树木是很有意义的。

在冬季落叶后，由于树枝、树干的受热面积比无树地区的受热面积大，同时由于无树地区的空气流动大、散热快，所以在树木较多的小环境中，其气温要比空旷处高。总的说来，树木对小环境起到冬暖夏凉的作用。当然，树木在冬季的增温效果远远不如夏季的降温效果具有实际意义。

2. 减轻城市热岛效应

形成"城市热岛"的主要原因是人类对自然下垫面的过度改造。混凝土、沥青等热容量很大，白天充分地吸收热能，夜间又放出热能，具有阻碍夜间气温降低的作用。加之建筑林立使城市通风不良，不利于热量扩散，使城市气温比郊区高。树木和其他植被能够利用自身的蒸腾作用将水蒸气散到大气中去，由于耗费热能，叶面温度与周围的气温均有所降低，结果使气温降低。

3. 调节湿度

绿色树木不断向空中蒸腾水汽，使空中水汽含量增加，增大了空气相对湿度。种植树木对改善小环境内的空气湿度有很大作用。一株中等大小的杨树，在夏季白天每小时可由叶部蒸腾 25 kg 水至空气中，一天即达 0.5 t，如果在某个地方种植 1 000 株杨树，则相当于每天在该处洒水 500 t。不同的树种具有不同的蒸腾能力。经北京市园林局测定：1 hm² 阔叶林夏季能蒸腾 2 500 t 水，比同样面积的裸露土地蒸发量高 20 倍，相当于同等面积的水库蒸发量。

研究表明，每公顷树林每年可蒸腾 8 000 t 水，同时吸收 40 亿卡路里热量。因此，园林绿地能提高空气相对湿度 4%～30%。一般来说，大片绿地调节湿度的范围，可达绿地周围相当于树高 10～20 倍的距离，甚至扩大到半径 500 m 的邻近地区。

据测定，在树木生长过程中，要形成干物质大约需要蒸腾 300～400 kg 的水。在北方地区春季树木开始生长，从土壤中吸收大量水分，然后蒸腾散发到空气中去，绿地内相对湿度增加 20%～30%，可以缓解春旱，有利于生产及生活。夏季森林中的空气湿度要比城市高 38%，公园中的空气湿度比城市高 27%。秋季落叶前，树木逐渐停止生长，但蒸腾作用仍在进行，绿地中空气湿度仍比非绿化地带高。冬季绿地里的风速小，蒸发的水分不易扩散，绿地的相对湿度也比非绿化区高 10% ~ 20%。另外，行道树也能提高相对湿度 10% ~ 20%。

有研究表明，一株胸径为 20 cm 的槐树（国槐）总叶面积为 209.33 m²，在炎热的夏季每天的蒸腾水量为 439.46 kg，蒸腾吸热为 83.9 kW/h，约相当于 3 台功率为 1 100 W 的空调机工作 24 h 所产生的降温效应。这种温湿度效应的差异在很高程度上受绿化树木种类、树冠形态、枝叶特征、树高、径生长量、绿化栽植密度及郁闭度等多种因子影响。合理的植物配置可充分发挥其增湿、降温、调节环境小气候的作用，有利于人体健康，可减少使用空调所带来的不利影响。因而，在行道绿化植物种类选择上，一方面要根据"适地适树"的原则，合理选择适宜本地区气候、土壤及立地条件的乡土树种，另一方面要依据不同树木的生物学特性，选择枝叶茂密、树冠丰满浓郁、遮阴效果好的常绿或落叶树种，以充分发挥林木调节气候、降温增湿的效应及多种效益作用，进一步维护城市环境生态系统的平衡。

（三）通风防风

城市绿地，特别是当树木成片、成林栽植时，不仅能降低林内的温度、增加湿度，对于空气流动也有影响。由于林内、林外的气温差而形成对流的微风，即林外的热空气上升而由林内的冷空气补充，使降温作用影响到周围环境。从人体对温度的感觉而言，这种微风也有降低皮肤温度，有利水分的散发，从而使人们感到舒适的作用。

由于城市建成区集中了大量的水泥建筑和路面，在夏季太阳辐射下温度很高，加上城市人口密度大，工厂企业及生活所需的燃烧造成气温升高。如果城市郊区有大片绿色森林，其郊区的凉空气就会不断向城市建成区流动，这样热空气上升，新鲜的凉空气不断进入建成区，调节了气温，改善了通风条件。

据测定，一个高 9 m 的枝叶茂密的乔灌草复层林屏障，在其迎风面的 90 m 处、背风面的 270 m 处，风速均有不同程度的减弱。另外，防风林的方向、位置不同还可以促进气流运动或使风向得到改变。

城市带状绿化，如城市道路与滨水绿地是城市气流的绿色通道，特别是在带状绿地与该地夏季主导风向一致的情况下，可将城市郊区的气流趁风势引入城市中心地区，为炎夏城市的通风创造良好的条件。而冬季，大片树林可以降低风速，发挥防风作用，因此在垂直冬季寒风的方向种植防风林带，可以减少风沙，改善气候。

四、园林植物的减噪作用

城市随着人口的增多与工业的发展，机器轰鸣、交通噪声、生活噪声对人产生很大的危害。城市噪声污染已成为干扰人类正常生活的一个突出的热点问题，它与大气污染、水质污染并列为当今世界城市环境污染的三大公害。

噪声，不仅使人烦躁，影响智力，降低工作效率，而且是一种致病因素。

噪声是声波的一种。由于声波引起空气质点振动，使大气压产生迅速起伏，这种起伏称为声压，声压越大，声音听起来越响。声压以分贝（dB）为单位。正常人耳刚能听到的声压称为听阈声压（0dB），当声压使人耳产生疼痛感觉时，称为痛阈声压（120 dB）。城市环境中充满各种噪音。噪音越过 70 dB 时，对人体就产生不利影响，使人产生头昏、头痛、神经衰弱、消化不良、高血压等病症。如长期处于 90 dB 以上的噪音环境中工作，就有可能发生噪音性耳聋。噪音还能引起其他疾病，如神经官能症、心跳加速、心律不齐、血压升高、冠心病和动脉硬化等。城市环境噪声，对于人们工作、学习、休息和人体健康都有严重影响。国际标准化组织（ISO）规定，住宅室外环境噪声的允许标准为 35 ~ 45 dB。

城市园林植物是天然的"消声器"。城市植物的树冠和茎叶对声波有散射、吸收的作用，树木茎叶表面粗糙不平，其大量微小气孔和密密麻麻的绒毛，就像凹凸不平的多孔纤维吸音板，能把噪音吸收，减弱声波传递，因此具有隔音、消声的功能。据日本的调查，40 m 宽的绿化带可降低噪声 10 ~ 15 dB。南京市环境保护局对该市道路绿化的减噪效果进行的调查表明，当噪声通过由两行桧柏及一行雪松构成的 18 m 宽的林带后，减少了 16 dB，通过 36 m 宽的林带后，减少了 30 dB，比空地上同距离的自然衰减量多 10 ~ 15 dB。对一条由一行楠木和一行海桐组成的宽 4 m、高 2.7 m 的枝叶繁茂、生长良好的绿墙测定，通过绿墙后的噪声减少 8.5 dB，比通过同距离的空旷草地的噪声多减少 6 dB。

不同类型的绿化布置形式、不同的树种和绿化结构以及不同树高、不同郁闭度的成片成带的绿地，有不同程度的减弱噪声的效果。

不同的绿化树种、冠幅、枝叶密度，不同的街道绿带类型、林冠层次及林型结构，对噪音的消减效果不同。在树林防止噪声的测定中，普遍认为：①树林幅度宽阔，树身高，噪声衰减量增加。研究显示，44 m 宽的林带，可降低噪声 6 dB。乔、灌、草结合的多层次的 40 m 宽的绿地，能降低噪音 10 ~ 15 dB。宽 30 m 以上的林带防止噪声效果特别好，宽 50 m 的公园，可使噪声衰减 20 ~ 30 dB。②树林靠近噪声源时噪声衰减效果更好。③树林密度大，减音效果高，密集和较宽的林带（19 ~ 30 m）结合松软的土壤表面可降低噪音 50% 以上。

消减噪声能力强的树种有：美青杨、白榆、桑树、加拿大杨、旱柳、复叶槭、梓树、日本落叶松、桧柏、刺槐、油松、桂香柳、紫丁香、山桃、东北赤杨、黄金树、榆树绿篱、桧柏绿篱。

五、园林植物的吸碳放氧作用

空气是人类赖以生存和生活所不可缺少的物质，自然状态下的空气是一种无色、无味的气体，其含量构成为氮78%，氧21%，二氧化碳0.033%，此外还有惰性气体和水蒸气等。大气中二氧化碳的平均浓度为320 mg/kg，但是实际上在不同地点是有变化的。在城市中，由于人口密集和工厂大量排放二氧化碳，所以浓度可达500～700 mg/kg，局部地方尚高于此数。在人们所吸入的空气中，当二氧化碳含量为0.05%（500 mg/kg）时，人的呼吸就感到不适；到0.2%（2 000～6 000 mg/kg）时，就会感到头昏耳鸣，心悸，血压升高；达到10%的时候，人就会迅速丧失意识，呼吸停止，以至死亡。当氧气的含量减少到10%时，人就会恶心呕吐。随着工业的发展，整个大气圈中的二氧化碳含量有不断增加的趋势，这样就造成了对人类生存环境的威胁，降低了人类的生活质量。

由于工业迅速发展、汽车运输以及人类的生产和生活等原因，大量燃烧煤、石油、天然气使大气中各种污染气体和物质猛增，特别是二氧化碳等气体的增多，不仅对人体健康危害很大，而且使"温室效应"增强，造成地球气温升高，引起海平面上升。

植物通过光合作用吸收二氧化碳，放出氧气，又通过呼吸作用吸收氧气和排出二氧化碳。但是，光合作用所吸收的二氧化碳要比呼吸作用排出的二氧化碳多20倍，因此，总的是消耗了空气中的二氧化碳，增加了空气中的氧气含量。在自然界中，人类的活动与植物的生长保持着平衡的关系。绿地植物在进行光合作用时能释氧固碳，对碳氧平衡起着重要作用。在城市环境中，由于氧气消耗大，二氧化碳浓度高，这种平衡更需要绿色植物来维持。

据测算，1 hm² 阔叶林在生长季节每天能消耗1 t的二氧化碳，释放0.75 t氧气。依据城市碳氧平衡理论，如果以成人每天吸收氧气0.75 kg，呼出二氧化碳0.90 kg计算，维持一个城市居民生存的碳氧平衡需要10 m²的森林或25 m²以上的草坪。现代社会工业交通消耗化学燃料使城市地区人均耗氧量已是生理耗氧量的数十倍。国外资料表明，现代工业大城市每人需要140 m²的园林绿地才可以使城市碳氧平衡。另外，一个成年人每小时呼出的二氧化碳约为38 g，而生长良好的草坪在进行光合作用时，每平方米每小时可吸收二氧化碳1.5 g，所以在光合作用下，25 m²草坪就可以将一个人呼出的二氧化碳吸收。

树木吸收二氧化碳的能力比草地强得多。每年地球上通过光合作用可吸收 23×10^{10} t 二氧化碳，其中森林占 70%，空气中 60% 的氧气来自森林。1 hm² 阔叶林一天可吸收 1 t 二氧化碳，释放出 0.7 t 的氧气。一个成年人每日呼吸消耗 0.75 kg 氧，排出 0.9 kg 的二氧化碳。根据这个标准计算，1 hm² 森林制造的氧气，可供 1 000 人呼吸，一个城市居民只要有 10 m² 的森林绿地面积，就可以吸收其呼出的全部二氧化碳。这就是许多欧洲国家制订城市绿化指标的依据。

第二章　城市道路绿化

第一节　城市道路绿化概述

一、道路绿化的概念

道路绿化，最早是指栽植于道路两侧、具有一定间隔的树木。我国早在秦始皇时，就治驰道于天下并有这样的记载："东穷燕齐、南极吴楚，江湖之上，濒海之观毕至，道广五十步，三丈而树，厚筑其外，隐以金椎，树以青松。"欧美国家也称道路绿化树木为道路之树木、道路边的树木，日本则称道路绿化树木为并木或街道树。但这些只是单纯地理解为一条道路两行树简单模式的行道树。

目前道路绿化是指种植在道路或公路两旁的树木，一般成行种植，株间有一定距离，排列整齐。通常选用成荫快、防护性强、具有经济价值和观赏价值的高大乔木，有遮阴、防尘、护路和美化环境等作用。道路绿化树种不只有乔木，灌木也是行道树的选择树种。道路要美化更要绿化，有的将各种道路绿带，如行道绿带、林荫道、生态防护林带等共同连成绿色通道。一些发达国家和我国某些经济发达城市更把住宅、公共建筑周围的植物景观纳入道路绿化系统，并连成一体构成了花园城市、园林城市，为此大大改善了城市环境和城市植物景观。可见，道路绿化的概念是随着时代的发展而逐步深化和变化的。

二、道路绿化的效益

（一）美化城镇景观

我国自改革开放以来，经济迅速发展，科技不断进步，城镇人口急剧增加，大厦林立，道路纵横交错，社区不断建立，行人车辆川流不息，形成一片繁荣而嘈杂、兴隆而拥挤的景象。但环境污染严重，噪音也随之增加。道路绿化，可以改善环境、美化市容，是治理生态环境的主要内容之一。

绿化环境、美化市容的水平和风格，反映出城市的文明程度、社会风尚，这已成为全社会的共识。

（二）陶冶情操，促进心灵美

古往今来，诗人们描绘和歌颂环境的美都离不开青山绿水、花卉草木。例如，有人将王安石、白居易、陆游、欧阳修四位唐、宋大文学家各自的一句诗连在一起，组成了一首优美的风景诗："春风又绿江南岸，绿杨荫里白沙堤，伤心桥下春波绿，长效草色绿无涯。"道路绿化建设完美，可呈现春季花鸟迎人，夏天树冠青葱，秋季叶色黄红、结果累累的景象。

据研究报道，视野中有 30% 的绿色时，人的精神感觉最为舒适。凡是道路绿化完整、绿化环境好的地方，工作效率可提高 15% ～ 35%，工伤事故可减少40% ～ 50%，还能使劳动者的疲劳程度减轻，心理状态和精神面貌得到改善。栽植行道树，绿化环境所创造的优美环境，可陶冶我们的情操，使我们更加心胸开阔，热爱生活，热爱祖国壮丽的山河。

（三）增加庇荫，调节气温

众所周知，行道树有庇荫的作用。俗话说："大树底下好乘凉"。在树冠的庇荫下会产生小环境，无直射阳光，降低温度。树木的浓厚树冠，有吸收和反射太阳光的作用。当阳光辐射时，有 20% ～ 25% 的热量反射回天空，25% 被树冠吸收。同时，树冠的蒸腾作用需要吸收大量的热，使周围的空气冷却，而蒸腾作用又提高周围的相对湿度，也会产生冷却作用使空气湿润凉爽，因此改变了微气候。所以，在行道树繁茂的地方，人们常常感到空气凉爽、湿润、清新。据实测报道，城市露天之下的气温高达 35℃ 的时候，树荫下阴影部分的气温只有 22℃ 左右。故在盛夏季节，许多人都喜欢聚集在树荫下纳凉，消除疲劳。树冠又像一个保温罩，防止热量迅速地散失；而且风速小，气流交换就弱，使温度变化缓慢，所以冬季刮风时常绿行道树有保温作用，可提高气温 2℃ 左右。

（四）吞碳吐氧，净化空气

空气是生命的第一需要，是人类最重要的生活资源，人和空气的关系如鱼和水的关系一样，一刻也不能离开，一个成年人每天大约需要消耗 750 g 氧气，呼出

900 g 二氧化碳。绿色树木白天进行光合作用，吸收二氧化碳而放出氧气。一棵山毛榉大树每小时可产生氧气 1 800 g，它白天生产的氧气可供 30 个人需要。一亩（1 亩 ≈ 667 平方米，全书同）树林所产生的氧气，足够 65 个成年人呼吸之用。除了人体的呼吸，还要考虑到工业生产等所放出的二氧化碳。所以，每人平均需拥有 30 ～ 40 m² 的树林绿地，最佳标准为 60 m²，才能维持空气中氧气和二氧化碳的正常比例，保证居民经常呼吸到新鲜清洁的空气。当人们在繁茂的行道树或公园绿地的花木环境中活动时，会感到心旷神怡，精神振奋。这是因为除了树林绿地光合作用产生新鲜氧气外，还产生丰富的负离子。医学研究发现，空气中的负离子有调节神经系统和促进血液循环的作用，可改善心肌功能，增加心肌营养，促进人体的新陈代谢，提高人体的免疫能力，从而预防疾病、增进健康等。空气中的负离子被誉为空气里的"维生素"。在城市的室内，每立方米的空间只有 40 ～ 50 个负离子，街头绿化地带就增加到 100 ～ 200 个；在公园中可以达到 400 ～ 600 个。所以，繁茂的行道树下或绿地林间是散步、运动健身的最佳去处。

许多树木还能够散发出芬多精等挥发性精油。芬多精可杀死空气中的细菌，如葡萄球菌、链球菌，因此具有净化消毒的作用。绿化区域与没有绿化的市区街道相比，每立方米空气中的含菌量要减少 85% 以上。例如，在闹市区每立方米空气中的含菌量达数百万个，在有行道树的林荫道上只有 58 万个，行道树的灭菌消毒作用是显著的。

（五）防尘吸毒，保护环境

城镇空气中的粉尘含有危害人体健康的微粒和病原菌。减少粉尘最简单有效的方法是搞好植树绿化工作，树木对粉尘、飘尘有很强的阻挡和过滤、吸附的作用。同时，树木枝冠茂密，具有强大的降低风速的作用，随着风速的降低，空气中飘浮的大粒灰尘便下降地面。经过树木枝叶的滞留、吸附，空气中的含尘量可大为减少。树木的叶面有的有许多绒毛，有的叶面很粗糙，有的多褶皱，凹凸不平；有些树木叶片还能分泌油脂、黏液或汁浆，能够滞留和吸附空气中的大量漂浮物，减少尘埃，使大气得到一定的净化。刺槐、刺楸、白桦、木槿、广玉兰、女贞、杨树、朴树、榆树、云杉、水青冈等，都是防尘的理想树种。

行道树能够吸收多种有毒气体，能净化大气，保护环境，多列行道树优于单列行道树。许多树木能通过叶子张开的气孔吸收有毒气体，净化大气。

树木的叶子吸收二氧化硫的能力比无林地大 5 ～ 10 倍。夏季吸收能力最大，秋季次之，冬季最差，而白天又优于晚上。柳杉、柳树、银杏、丁香、大叶黄杨、珊瑚树、乌桕、圆柏、粗榧、无花果、石榴、紫薇、棕榈、法桐、合欢、梧桐、印度榕、高山榕、榕树、石栗、黄槿、蒲桃、栀子花、广玉兰、夹竹桃、女贞、臭椿、山茶花等都具有吸收二氧化硫的本领。根据日本的研究，1 kg 柳杉干叶，每月能吸收 3 g 二氧化硫，按每公顷柳杉林干叶重 20 t 计，每公顷每月能吸收二氧化硫 60 kg。树木可把二氧化硫转化为硫酸盐。臭椿在二氧化硫的污染下，叶子中含硫量可达正常含硫量的 30 倍；夹竹桃可达 8 倍，每月每片叶子能吸收硫 69 mg。

树木的叶子吸收氯气量为无林地的几十倍，有些树木吸收氯气相当多。构树、木槿、合欢、黄檗、印度榕、高山榕、云楠榕、细叶榕、扁桃、牛乳树、蒲葵、假槟榔、夹竹桃、大叶黄杨、紫荆、米兰、紫穗槐、石榴等对氯气有很强的抗性和吸收能力。

氟化氢这种有毒气体对人的危害比二氧化硫要大 20 倍，而刺槐、圆柏、丁香、柑橘、石榴、臭椿、女贞、泡桐、梧桐、大叶黄杨、夹竹桃、海桐以及无花果等树木抗氟、吸收氟的能力都比较强，其中女贞树吸收氟的能力比一般树木高 160 倍。

多数树木都能吸收臭氧和氨气。银杏、柳杉、悬铃木、樟树、海桐、青冈栎、女贞、夹竹桃等净化臭氧的作用较大；特别是松树，可以大量减少臭氧的污染，5 m 高的松林可使周围臭氧的浓度减少 1/3。

一般树种都能吸收铅，每千克石榴干叶，能吸收铅 0.02 g。紫薇能吸收低浓度的汞，夹竹桃每千克干叶能吸收汞 96 mg，棕榈、樱花、广玉兰、蜡梅等也能吸收汞蒸气。

枇杷等树种能排除城市里的光化学烟雾。据日本研究报道，银杏是抗光化学烟雾较强的树种。

喜树、梓树、接骨木等树种有吸收苯的能力；加拿大杨、栓槭、桂香柳等树种能吸收醛、酮、醚等有机物和致癌物质安息吡啉。

树木还能吸收放射性物质。常绿阔叶树的净化能力比常绿针叶树大。1 kg 的叶子 1 小时内可沉积 1 居里的放射物质，2/3 附于叶面，且容易洗掉，另 1/3 进入气孔被贮于叶部组织内。据美国的研究资料，用不同剂量的伽马射线照射 5 块栎树林，当剂量在 1 500 拉德（辐射剂量的单位）以下时，可以被树木吸收而枝叶不受影响，剂量超过 1 500 拉德时，枝叶大量减少，但有些树木仍能生长。二战时期日本广岛原子弹废墟上长出的第一棵新苗就是银杏。利用某些抗放射性的树种植树，在一定程度上可以抗御放射性物质的污染。

（六）降低噪音、使环境幽静

近些年来，噪音的危害已被认为是一种严重的环境污染，是人类致死的慢性毒素。噪音 80 dB 以上时人的血管会收缩，血压增高、胎儿畸形。90 dB 的噪音，便使人不能继续工作。噪音使人紧张、疲劳，影响睡眠，危害听觉器官，对人体健康十分有害，青葱的行道树和绿茵茵的草地有大大减轻噪音的功效。当人们漫步在绿树成荫的大路或公园时，会感到舒适、宁静。这是因为，声音是以声波形式传播的，而树木的枝叶能够阻碍声波前进；密集的树叶和草地，能够削弱声波的传递能量。当噪音的声波射到树木这堵"绿墙"上时，一部分被反射，一部分由于射向树叶的角度不同而产生散射，使声音减弱并趋向吸收，其音量一般可吸收 1/4 左右。同时，在声波通过时，枝叶摆动，使声波减弱，并迅速消失；而且树叶表面的气孔和绒毛，像多孔的纤维吸音板一样，能把声音吸收掉，尤其是厚而多汁的叶片，吸音效果更好。

（七）抗灾防灾、减少损失

行道树具有防风的作用，其防风能力可在树高 11 倍的距离内起作用，对防震防火也有一定的作用。特别是多列的行道树或树群绿地，防火效果更佳。行道树能起到防火的作用。行道树受热时会吸收热量，放出大量的水蒸气，冷却四周空气，进而阻止火力前进。1923 年，日本关东曾发生大地震，震中 8.3 级，在发生地震后不到半小时，东京市就有 136 处起火。当时有成群的人逃到市内后乐园、上野、皇居和日比谷等公园以及浜离宫等大面积园林绿地而得以幸免，这些公园绿地成了居民躲避火灾的安全岛。除了大块绿地、水面、空间起阻隔作用外，树木本身具有的防火功能也是一个关键。据研究，珊瑚树（法国冬青）的防火功效最为显著。这种常绿树叶厚、冠浓，含水分极多，当大火焚烧时，即使全株熏黑、叶片全部烧焦，也不会产生火焰，使火势无法蔓延，是防火树木中的珍品。银杏树的防火能力也很强。日本工业城市已把银杏列为防火防震的重要树种。栎类、臭椿、泡桐、白杨、法国梧桐、交让木、青栲、八角金盘、东瀛珊瑚、女贞、大叶黄杨、冬青、石楠、棕榈、蒲葵、广玉兰、木荷、苦槠、黄檗、柳树、梓树、槭树等都具有不同程度的防火能力。在工矿区、社区用防火树种栽种行道树形成绿化地带，构筑防火林带，对于保护资源和居民的生命财产有着重要的作用。

（八）产生经济效益、增加收入

在行道树的配置中，可引入有较高经济价值的经济树种。例如，柿树、苹果、银杏、枣树、乌桕、核桃、龙眼、椰子、蒲葵、棕榈等树种，可收获果实等。樟树、杨树等可得木材。浙江省的玉环已将树形优美的文旦、石榴、柿树等果树引进城市，作为街道树和庭院的主要树种，并收到经济效益；北方一些城市将银杏作为行道树主要树种，其果、叶都是医药和保健品的原料，经济效益也十分可观。

（九）丰富乡土文化资源

各地许多行道树和庭院古树饱经风霜，为历史的见证人，亦成为乡土文化的一部分。许多地方都有百年千年的各种古树，有的已登记存档，成为重要的遗产。山东孔庙有千年古柏作为行道树。银杏在大江南北的 27 个省、自治区、直辖市均有分布，还存活着许多千年古树，如杭州西湖五云山有 1 400 多年的古银杏；山东莒县浮来山定林寺亦有 1 500 多年的银杏树。江苏省江阴市有一株红豆树，相传已有 1 500 年树龄，被誉为"海内孤木"。在上海松江佘山乡凤凰山东北麓通波塘东岸的凤凰小学校门口，保存着两株高大雄伟的古银杏树。据《中华人民共和国地方词典》记载："通波塘过镇北，近岸有唐代银杏一株。"指的就是凤凰小学校门前的那一株，据测树龄已达 1 050 多年，属唐代遗物。这两株历经沧桑、饱阅人间悲欢离合的千年古银杏树，已列为国家古树名木。

三、城市道路绿化的含义与功能

现在道路绿化是根据城市道路的分级及路型等进行的，由各种绿带构成道路的绿化。

（一）行道树绿化带

在人行道上以种植行道树为主的绿带，亦称步行道绿带，指车行道和人行道之间的绿化带，遍及城市主、干、支路以及社区小路。其功能是为行人遮阴，调节温度、湿度、防尘、减噪，对改善道路环境起着不可替代的作用，是构成城市绿色面貌的重要组成部分，亦是改善居民居住环境的主要内容之一。

（二）隔离绿带

在车行道之间划分车辆运行路线的分隔带上进行绿化，亦称为分车绿带。其形式有中间分车绿带，亦称中央分车绿带，指上下行驶机动车的分车绿带；两侧分车绿带，指机动车道与非机动车道间或同方向机动车道间的分车绿带，其功能是用隔离绿带将快慢车道分开，保证快慢车行驶的速度与安全。栽植低矮的绿篱或灌木可以遮挡汽车眩光，不同树种和栽植层次可达到美化街景和改善环境的作用。

（三）路侧绿带

路侧绿带在道路侧方，布设在人行道边缘至道路红线（指规划道路路幅的边界线）间的绿带，可以减少人流、车辆的噪音干扰，靠近建筑物或围墙、栏杆等的绿化带又称基础绿化带。其功能是保持路段内连续与完整的景观效果，基础绿带可以保护建筑内部环境及居民的活动不受外界干扰。

（四）交通岛绿化

在交叉路口为组织交通设置的安全岛上进行绿化美化称为交通岛绿化。其功能是保证交通安全，引导交通，美化市容。

（五）立体交叉的绿化

指互通式立体交叉干道与匝道围合的绿化用地的绿化，绿化面积较大。其功能为保证车辆安全和保持规定的转弯半径，在大面积绿地上点缀观赏价值较高的常绿树和花灌木，丛植宿根花卉，采用不同的图案形式，成为现代城市的绿化精品工程地段。

（六）滨河道路的绿化

滨河路是城市中的临河、湖、海等水体的道路，这种道路一面临水，空间开阔，它的绿化属城市道路绿化的一种。其功能除观赏、休憩、遮阴外，有的还有防浪、固堤、护坡的作用。

（七）花园林荫道路的绿化

花园林荫道路是指与道路平行而有一定宽度（不小于 8 m）的带状绿地。利用绿化将人行道与车行道隔开。其功能是改善小气候，在为行人创造卫生、安全的条件方面比一般道路绿化所起的作用更加显著。在城市建筑密集又缺少绿地的情况下，林荫道可起小游园的作用，以弥补城市绿地分布不均匀的缺陷。

（八）园林景观路的绿化

园林景观路是城市中重点路段，对道路沿线的景观环境要求较高，其功能是提高道路绿化水平，强调沿线绿化景观，体现城市风貌。

（九）快速路的绿化

道路两旁不植乔木树种，只在中央隔离带上以修剪整形的低矮灌木进行绿化，其功能是美化景观和阻挡眩光。

（十）城市环路的绿化

城市环路是指城市按同心圆向外发展时布置的一种道路形式，外环多为风景林带、生态林带和经济林带，内环多为景观路。其功能是美化道路景观，改善生态环境。

（十一）郊区公路绿化

郊区公路绿化是从城区通往市郊所属市、县、乡或风景名胜区、森林公园、疗养区及机场等地的公路绿化，是市区道路绿化的延伸。可以起到防护屏障作用，如防风、沙、雪侵害公路，防止洪水冲刷路基。公路绿树成荫，起调节气候的作用，使路面保持一定湿度，亦可起到保护路面的作用。风景林带、经济林带，不仅美化路景，还有经济收益，亦可作为城区公共绿地的延伸。

此外还有铁路绿化，不仅可以减少噪音对居民的干扰，保护铁路免受风、沙、雪、水的侵袭，还起到保护路基的作用。

以上各类型的道路绿化再加上基础绿化与广场、停车场绿化以及街头休息绿地等，组成了道路绿化系统。道路绿化系统成为连通市区的绿色通道，城市环路的绿化构成绿带，加上郊区公路绿化，共同组成城市园林绿化系统。

第二节 常见道路绿化树种

道路绿化常用的树种，一般应具备冠大荫浓、主干挺拔、树体洁净；无飞絮、毒毛、臭味；适应城乡环境条件，抗性强、病虫少、耐瘠薄、耐干旱、抗污染；萌蘖强，耐修剪，易复壮；寿命长等条件。经过长期的栽培和引种，各地都有一批常用的乡土和外来优良行道树种。各地还不断建设道路生态林带、绿色通道，增添了许多具有区域特色的经济行道树种。为绿化和美化道路两侧的景观，经过选用和试用，又有许多新优树种被引进到行道树种中。

一、道路绿化常用的优良树种

（一）榕树

常绿乔木，高达 25 m，树冠扩大，老树常有锈褐色气根。单叶，互生，革质，椭圆形至倒卵形。雌雄同株，隐花果无梗，单生或成对生于叶腋，近扁球形，肉质。扦插繁殖。性喜暖热多雨气候及酸性土壤。适生于华南地区，树冠庞大，枝叶茂密，为良好的行道树。

（二）银桦

常绿乔木，高达 30 m。树干端直，树冠圆锥形。单叶互生二回羽状深裂，背面密被银灰色绢丝毛。总状花序，萼片花瓣状，橙黄色。蓇葖果有细长花柱宿存；花期 5 月，7—8 月果熟。种子繁殖。性喜光，喜温暖和较凉爽气候，不耐寒，也不耐炎热；喜酸性土壤。对氟化氢及氯气有较强抗性。适生于南部及西南部。树干通直，树冠高大整齐，初夏有橙黄色花序，颇为美观，是良好的行道树。

（三）木棉

又名英雄树，落叶乔木，高达 25 m，枝轮生，水平展开，树干端直。叶互生，掌状复叶，小叶 5～7 片，长椭圆形，至长椭圆状披针形，先端渐尖，全缘，平滑无毛。花红色，先叶开放，花期 2—3 月。果椭圆形，冬季成熟。播种及扦插繁殖。深根性树种，耐旱；喜暖热气候，喜光；萌芽性强。适生于华南地区，云南、贵州、四川的南部都有栽培。冠大、干直、花红、花大，为优良的行道树种。

（四）凤凰木

落叶乔木，高达 20 m，树冠伞状。二回偶数羽状复叶，花大，花萼绿色，花冠鲜红色。荚果木质，扁平且厚，花期 5—8 月，果熟期 10 月。种子繁殖。性喜光、不耐寒；生长迅速，根系发达。抗烟尘性能差。适生于华南地区，云南亦有行道树栽培。树冠宽阔，叶形如鸟羽，花大色艳、初夏开放，满树火红。做行道树非常美观。

（五）羊蹄甲

半常绿乔木，高 5～8 m。单叶互生，革质，圆形至广卵形，宽大于长，先端如羊蹄状。花大而显著，几无花梗，约 7 朵花排列伞状，总状花序，花粉红色，具紫色条纹，芳香；花期 6 月。播种、扦插繁殖。喜暖和气候，不耐寒。适生于华南各省。叶形奇特，花大美丽，春末夏初开放，可作为行道树及庭园观赏树。

（六）木波罗

常绿乔木，高 10～15 m，有乳汁，有时有板状根。单叶互生，厚革质，椭圆形或倒卵形，全缘。雄花序顶生或腋生圆柱形，雌花序椭圆球形，生于树干或大枝上，聚花果，成熟时黄色，花期 2—3 月，果熟期 7—8 月，种子繁殖。喜光树种，喜炎热气候，不耐寒，喜湿润、肥沃、深厚的土壤，寿命长。适生于华南地区。宜做行道树。

（七）杧果

常绿乔木，高达 10 ～ 25 m，树冠浓密，树叶搓之有杧果香味。单叶互生聚生枝顶，革质，长椭圆形至披针形。顶生圆锥花序，被柔毛；花小杂性，芳香，黄色或带红色；核果椭圆形或肾形，微扁，熟时黄色，内果皮坚硬，并复被粗纤维。花期 2—3 月，果熟期 6—8 月。播种、嫁接、压条繁殖。阳性树种，喜温暖，不耐低温。适于土层深厚而排水良好疏松沙壤土或壤土，忌长期水淹或碱性土壤。抗风力较弱。适生于华南地区。树体高大，树冠浓密，树形美观，适宜做行道树。

（八）白兰

常绿乔木，高 17 m。叶大、单叶互生，卵状长椭圆形。花单生于新梢叶腋，有浓香，白色，花期 4—9 月，夏季最盛。扦插、压条和嫁接繁殖。性喜高温及阳光充足、暖热多湿的气候，不耐寒，喜富含腐殖质、排水良好、微酸性的砂质壤土。肉质根、忌积水。适生于华南地区。白兰花是很好的香花树种。华南地区可做行道树。

（九）白千层

常绿乔木，高 30 m。叶互生，近革质，全缘，狭长椭圆形或披针形，穗状花序顶生，白色，花期 2 月。种子繁殖。性喜光，喜暖热气候，不耐寒，喜肥厚潮湿土壤，也能适应较干燥的沙地，生长快。适生于华南地区。树形优美，干皮灰白，适宜做行道树。

（十）黄槿

常绿乔木，高达 8 m，树冠浓密。叶近圆形或卵圆形，全缘或具微钝齿。聚散花序，花瓣淡黄色，心暗红色，花期 6—8 月。蒴果卵形。插条繁殖。速生萌芽力强，耐微碱性瘠薄沙土，但在深厚、肥沃、湿润的土壤生长最良；深根性，抗风，抗二氧化硫及氯气的能力强。适生于云南、广东及四川成都等省市。宜做城市行道树，并宜配植其他行道树树种，形成复层混交行道树。

（十一）黄槐

常绿小乔木，偶数羽状复叶，小叶 6 ～ 12 片，对生，倒卵状椭圆形，先端钝或凹，两面平滑，背面粉白。散房花序，花黄色。荚果扁平。种子繁殖。喜温暖气候，喜光，稍能耐阴，在深厚肥沃、湿润的土壤生长良好，有根瘤菌可改良土壤。适生于华南地区。冠密枝叶茂盛、满树黄花，十分美丽。台北市将其作为行道树，非常好看。

（十二）台湾相思

常绿乔木，高 15 m。叶互生，狭披针形，有 3～5 条平行脉，全缘、革质。花黄色，有微香。荚果扁，带状，花期 4—6 月，7—8 月果熟。种子繁殖。性极喜光，强健，喜暖热气候，不耐阴，为强阳性树种，耐干燥和短期水淹。生长迅速，萌芽力强。适生于华南、华东南部及西南地区。树冠轮廓婉柔，婆娑可人，宜做行道树。

（十三）木麻黄

常绿乔木，高达 30 m。小枝纤细下垂，节间有棱 7 条，灰绿色，每节有退化鳞片状叶 6～8 片，部分小枝冬季脱落。花单生，雌雄同株，花期 4—5 月。果序近球形，瘦果有翅，8—10 月成熟。种子繁殖。强阳性树种，喜暖热气候，耐干旱、瘠薄，抗盐碱，亦耐潮湿，不耐寒。深根性，具根瘤菌。能抗风、固沙。对二氧化硫及氯气的抗性强。适生于华南地区及华东南部，宜做行道树。

（十四）印度橡皮树

常绿大乔木，在原产地高 45 m，树冠幅 60 m，枝叶浓密，气根发达，从树冠下垂入地。叶互生，革质，椭圆形或长椭圆形，表面光绿，叶片在枝上可保存数年不凋。新芽苞淡红色，颇为秀丽。隐花果成对于叶腋，卵状长圆形。花期 11 月。扦插繁殖。原产印度，喜暖湿，不耐寒，喜生于深厚、肥沃和湿润的土壤。适生于广东、广西南部、海南、四川、重庆、云南南部等地。树冠卵形，广蔽数十米。新叶红色，十分美丽。宜做行道树，如广州市街道，与榕间植，非常美观。

（十五）黄葛树（大叶榕）

落叶大乔木，高达 26 m，间或有气生根。叶互生，叶薄革质，矩圆形或矩圆状卵形，全缘，3—4 月新叶开放后，鲜红色叶苞，纷纷落地，非常美丽。花生于隐头状花序内，花期 5—6 月。果实球形带白色，10—11 月果熟。扦插繁殖。喜温暖气候，不耐寒，喜生长在深厚肥沃、湿润土壤上，并能生于岩缝中。适生于广东、海南、广西、云南、贵州、湖北、四川等地。树大荫浓，供观赏及做行道树。

（十六）大王椰子

常绿乔木，高达 20 m。树干单生。肉穗花序自叶鞘的基部抽出，白色，花期 10 月。核果近球形，果熟时红褐色至紫色。种子繁殖。原产古巴，喜暖热气候，喜深厚、肥沃、湿润土壤。适生于广东、海南及云南等地，是优良观赏树和行道树。

（十七）石栗

常绿乔木，高达 20 m。小枝、叶下面及叶柄有淡褐色星状毛。叶长卵形或卵形，全缘、3 浅裂或具粗锯齿。圆锥花序，花小白色，雌雄同株，春天开花。核果卵圆形，平滑。种子繁殖。原产马来西亚等地，性喜温暖气候，除湿地外，一般土质均能生长，沙质壤土最为适宜。抗二氧化硫、氯气能力强。适生于华南地区及云南南部、江西南部、湖南南部、福建南部。多用做行道树。

（十八）菩提树

为常绿或落叶乔木，高 15 m。树皮黄白色，枝生气根如垂须。叶互生，全缘，略作波形、卵圆形或心脏形，先端细长如尾下垂，表面深绿色，平滑而有光泽，叶柄细长。夏季开花。果实无柄，扁平圆形，冬季成熟，熟时呈紫色。扦插或播种繁殖。性喜暖热多雨气候及深厚肥沃的酸性或微酸性土壤。适生于广东、云南等省。菩提树冠圆形，枝叶扶疏，浓荫覆地，是优良的行道树。

（十九）山玉兰

常绿乔木，高 12 m。叶长卵形、矩圆状卵形或椭圆形，先端钝尖或钝圆，基部圆形，下面有白粉，微被毛；托叶痕延至叶柄顶部。聚合果卵状圆柱形，菁荚之尖头反曲。花期 4—6 月，10—11 月果熟。种子繁殖。其性稍耐阴，喜温暖气候及深厚肥沃、富有机质的壤土。适生于四川、贵州、云南等省。山玉兰花大白色，具芳香，叶浓绿，有光泽，很美丽，是优良的行道树。

（二十）秋枫

常绿或半常绿大乔木，高达 25 m。3 小叶复叶，具钝锯齿，革质而润泽。新叶淡红色，亦颇美丽。雌雄异株，圆锥花序，3 月开花，为黄绿色。浆果球形，11 月成熟，熟时蓝黑色或暗褐色，种子繁殖。为南亚热带树种，广东、广西、台湾、福建等地均甚繁茂。喜光、喜温润土壤；速生。树姿优美，翠盖重密，为优良行道树。

（二十一）大叶桉

常绿乔木，高 30 m，树干暗褐色，粗糙纵裂，宿存而不剥落，小枝淡红色，略下垂。叶革质，卵状长椭圆形至广披针形，伞形花序，蒴果碗状，花期 4—5 月和 8—9 月，花后约 3 个月果熟。播种和扦插繁殖。性喜充足阳光，喜温暖而湿润气候，喜肥沃湿润的酸性及中性土壤。在浅薄、干瘠及石砾地生长不良，在肥沃低湿土壤生长良好。生长迅速，寿命长，萌芽力强。原产澳洲，适生于西南和华南地区以及浙江南部、福建、江西、湖南南部、四川中部以南等地，重庆、广西、柳州等城市用做行道树，生长良好。大叶桉树冠庞大，生长迅速，根系深，抗风倒，是良好的行道树。

（二十二）柠檬桉

常绿乔木，高达 35 m。树皮白色、灰白色或淡红灰色，片状剥落，内皮光滑。大树之叶披针形或窄披针形，或呈镰状，具柠檬香气。花通常每 3 朵形成花序，再集生成复伞形花序。蒴果壶形或罐状。花期 12 月至翌年 5 月及 7—8 月。种子繁殖。适生于福建中部以南、广西、海南及贵州南部。树姿优美、枝叶芳香，宜做行道树及观赏树。

（二十三）幌伞枫（罗伞树）

落叶乔木，高达 20 m。三回羽状复叶，小叶对生，椭圆形或卵形，无毛。花黄色，芳香，由小伞形花序组成大圆锥花序，秋冬间开花。果实扁平。种子和扦插繁殖。喜暖湿气候。喜深厚肥沃、湿润土壤上生长。适生于华南地区及云南西南部。广州多栽培供观赏。冠如伞，甚美观，宜做行道树。

（二十四）蓝花楹

落叶乔木，高 15 m。叶对生，二回羽状复叶，小叶狭矩圆形，先端锐尖，略被微柔毛。圆锥花序，花期甚长，春末至秋开管状蓝花。蒴果木质。种子繁殖。原产巴西，喜暖热气候，喜生长在土层深厚、肥沃湿润的环境。适生于华南地区。广州常栽培为观赏树和行道树。树冠圆筒形，开管状蓝花，十分美丽，宜做行道树。

（二十五）木荷

常绿乔木，高可达 30 m，树冠馒头形。叶互生，厚革质，长椭圆形，先端渐尖，基部楔形，表面深绿色，平滑而有光泽，叶缘浅齿状，新叶初发，老叶入秋，均呈红色，艳丽可爱。总状花序，腋生，5—7月间开肥大白色有芳香之花。蒴果近于球形至半球形，3月和12月果熟。种子繁殖。其性喜温暖、湿润、阳光充足的气候环境，喜深厚、肥沃的酸性土壤，耐干旱，耐瘠薄，较耐低温。适生于华南、华东、华中和西南地区。木荷树形高大挺拔，开花多而整齐，花朵洁白、芳香，在海南一年开3次花，可做庭院美化树种和行道树种，适宜列植，又是较好的防火树种。

（二十六）马尾树

落叶乔木，高15～18 m。叶互生，奇数羽状复叶，披针形，边缘有小钝齿，表面光绿色，两面微有毛。下垂长穗花序，花期11—12月。翅果倒卵形，至近圆形，紫色。种子繁殖。其性喜光，宜生长在温暖湿润的气候环境，在土层深厚、肥沃的土壤上生长良好。适生于广东、广西、云南、贵州南部。树形与枫杨近似，宜作为街道行道树。

（二十七）滇杨（云南白杨）

落叶乔木，高达20 m。叶椭圆状卵形或卵形，中脉长为红色；叶柄较粗短，带红色。扦插繁殖。为云南乡土树种，较耐湿热，在土层深厚、肥沃、湿润的土壤上生长迅速。适生于云南、贵州、四川等地，树干高大挺拔，枝叶茂盛，常栽为行道树。

（二十八）樟树

常绿乔木，高可达30 m，树冠庞大，呈广卵形。叶薄革质，卵状椭圆形至卵形，表面深绿色。有光泽，叶背青白色。5月初新枝叶腋开花，圆锥花序，花小，淡黄绿色。浆果球形，10—11月成熟，紫墨色。种子繁殖。其性喜光，稍耐阴。喜温暖湿润气候，耐寒性不强，主根发达，深根性，能抗风。对土壤要求不严，除盐碱土外，都能适应，在湿润肥厚的微酸性黄土最宜。不耐干旱瘠薄，能耐短期水淹。生长速度中等，幼年较快，耐烟尘和有毒气体，对二氧化硫和臭氧抗性较强。树叶分泌物有较强杀菌作用。适生于长江以南各地。树姿雄伟，树冠开展，树叶繁茂、浓荫覆地，是庭荫树、行道树、风景林、防风林和隔音林带的优良树种。孤植、列植、群植都适宜。樟树是杭州市的市树。其抗性强，亦是工矿区绿化优良抗污树种。例如，全国绿色通道示范路段104国道湖州段建成"百里香樟大道"。

（二十九）杜英

常绿乔木，高达 26 m。主干挺拔，树冠卵圆形。叶倒卵状椭圆形或倒卵状披针形，边缘疏生钝锯齿，入秋，部分叶转鲜紫红色。总状花序腋生，7 月开黄白色花。核果椭圆形，暗紫色，种子繁殖。根系发达；萌芽力强，耐修剪；速生。喜温暖阴湿环境，适生于酸性黄壤和红黄壤，较耐寒。对二氧化硫抗性强，有防噪音之功效。适生于浙江南部、福建、江西、湖南中部以南、贵州南部、广东、广西等地。枝叶茂密，葱葱蓊郁，霜后叶部绯红，红绿相间，鲜艳悦目，是优良行道树、风景树。

（三十）浙江樟

常绿乔木，高达 16 m，树冠圆锥形。叶革质，全缘，长椭圆形或窄卵形，先端渐尖或尾状，基部楔形。5 月开黄绿色小花。果椭圆状或椭圆状卵形，10—11 月成熟，蓝黑色。种子繁殖。喜温暖阴湿气候，幼年耐阴。适宜酸性土，中性土亦能适应，排水不良之处不宜种植。适生浙江、安徽南部、湖南、江西等地。干直冠整，叶茂荫浓。干道两旁种植，尤为整齐壮观。对二氧化硫抗性强，亦可做工矿区行道树。

（三十一）悬铃木（法国梧桐）

落叶大乔木，树高可达 30 m。树皮灰绿色，小片状剥落成灰白斑痕。叶互生，广楔形，5 ～ 7 裂，缺刻深达叶片中部，全缘。花单生，雌雄同株，花期 4—5 月，花淡黄绿色。果实球形，3 ～ 6 颗为一串，下垂如铃，10—11 月果熟。种子或插条繁殖。喜光树种，喜温暖湿润气候，具有一定抗寒力，对土壤的适应力强。适生于长江以南诸省。抗烟尘和抗污染能力强。生长迅速，树体健全，树形端整，耐修剪。为行道树优良树种。

（三十二）广玉兰

常绿乔木，高 20 ～ 30 m。叶互生，革质，长椭圆形，表面光滑，全缘，表面深绿色，背面呈锈红绒毛。花单生于枝顶，4—5 月间开乳白色大花，果实卵状，有锈色绒毛，10—11 月成熟，种子红色。播种、压条、插条、嫁接均可繁殖。弱阴性树种，喜阳光，颇耐阴，喜温暖湿润气候，有一定抗寒力，喜肥沃湿润、排水良好的酸性土壤，不耐干燥及石灰石土。适生于华东以南各省。对烟尘、二氧化硫、汞、氯气均有吸抗能力，为观赏、行道树种。

（三十三）枫杨

落叶乔木，高 30 m。叶互生，奇数羽状复叶，小叶 9～25 枚，无柄，长椭圆形或长椭圆披针形，边缘有锯齿。花期 5 月，黄绿色。翅果元宝状，8 月成熟。阳性树，喜湿润亦耐干燥，为深根性树种。种子繁殖。喜温暖多湿气候，对土壤要求不严，耐水湿、不怕水淹，干燥之处虽能生长，但易衰老，萌芽力强。适生于长江流域以南地区。常为绿荫树、行道树。

（三十四）重阳木

落叶乔木，高达 15 m。树皮灰褐色，小枝无毛。3 小叶复叶；小叶卵形或椭圆状卵形，雌雄异株，圆锥花序，花黄绿色，4—5 月与叶同放。浆果球形，熟时红褐色，10—11 月果熟。种子繁殖。喜光，稍耐荫，喜温暖气候，耐寒力弱，对土壤要求不严，能耐水湿，根系发达，抗风力强，对二氧化硫有一定抗性。树势优美，翠盖重密，为优良行道树。适生于长江流域及其以南地区。华东、华中许多城市街道常有栽培，宜修剪，构成优良树形。

（三十五）泡桐

落叶乔木，高达 27 m。叶对生，卵形至长椭圆形，背面密生绒毛。圆锥状聚散花序，花期 3—4 月，白色，内有紫斑。蒴果椭圆形，9—10 月成熟。种子细小。播种、插条、压条、分蘖均可繁殖。强阳性树种，喜温暖气候，耐寒力较强。喜湿怕涝深根性，喜光，好生排水良好、湿润肥沃之地。适生于黄河流域以南至华东、华中、华南地区。泡桐叶大被毛，能吸附尘烟，抗有毒气体，净化空气。生长迅速，叶阔荫浓，花开满树，街道和公路旁均适于栽植。

（三十六）无患子

落叶乔木，高达 17 m。偶数羽状复叶，小叶 5～8 对，互生，卵状披针形或长椭圆状披针形，全缘，表面鲜绿色，有光泽，背面色稍淡，散生微软毛。圆锥花序，花期 6 月，花淡黄绿色。核果球形，10 月成熟，呈黄绿色。种子繁殖。深根性，抗风力强。喜光树种。喜温暖湿润气候，耐寒性不强，对土壤要求不严。对二氧化硫抗性较强。适生于长江流域以南地区。叶形奇异，秋色艳丽，为观叶树木，亦供行道树栽植。唯其萌芽力强，不耐修剪。

（三十七）枫香（枫树）

落叶乔木，高达 20 m。叶互生，3 裂，边缘有细锯齿。雌雄同株，头状花序，

3月下旬黄褐色花与新叶同时开放。果实球形，蒴果有刺，10月成熟。种子繁殖。深根性，喜光，幼树稍耐阴，喜温暖气候及深厚土壤，萌芽力强。较能耐干旱瘠薄。抗二氧化硫中等，抗氯化物较强。适生于长江流域以南地区，经霜叶红，妖艳如醉。为观叶树种，亦为优良的行道树。

（三十八）银杏

落叶大乔木，高可达40 m。叶单生于长枝或簇生于短枝上，为扇形，2浅裂。表面为淡绿色，夏季为深绿色，入秋变为黄绿色。雌雄同株，4—5月间开黄绿色花。雌花的心皮为2，各具1胚珠。雄花为穗状花序。果实球形，黄色，11月成熟。种子繁殖，亦可用分蘖、插条或嫁接繁殖。阳性树，喜光怕蔽荫，喜湿润、排水良好、深厚的沙质壤土。不耐积水，尚耐旱，耐寒性强；根深，生长较慢，寿命长。易生萌蘖，抗二氧化硫、烟和粉尘能力较强。具有防火性能。日本把此树列为城市行道树之首。适生于沈阳以南、广州以北地区。凡用于行道树，应选雄株为宜。

（三十九）鹅掌楸（马褂木）

落叶乔木，高可达40 m。叶互生，似马褂，叶背呈青白色，有乳状突起。花黄绿色，花期5—6月。果10月成熟。种子繁殖，亦可用插条、压条繁殖。喜光、喜温和湿润气候，有一定的耐寒性。宜土壤深厚、排水良好的酸性（pH4.5～6.5）土壤生长，忌低湿水涝的环境。适生于长江流域以南地区。对二氧化硫气体有中等的抗性。树形端正，叶形奇特，秋叶呈黄色，很美，是优良的绿荫树和行道树。

（四十）喜树（旱莲）

落叶乔木，高达20～30 m。叶互生，椭圆状卵形至长椭圆形。花单性同株，头状花序，4—7月间开花，花为淡红色或白色。由多数果实集合而为球形，成熟时为褐色，瘦果，具窄翅。种子繁殖。其性喜光，稍耐阴，速生，喜生于深厚、肥沃、湿润的土壤。根系浅，萌芽力强。不耐寒，较耐水湿，不耐干旱瘠薄土地，在酸性、中性、弱碱性土上均能生长，耐烟性弱。适生于长江流域及其以南地区。树形端庄高直，树冠宽展，宜做绿荫树和行道树。

（四十一）合欢

落叶乔木，高16 m。叶互生，偶数二回羽状复叶，小叶刀剑状，共20～40对，日开夜合。伞房状花序，花期6—7月，花黄绿色，花丝粉红色。荚果扁平，

10月成熟。种子繁殖。其性喜光，耐寒性略差，对土壤要求不严，能耐干旱、瘠薄，不耐水涝。速生，抗有害气体能力强。适生于华北至华南、西南地区。树姿优美，叶形雅致，盛夏绒花满树，有色有香，宜做绿荫树、行道树。

（四十二）厚朴

落叶乔木，高达 15 m。小枝粗壮、淡黄色、淡黄灰色。叶集生枝顶，倒卵形、倒卵状椭圆形、先端圆、托叶痕延至叶柄中部以上。聚合果圆柱形或卵状圆柱形，先端圆、基部圆，鸟喙状尖头。花期 5 月，果期 9 月下旬。种子繁殖，亦可分蘖繁殖。其性喜光，幼龄稍耐阴。喜温凉湿润的气候环境，并喜土层深厚、肥沃及排水良好的酸性土。适生于安徽南部、浙江、福建、江西、湖南、湖北西部、四川、贵州、广西等地。厚朴叶大荫浓，花白色美丽，是优良的观赏树及行道树。

（四十三）榉树（大叶榉）

落叶大乔木，高可达 30 余米。叶互生，卵状椭圆形或卵形，边缘有波状锯齿，两面粗糙，呈绿褐色。入秋其叶呈深红或黄色。雌雄同株，花单性，花期 4 月中旬。核果 11 月成熟。种子繁殖。其性喜光，喜温暖气候。深根性，抗风力强。喜深厚、肥沃、湿润之土壤。在微酸性、中性、石灰质及轻盐碱土上均能生长。忌积水地，不耐干瘠。可抗有毒气体和净化空气，适生于淮河、秦岭以南、长江中、下游至广东、广西。植于林荫大道、街道或公路两旁，颇壮丽，极美观。入秋叶色红艳，为观叶树种。

（四十四）七叶树

落叶乔木，高达 27 m。叶对生，掌状复叶，小叶 5 ～ 7 片，倒卵状长椭圆形，边缘有细密锯齿。5 月开白色花，圆锥花序顶生。蒴果倒卵形，9—10 月成熟，褐黄色。种子繁殖。中庸性树种，对光照要求不强，幼树喜阴。喜温暖湿润气候，较耐寒。喜在深厚、肥沃湿润的酸性土壤上生长。深根性，萌芽力不强。适生于黄河流域各地以及华东、华中、西至陕西、甘肃等地，叶形美丽，为世界贵重观赏树种之一。树姿壮丽，冠如华盖，与悬铃木、椴树、榆树共称四大行道树。

（四十五）梧桐（青桐）

落叶乔木，高达 16 m。叶互生，叶掌状 3 ～ 5 裂，全缘，叶背面密生星状绒毛。花单性或杂性，为顶生圆锥花序，6 月开淡黄色小花，无花瓣。蒴果呈荚果状，在成熟前开裂，9月种子成熟，球形。种子繁殖。阳性树种，喜温暖湿润气候，耐寒性较差，喜湿润肥沃的沙质土壤，在酸性、中性、钙质土壤上均能生长，不耐水湿，深根性，萌芽力弱，易遭风害。抗二氧化硫、氟化氢、氯气等。适生于华北、华东、华南、西南地区。供行道树用，任其繁茂，不加修剪，尤为美观，而且实用。

（四十六）榔榆

落叶或半常绿乔木，高可达25 m。叶互生，椭圆形，边缘具单锯齿。8—9月开花，簇生于新枝叶腋，为黄绿色小花。翅果卵圆形，10—11月成熟，淡灰褐色。种子繁殖。阳性树种，稍耐阴，适应强，能耐–20℃短期低温；耐干旱瘠薄，对土壤要求不严，在酸性土、中性土、钙质土，平原及溪边均能生长。对二氧化硫等有毒气体抗性强，又耐烟尘，适生于华北、华东、华中及四川、广东等地，是良好的行道树种。

（四十七）构树

落叶乔木，高达16 m。小枝红褐色，密生灰色丝状毛。单叶互生，叶卵形，边缘粗锯齿。雌雄异株，稀同株，雄性柔荑花序，花期5月。聚花果球形，9月成熟，熟时橙红色。种子繁殖。喜光，稍耐阴，耐干旱瘠薄，对土壤要求不严，在石灰质及酸性土壤上也能生长。速生，萌芽力强，根浅，侧根分布广。抗病虫害，抗烟尘及二氧化硫、氟化氢、氯气能力强。适生于华北至华南地区。用作行道树宜选雄株繁殖，防止果实污染环境。

（四十八）朴树（沙朴）

落叶乔木，高达20 m。叶互生，广卵形至卵状长椭圆形，上半具细锯齿，表面深绿色，平滑无毛，背面淡绿色，叶脉在背面突出。5月上旬开淡绿色小花。核果球形，10月成熟，橙红色。种子繁殖。其性喜光，稍耐阴，喜温暖气候及肥沃、湿润、深厚之中性黏质壤土，能耐轻盐碱土。抗风力强，寿命较长，抗烟尘及有毒气体，适生于淮河流域、秦岭以南至华南地区。树形美观，树冠宽广，绿荫浓郁，宜做行道树。

（四十九）响叶杨

落叶乔木，高30 m。叶卵状三角形或卵形，边缘具腺圆齿；叶柄顶端具2个红色瘤状腺体。花期2月下旬至3月中旬，4月中旬果熟。种子繁殖，亦可扦插、分蘖。其性喜温暖湿润气候，不耐严寒。较耐干旱瘠薄，在酸性和中性土壤上均能生长，但排水必须良好。有一定的抗尘防烟作用。适生于陕西秦岭、淮河流域以南地区，甘肃东南部、华东、华中及西南地区。树形高大挺拔，树冠广阔，适宜做行道树。

（五十）南酸枣

落叶大乔木，高达 30 m。奇数羽状复叶，卵状披针形，全缘，幼枝及萌芽枝之叶有粗锯齿。雌雄异株或杂性异株，雄花和假两性花排列成圆锥状聚伞花序，雌花单生叶腋，4 月开紫红色花。核果椭圆形，9—10 月成熟，黄褐色。种子繁殖。速生树种。喜温暖湿润气候，喜光稍耐阴，适应性强。宜应于土层深厚的土壤，酸性土、中性土均能生长。耐瘠薄，怕水淹，萌芽力强。对二氧化硫、氯气抗性强。适生于华东、华中、华南及西南地区。是理想的绿荫树和行道树。

（五十一）杨梅

常绿乔木，高可达 13 m。树冠整齐，浑圆。叶厚革质，倒披针形或矩圆状倒卵形。雌雄异株，花序腋生，4 月开紫红色花。核果圆形，6—7 月成熟，有深红、紫红、白等色。播种、压条、嫁接等繁殖。萌芽力强。喜温暖湿润气候。适应酸性土，微碱性土壤也能适应。适生于长江流域以南各地，长江以北不宜栽植。枝繁叶茂，绿荫深浓，列植于路边甚宜。对二氧化硫、氯气等有毒气体抗性较强，可做行道树，也是城市隔噪音的理想中层基调树种。

（五十二）三角枫

落叶乔木，高达 26 m 以上，树冠卵形。幼树及萌芽枝之叶 3 深裂，具相纯锯齿；老树及短枝之叶不裂或 3 浅裂，卵形或倒卵形，全缘或上部具疏锯齿。花杂性同株，4 月开放，黄绿色，为圆锥花序。翅果 9 月成熟，淡灰黄色，两翅直立，近平行。种子繁殖。暖温带树种。喜光，稍耐阴。对土壤要求不严，酸性、中性、石灰性土均能适应。稍耐水湿，萌芽力强，适生于北至山东，南至广东等地。树干高耸，冠如华盖，浓荫覆地，是优良的行道树和庭园树。

（五十三）玉生

落叶乔木，高可达 15 m，卵形树冠。叶倒卵形，背面被柔毛。3 月间先叶开花，色白微碧，盛开时莹洁清丽。嫁接繁殖，亦采用播种、压条繁殖。阳性树种，稍耐阴。喜肥沃湿润而排水良好的微酸性土壤，中性和微碱土亦能适应。根肉质，忌水浸，低湿地易烂根，耐寒力强。对二氧化硫有一定抗性。适生于黄河流域以南各地。配植常绿树种为行道树，极为美观。

（五十四）灯台树

落叶乔木，高达 20 m，树冠圆锥形。叶互生，常集生枝梢，卵状椭圆形至广椭圆形。花期为 5—6 月，花小，白色。核果，球形，9—10 月成熟，由紫红色变蓝黑色。种子繁殖。为亚热带及温带树种。喜光，稍耐阴，喜温暖湿润气候和肥沃湿润而排水良好的土壤。适生于长江流域、西南各地、华南及东北南部。树形姿态清雅，叶形雅丽，作为城市行道树，极为适宜。

（五十五）槐树（国槐）

落叶乔木，高达 25 m。单数羽状复叶，小叶 7 ～ 15 片，卵状矩圆形，全缘。6—7 月开淡黄色的蝶形花，由多花组成顶生大圆锥花序。荚果肉质，串珠状；10 月成熟，黄绿色，经冬不凋。种子繁殖。其性喜光，稍耐阴。喜生于土壤深厚、湿润肥沃、排水良好的沙质壤土。中性土、石灰质土及微酸性土均可适应，在含盐量 0.15% 的轻度盐碱土上也能正常生长。低洼积水处常落叶死亡。深根性，根系发达，抗风力强。对烟尘、二氧化硫、氯气、氯化氢等多种有毒气体抗性较强，并有一定的吸毒功能。各地均可栽培。槐树是北京市市树，树冠宽广，枝叶繁茂，历来是优良的行道树和绿荫树。

（五十六）刺槐（洋槐）

落叶乔木，高达 25 m，单数羽状复叶，小叶 7 ～ 19 片。椭圆形，全缘。花期 5 月；花白色，芳香，呈腋生总状花序。种子繁殖，亦可分蘖繁殖。为强喜光树种，喜干燥而凉爽的气候，耐旱、耐瘠薄，在石灰质和轻盐碱土上均可生长。但在肥沃湿润而排水良好的沙壤土上生长最好。浅根性，侧根发达，生长迅速。萌蘖力强，耐修剪。抗烟尘，不耐水淹。适生于东北铁岭以南、内蒙古、辽东半岛以及黄河流域、长江流域各地，西至云南、四川，南至福州。是常见的行道树。

（五十七）白榆（榆树）

落叶乔木，高达 25 m。叶卵形或椭圆状披针形。花期 3—4 月。4—5 月果熟，翅果，近圆形，种子位于翅果中部。种子繁殖，亦可分根繁殖。喜光，为强喜光树种，耐寒、耐旱、耐轻度盐碱土（含盐量 0.3% ～ 0.35%），适应性很强。对烟尘和氟化氢等有毒气体有较强抗性。适生于东北、华北、西北至长江流域各地。宜做行道树等。

（五十八）糠椴（大叶椴）

落叶乔木，高可达 20 m。单叶互生，广卵形，叶端渐尖，叶基歪心形或斜截形。花期 7—8 月，花黄色，7—12 月组成下垂聚伞花序。果近球形，9—10 月成熟。种子繁殖。喜光，也耐阴、耐寒，喜冷凉湿润气候和肥沃的土壤。不耐盐渍化土壤，不耐烟尘。适应东北地区，是良好的行道树。

（五十九）臭椿（樗树）

落叶乔木，高达 30 m。单数复叶互生，全缘，基部有两大锯齿。花期 6—7 月，花白而带绿色。翅果，质薄，矩圆状椭圆形，9—10 月成熟，微带黄褐色。种子繁殖。喜光，萌芽力强。为深根性树种，耐干旱，耐瘠薄，但不耐水湿。耐中度盐碱土，对微酸性、中性和石灰性土壤都能适应，喜排水良好的沙壤土。有一定的耐寒力。适生于东北南部、华北、西北及长江流域各地。对烟尘和二氧化硫抗性较强。树高，冠大，荫浓，是良好的绿荫树和行道树。

（六十）毛白杨（大叶杨）

落叶乔木，高达 30～40 m。单叶互生，大型三角状卵形。雌雄异株。花期 3 月中下旬，花褐色。蒴果，三角形，4 月中下旬成熟。埋条、插条、分蘖、嫁接等繁殖。喜光，为强喜光树种。耐寒，较耐干旱；喜凉爽和湿润气候。对土壤要求不严，在酸性、碱性土上均能生长，不耐积水。深根性树种，萌蘖力强。抗烟尘和抗污染能力强。适生于东北南部至苏、浙，西到云南，是北京等地常见的行道树。

（六十一）银白杨

落叶乔木，高达 30 m。树冠宽大，侧枝开展。树干灰白色，平滑，叶互生。长枝上的叶为宽卵形或三角状卵形，呈 3～5 掌状裂，裂片三角形，基部截形或圆形。花期 3—4 月。蒴果 5 月成熟。繁殖方法与毛白杨相同，其生态习性亦与毛白杨同。叶片银白色，树冠广阔，宜做行道树等。

（六十二）新疆杨

落叶乔木，高达 30 m。枝直立向上，呈圆柱状树冠。干皮浅绿色，老则灰白色。短枝上的叶圆形，有粗锯齿；长枝上的叶裂刻较深。较耐旱，耐盐渍，生长快，萌芽力强，但不耐水涝。能耐 -30℃以上的严寒。适生于甘肃、陕西及北方各地。是优美的行道树、风景树。

（六十三）美杨（钻天杨）

落叶大乔木。雌株狭塔形，雄株圆柱形。树枝灰褐色。叶扁三角状卵形，无毛。4月开花，褐色。蒴果，5月成熟。繁殖方法与毛白杨同。喜光，喜湿润土壤；耐寒，较耐干旱和轻盐碱土，生长较快。适生于西北、华北地区。因雌株的花在春天扬花，影响环境卫生，应选雄株为行道树。

（六十四）元宝枫（华北五角枫）

落叶小乔木，高达 10～13m。叶掌状 5 裂。伞房花序，直立；花黄绿色，花期4月。翅果，光滑扁平，两翅展开成直角，果10月成熟。种子繁殖，亦可采用软枝插条繁殖。弱阳性，耐半阴，喜湿润温凉气候及肥沃、湿润而排水良好的土壤，在酸性、中性及钙质土上均能生长。有一定的耐旱力，但不耐涝。耐寒、抗风雪，萌蘖性强，深根性，能耐烟尘和有毒气体。适生于华北、华中、东北南部、华东北部。冠大荫浓，树姿优美，叶形秀丽，嫩叶红色，秋叶变成橙黄或红色，是著名的秋景树种，又宜做行道树等。

（六十五）复叶槭（羽叶槭）

落叶乔木，高可达 20 m，奇数羽状复叶，对生。小叶 3～5 片，卵形。花单性异株，花期4月，黄绿色。翅果，翅狭长，展开成锐角，8—9月成熟。种子繁殖。喜光、喜冷凉气候，耐干冷，喜深厚、肥沃、湿润土壤，稍耐水湿。东北地区生长良好。抗烟尘能力强。适生于华东北部、华北、东北地区。枝叶茂密，入秋叶色金黄，很美观，宜做观赏树和行道树。

（六十六）黄连木

落叶乔木，高可达 25 m。奇数羽状复叶，小叶 11～13 片，披针形，全缘。雌雄异株，总状花序，花期4—5月，花红色，果倒卵圆形，稍扁，红色。后变紫色，9—11月成熟。种子繁殖。喜光，耐干旱，耐瘠薄土壤，在肥沃湿润、排水良好的土壤上生长最好。在酸性、中性、钙质土上均能生长。为深根性树种，萌蘖力强。对二氧化硫和烟尘的抵抗力较强。适生于北京以南、山西、山东、陕西，南达广东、广西、海南，西至四川、云南。是美丽的行道树和风景树。

（六十七）白蜡树

落叶乔木，高达 20～23 m。叶对生，奇数羽状复叶，小叶 5～9 片。椭圆形或椭圆状卵形。具锯齿。雌雄异株，圆锥花序，花期4月，花棕绿色。翅果，倒披针形，9—10月成熟。种子、插条繁殖。喜光，较耐阴耐寒。为深根性树种，根系发达，较耐水湿，又抗烟尘。在碱性土壤上也能生长良好。适生于华东、华中、西南、华北及东北南部。宜做绿荫树和行道树。

（六十八）梓树

落叶乔木，高达15 m。叶对生或轮生，宽卵形或卵圆形。圆锥花序，花期5—6月，花黄白色。蒴果，细长如豇豆，9—11月成熟。种子、插条，分蘖均可繁殖。喜光、耐寒、深根性，喜深厚、肥沃土壤，不耐干旱瘠薄，能耐轻盐碱土。适生于温带地区，在暖热气候生长不良。对氯气、二氧化硫和烟尘的抗性强。适生东北、华北、华东、西南及西北东部。常用为行道树和观赏树。

（六十九）杜仲

落叶乔木，高达15 m。单叶互生，卵状长圆形，边缘有锯齿，表面有皱纹。雌雄异株，花小型，无花被，花期4月。翅果，9—10月成熟，黄褐色。种子繁殖。喜光而稍耐阴，适应幅度较大。适宜生长于温暖湿润、土层深厚、肥沃（pH 5 ~ 7.5）的土壤。轻盐碱土亦能适应，怕积水，抗旱力较强，能耐 -20℃的低温。深根性，萌芽力强。适生华东、华中、西南、华北、东北南部。树干端直，枝叶茂密，树形整齐优美，是良好的绿荫树和行道树。

（七十）白桦

落叶乔木，高达25 m。树皮白色，片状剥离。单叶互生，三角状卵形，背面疏生油腺点。果序单生，圆柱形，坚果小而扁，花期5—6月，8月果熟。种子繁殖。强阳性树种，耐严寒，耐瘠薄，喜酸性土，萌芽力强。适生东北地区。树冠端正，姿态优美，干皮洁白雅致，秋季叶变黄色，是很好的观赏树、行道树等。

（七十一）水曲柳

落叶乔木，高达30 m。小叶7 ~ 13片，椭圆状披针形，具锯齿。圆锥花序，花期5—6月。翅果扭曲，10月成熟。种子、插条和分蘖繁殖。喜光，喜潮湿但不耐水涝；喜肥，稍耐盐碱。能耐 -40℃低温。适生在东北地区。萌蘖性强，生长较快，寿命长。适宜做绿荫树、行道树等。

（七十二）美国白蜡

落叶乔木，树高可达 25 m，树冠阔卵形。奇数羽状复叶，小叶 5～9 片，卵形或卵状披针形。圆锥花序生于 2 年生侧枝上。翅果，9 月成熟，黄褐色。播种、扦插繁殖。喜光，耐寒，宜栽培在土层深厚、肥沃、湿润的土地上。原产北美。适生辽宁、黑龙江、江苏北部等地。适做行道树。

（七十三）二球悬铃木（英国梧桐）

落叶乔木，高达 35 m，树冠广阔。单叶互生，具长柄。叶大，掌状分裂，裂片边缘疏生锯齿。花期 4—5 月。果球形，通常为两个一串，9—10 月成熟。种子和插条繁殖。喜光，喜温暖气候，有一定抗寒力。在北京地区有栽培。对土壤要求不严，耐干旱瘠薄，又耐水湿，在酸性、微碱性土上均能生长良好。萌芽力强，耐修剪，抗烟尘，生长迅速。根系较浅，应注意防风。适生于长江中、下游各地。叶大荫浓，树冠雄伟，是城市行道树良好树种。

（七十四）君迁子

落叶乔木，高达 20 m。树皮灰色，呈方块深裂。叶片椭圆形或长椭圆状卵形，质薄。花期 4—5 月，花淡橙色或绿白色。果球形或圆卵形，幼时黄色，成熟时为蓝黑色，9—10 月成熟。种子繁殖。性喜光，耐半阴。适应性强，在北方较干冷气候及温暖气候下均生长良好；喜肥沃的土壤，在酸性土、中性土及钙质土上均能生长；深根性，根系发达。耐干燥瘠薄；不耐盐碱土及水湿。适生东北南部、黄河流域、长江流域各地，西北至陕西、甘肃南部，西至四川，南至华南各地。树干挺直，树冠圆整，宜做行道树。

（七十五）棕榈

常绿小乔木，高可达 10 m。树干圆柱形，树冠伞形。叶形如扇，簇生于顶端，向四周展开，有狭长皱褶，至中部掌裂，柄长。雌雄异株，4 月末开淡黄色小花，有明显的大花苞。核果肾状球形，11 月成熟，蓝黑色。种子繁殖。喜温暖阴湿排水良好的石灰质、中性、微酸性土壤。5 年以后必须每年剥棕，否则，会影响生长发育。对多种有害气体抗性很强，且有吸收能力。适生于秦岭、长江流域以南各地。可在厂矿污染区植行道树。若与落叶乔木隔株栽植行道树，或单纯多行栽培行道树，颇有南国风光之景观。

（七十六）南洋杉

常绿大乔木，高可达 60 m。幼树呈规则尖塔形，老树成平顶状。主枝轮生、平展，侧枝平展或稍下垂。叶互生，有二型；生于侧枝及幼枝上的多呈针状，排列疏松；生于老枝上的则密集，卵形或三角状钻形。雌雄异株。球果卵形或椭圆形。花期 6 月。播种或扦插繁殖。其性喜暖热湿润气候，不耐干燥及寒冷，喜肥沃土壤，抗风力强。生长迅速，再生力强，易生萌蘗。适生华东地区南部及华南。树形高大，姿态优美，为世界五大公园树种之一。宜做行道树、观赏树等。

（七十七）雪松

常绿大乔木，高可达 50 m，塔形树冠。大枝不规则轮生，平展，小枝微下垂，具长短枝。叶针状。雌雄异株，雌雄花均单生枝顶，雄球花近黄色，雌球花淡绿色，10—11 月开放，翌年 10 月种子成熟。播种和扦插繁殖。阳性树，喜凉爽气候，有一定耐寒力，耐旱力较强，忌积水。喜土层深厚而排水良好的环境。酸性土、微碱性土均能适应，但积水洼地或地下水位过高之处生长不良，甚至死亡。为浅根性树种，易遭风倒。主干耸立，侧枝平展，姿态雄伟、优美，与金钱松、日本金松、南洋杉、世界爷合称为世界五大庭园名木。适生于长江流域各地，在青岛、大连、北京等小气候条件好的环境下也能生长。在南京等城市常以成片成行栽植行道树或植于入口道路两侧。

（七十八）柳杉

常绿大乔木，高达 40 m。圆锥形树冠。叶锥形，螺旋状着生，先端内曲。雌雄同株，3 月开花；球果近圆形，10—11 月成熟。种子繁殖，亦可插条繁殖。喜光又好凉爽，较耐寒。耐水性差，排水不良好或长期积水之处，不宜栽培。适生于长江流域以南各地，在道路旁丛植或列植皆可。对二氧化硫、氯气、氯化氢等有害气体抗性较强，可作为厂矿区的行道树种。

（七十九）湿地松

常绿大乔木，高可达 35 m。树冠圆形，干形通直。叶 2 针或 3 针一束，细柔而微下垂，边缘具微细锯齿。球果长圆锥形，通常 2 ～ 4 个聚生，顶端有一灰色硬刺，成熟开裂后脱落，球果翌年 10 月上旬成熟。种子繁殖。速生树种，原产美国东南部滨海平原。喜光，不耐阴，又喜暖湿、多雨的海洋性气候及潮湿的土壤环境，能忍受 40℃ 的高温和 −17℃ 的严寒。对土壤要求不严，除含碳酸盐的土壤外都能适应,而以 pH 5 ～ 5.5 的酸性土壤最为适宜。耐水湿,可忍受短期水淹。抗风力较强。适生于长江流域及以南各地。是建立松树大道的良好树种。

(八十)油松

常绿乔木,树高可达 30 m。叶 2 针一束,坚硬粗糙。雌雄同株,4—5 月开花,球果卵圆形,10 月成熟,黄褐色,宿存于枝上数年不落。种子繁殖。喜光,耐寒,耐旱,忌水涝。为深根性树种,根系发达,能耐干燥瘠薄土壤。适生西北东部、华东北部、东北南部、华北。树形雄壮,苍劲挺拔,针叶翠绿,是良好的行道树和风景树种。

(八十一)白皮松

常绿乔木,高达 30 m。树皮淡灰绿色或粉白色,光滑,呈不规则鳞片状剥落。针叶 3 针一束。雌雄同株,花期 5 月。球果圆锥状卵形,翌年 11 月果熟,淡黄褐色。种子繁殖。喜光树种,略耐半阴,耐寒性不如油松。耐旱和耐湿能力及对土壤适应性均较油松强。根深,寿命长,生长较缓慢。对二氧化硫及烟尘有较强的抗性。适生东北南部、华北、华东北部、华中等地。为我国特产珍贵树种,树姿雄伟,宜在街道列植。

(八十二)华山松

常绿乔木,高 18 ～ 30 m。针叶 5 针一束,细长屈曲而下垂。4—5 月开花,球果有梗,长卵状圆锥形,翌年 9—10 月成熟。种子繁殖。为阳性树,喜凉爽湿润气候,耐寒,适应性强。适生山西、陕西、甘肃、青海、河南、西藏、四川等地。为风景树和行道树等。

(八十三)樟子松

常绿乔木,高达 30 m。针叶 2 针一束,粗硬。花期 5—6 月。球果翌年 9—10 月成熟。种子繁殖。性喜阳光,耐寒,耐旱,喜凉爽湿润气候。适生东北、内蒙古等地。栽植行道树有护路挡雪之功效,亦可防风固沙。

(八十四)翠柏

常绿乔木,高达 30 ～ 35 m。叶鳞片状,两对交互对生而成节状。两侧叶披针形,中部叶顶端钝尖。叶背面深绿色,表面白色。雌雄同株,球果 10 月成熟。播种及扦插繁殖,其性喜光,幼龄耐阴,能耐冬春干燥的气候,但土层深厚湿润和肥沃的地方生长良好。适生于云南、贵州、四川、广西、广东等地。翠柏冠形美观而具香气，列植于道路两旁十分壮观，为优良的行道树和观赏树种。

（八十五）侧柏

常绿乔木，高达 20 m。幼树树冠尖塔形，老树广圆形，大枝斜出，小枝直展、扁平，排成一平面。叶为鳞形，交互对生。花期 3 月下旬至 4 月上旬；10 月种熟。变种或变形有千头柏、金黄球柏、金塔柏、窄冠侧柏、洒金柏。种子繁殖。其性喜光，幼龄耐阴，能适应干冷及暖湿气候，在向阳、干燥瘠薄的山坡和石缝中都能生长，在微酸性、中性土、钙质土上均能生长。喜深厚、肥沃、排水良好的土壤，根浅，萌芽力强，耐修剪，生长速度中等，寿命长，对有害气体抗性强，抗盐性亦强。适生于全国各地。侧柏大树枝干苍劲，气魄雄伟，为北京市市树，亦是分车带的优良树种。

（八十六）圆柏

常绿乔木，高可达 20 m。树冠尖塔形或圆锥形，老树则成广卵形、球形、钟形。叶有两种鳞叶交互对生，多见于老树或老枝上，幼树全为刺形叶，3 针轮生。播种及扦插繁殖。变种或变形有龙柏、金叶桧（黄金柏）、垂枝柏、球柏、鹿角柏、塔柏等。其性喜光，耐阴性强，耐寒、耐热、对土壤要求不严，能生长在酸性、中性及石灰质土壤上，但在深厚、排水良好的中性土上生长良好。根深，侧根发达，生长较侧柏略慢，寿命长，对氯气、氟化氢抗性强。除西北荒漠地区外，各地均可栽培。圆柏树形优美，适应性强，是分车带的优良树种，亦是优美的行道树和抗污染树种。

（八十七）藏柏（西藏柏木）

常绿乔木，高达 25 m，小枝较粗，不下垂。鳞叶先端微钝，微被白粉。球果较小，生于短枝顶端，宽卵形或近圆球形，顶部五角形，自中央向四周有辐射条纹。种子繁殖。其性喜生于气候温和、夏秋多雨、冬春干旱的地区。能耐冬季短时间低温；喜光树种，深根性，在深厚、湿润的土壤上生长迅速，在干燥瘠薄的地方生长缓慢。适生于西南地区。西藏柏树形优美，是分车带的优良树种。

（八十八）竹柏

常绿乔木，高达 25 m，树冠圆锥形。叶交互对生或近对生，革质，长椭圆披针形或卵状披针形，像普通竹叶，先端尖锐，基部渐狭，成一短柄，有平行脉

20～30条，表面深绿色，有光泽，背面淡绿色，雌雄同株，雌雄花均生于前年小枝的叶腋。花期3—4月；种子球形，10月成熟。种子繁殖。竹柏深根性，耐阴树种，喜温暖湿润气候，在土壤深厚、肥沃、疏松的微酸性沙质壤土上生长迅速，阳光直射的干旱瘠薄地带生长不良。适生于福建、浙江、江西、湖南、广东、四川等地。竹柏叶形奇异，枝叶苍翠，周年常青，树形秀丽，为优良的行道树，又为优美观赏树种。

（八十九）水松

落叶乔木，高8～10m。枝叶稀疏，小枝直伸，绿色，鳞叶较厚，柔软。雌雄同株，4月开花，球果倒卵形，10—11月成熟。播种及插条繁殖。其性喜光。湿生，喜温暖湿润气候，不耐低温，除盐碱土外，其他各种土壤均能生长。适生于华南等地区。叶于春夏呈鲜绿色，入秋变褐色，颇为美丽。是公路铁路两侧湿地的良好行道树。广州在铁路两侧植水松、颇为美观。

（九十）水杉

落叶大乔木，高达39 m。叶线形，扁平柔软，交互对生，嫩绿色，入冬与小枝同时凋零。3月上、中旬开花，雌雄同株，雄球花单生叶腋，雌球花单个或对散生于枝上。球果近圆形，10月成熟。种子和插条繁殖。速生、喜光、耐寒，适应性强，在土层深厚、湿润肥沃的土壤上生长旺盛。地下水位过高，长期滞水低湿地则生长差。能耐含盐量0.2%以下的土壤。抗风、耐旱能力不如池杉强。适生长江流域及以南地区。为铁路两旁和水网地区公路的良好行道树。

二、景观道路常用的小乔木及灌木

（一）海桐

常绿灌木或小乔木，高2～6 m，冠圆球形，枝条近轮生，单叶互生，厚革质，表面浓绿而有光泽，倒卵形或倒卵状椭圆形，花为顶生伞房花序，花期5月，白色或淡黄色，有香味。蒴果卵形，10月成熟，熟时裂开种子鲜红色。播种、扦插繁殖。性喜光，略耐阴，喜温暖湿润气候及肥沃土壤，耐寒性不强，对土壤要求不严，萌发力强，耐修剪，抗海潮风及二氧化硫等有毒气体能力较强。适生于浙、闽、粤等省。枝叶茂密、树冠球形，叶色浓绿而有光泽，经冬不凋，花朵清丽芳香，入秋果熟裂开露出红色种子，颇为美观，是行道树配植树种，又是各种绿带的好树种。

（二）小叶女贞

落叶或半常绿灌木，高 2 ～ 3m，小枝条铺散，具细短柔毛。单叶对生，薄革质，椭圆形。圆锥花序，芳香，花期 7—8 月。核果紫黑色，11—12 月果熟。播种和扦插繁殖。性喜光，强健，稍耐阴，有一定抗寒力。对二氧化硫、氟化氢、氯气、氯化氢、二硫化碳等有毒气体抗性强。枝条再生能力强，耐修剪。适生华中、华东、西南地区。主要用作绿带。

（三）八角金盘

常绿灌木，高 4 ～ 5 m，丛生。叶掌状 7 ～ 9 裂，卵状长椭圆形。花小，白色，夏、秋间开花。扦插繁殖。性喜阴，喜温暖湿润气候，不耐干旱，耐寒性不强。适生长江以南各地。叶大而光亮，常绿，是良好的观叶树种。对有害气体抗性较强。是行道树的良好下木。

（四）含笑

常绿灌木或小乔木，高达 2 ～ 5 m。嫩枝、芽、花梗、叶背中脉及叶柄有褐色绒毛。单叶互生，叶倒卵状披针形；花小、直立状，单生于叶腋，淡黄色，瓣缘有紫晕，花香似香蕉味，4—5 月开花，10 月果熟。播种分株、压条和扦插繁殖。性喜弱阴，不耐干燥和暴晒，喜温暖湿润气候及酸性土壤。不耐石灰性土壤，有一定耐寒力。适生长江以南各地，是著名的芳香观赏树，又是行道树的配植树种。

（五）桂花

常绿小乔木或灌木，高可达 12 m。单叶对生，叶椭圆形或长椭圆形，革质。花序聚伞状生腋生，花梗纤细，花奶白或黄色，浓香扑鼻，9—10 月开花，翌年 4 月果熟。桂花变种及栽培品种较多，常见的有金桂、丹桂、银桂、四季桂。

（六）厚皮香

常绿小乔木或灌木，高 3 ～ 8 m。叶革质，倒卵状椭圆形，花淡黄色。花期 7—8 月，果球形，种子繁殖。性喜温暖气候，不耐寒；喜光也较耐阴；在酸性土壤上生长良好。适生华南、西南地区。树冠整齐，叶青绿可爱，可与其他树种配植成复层混交行道树绿带。

（七）锦熟黄杨

常绿灌木或小乔木，高可达 6 m，小枝密集，四棱形，具柔毛。叶椭圆形，全缘，表面深绿色、有光泽，背面绿白色。花簇生叶腋，淡绿色。蒴果三角鼎状。花期4月，7月果熟。其中有黄色斑纹者，称金星黄杨；有黄边者，称金边黄杨；有银白边者，称银边黄杨。还有金尖、垂枝、长叶等栽培变种。播种、扦插繁殖。性较耐阴，喜温暖湿润气候及深厚、肥沃及排水良好的土壤，能耐干旱，不耐水湿，较耐寒，生长慢。枝叶茂密而浓绿，经冬不凋，又耐修剪，观赏价值甚高。适生华北、华东等地。可在路边列植，宜做各种绿带。

（八）红背桂

常绿小乔木，高1m左右。叶对生，椭圆状倒披针形，先端尖锐，边缘有钝锯齿，表面绿色，背面红紫色。6—7月间开为穗状花序浓黄色小花。蒴果不易成熟。其变种绿背桂，叶两面皆为绿色，在海南岛极为常见。扦插繁殖。为热带树种，原产越南。喜生于温暖湿润气候、排水良好的沙质土壤及庇荫地。对二氧化硫抗性较强。适生华南地区。枝叶扶疏，叶色鲜艳，适于道路隔离绿带或路边花坛之用。

（九）紫叶李（红叶李）

落叶小乔木，高4～8m。幼枝紫红色；叶卵形至倒卵形，紫红色。花单性，花梗长，单瓣，淡粉红色。果球形，暗红色，花期4—5月。果熟期7月。性喜光、喜温暖，湿润气候，有一定耐湿性。对土壤要求不严，喜肥沃、湿润的中性土和酸性土。对有害气体有较强的抗性。嫁接繁殖。适生长江流域及其以南地区。生长节叶为红色，与其他绿叶行道树相配植，十分美丽，在城市街道可与桂花对植。

（十）棣棠

落叶丛生无刺灌木，高1.5～2m；小枝绿色，有棱。叶卵形至卵状椭圆形。花金黄色，花期4月下旬至5月底。变种有重瓣棣棠、金边棣棠、白边棣棠、白花棣棠等。分株、扦插、播种繁殖。喜温暖、半阴而略湿之地。适生华东、华中和华南地区。花、叶、枝俱美，丛植做隔离绿带等。

（十一）扶桑

落叶灌木，高可达6m。叶互生，广卵形，叶面深绿色，具光泽。花单生于新梢叶腋间，单瓣或重瓣。花有紫、红、粉、白、黄等色，花期长，于夏秋开花。蒴果卵圆形。插条繁殖。性喜光，为强喜光植物，喜温暖、湿润，不耐寒，喜肥沃土壤。适生华南地区。与其他行道树种配植成复层混交行道树，或配植行道绿带。

（十二）丁香

落叶灌木或小乔木。叶对生，全缘或分裂，或羽状复叶。春夏开花，花两性，顶生或腋生于前年生小枝上，为圆锥花序。花冠盆状，下有圆筒状花筒，上有开展为覆瓦状之裂片。花丛庞大，芬芳袭人，为著名观赏树木之一。蒴果长椭圆形。世界上共约30种，我国有25种。

（十三）胡枝子

落叶灌木，高3 m，分枝细而多，常拱垂，有棱脊，小叶卵形，总状花序腋生；花紫色，花期8月。果9—10月成熟。种子繁殖。性喜光亦稍耐阴，性强健、耐寒，耐旱，耐瘠薄土壤，喜肥沃土壤和湿润气候。萌芽性强，生长迅速。适生东北、华北等地。宜植道路边缘，或配植绿带。

（十四）太平花

丛生落叶灌木，高达2 m。小枝光滑，紫褐色。叶卵状椭圆形。花5～9朵总状花序，花乳黄色，有微香，花期6月。果9—10月成熟。播种、分枝、压条、扦插繁殖。喜光、耐寒、喜肥沃、湿润排水良好处生长。亦能生长在向阳的干瘠土地上，不耐积水。适生北部和中部各地。枝叶茂密，花乳黄而有清香，花期较久，美观。宜丛植于道路拐角，或做绿带和道路花坛栽植材料。

（十五）枸杞

落叶多分枝灌木，高1 m，枝细长，常弯曲下垂，具针状棘刺。单叶互生，卵形，花单生，淡紫色，浆果红色卵状。花果期6—11月。播种、扦插、压条、分株繁殖。强健，稍耐阴；喜温暖，较耐寒；对土壤要求不严，耐干旱，耐碱性都很强，忌黏质土及低湿环境。适生广东、云南等地。花朵紫色，花期长，入秋红果累累，颇为美观，宜在乔木行道树下栽植，或做配植道路绿带的材料。

（十六）珊瑚树（法国冬青）

常绿灌木或小乔木，高2～10 m，全体无毛。叶长椭圆形，革质。圆锥状聚伞花序顶生，长5～10 cm；花冠辐状，白色，芳香，花期5—6月。核果倒卵形，先红后黑，9—10月成熟。扦插、播种繁殖。性喜光，稍能耐阴，喜温暖，不耐寒；喜湿润肥沃土壤，喜中性土，在酸性土、微碱性土上也能适应。对二氧化硫、氯气等有毒气体的抗性较强，对汞和氟有一定的吸收能力。耐烟尘，抗火力强。萌蘖力强，耐修剪，耐移植，生长较快，病虫害少。适生华东南部、华南、西南地区。枝叶繁茂，终年碧绿光亮，春开白花，深秋果实鲜红，累累垂于枝头，状似珊瑚，很美观。宜做道路各种配植绿带的材料。

（十七）柃木

常绿小乔木或灌木，高可达 10 m。叶两裂，互生，革质，椭圆形或披针形，先端渐尖，边缘有钝锯齿，幼叶生有柔毛，老则两面光滑，表面深绿色而有光泽，雌雄异株，3～4 月由叶腋开下垂之绿白色小花。浆果球形，秋末成熟，呈黑紫色。播种、插条、分蘖繁殖。性喜温暖气候及阴湿之地。适生华东、西南地区和华南地区。耐庇荫及耐修剪，宜于行道树的下木及绿带栽培之用。

（十八）老鸦柿

落叶灌木，高达 3 m，枝细而稍扭曲，有刺。叶厚纸质，菱状倒卵形，先端钝或尖，基部狭楔形。花白色，单生叶腋，4 月开花。浆果卵状球形，顶端有小突尖，10 月成熟，橙黄色，光泽，宿存萼片矩圆状披针形。种子繁殖。暖地树种，较耐寒。喜光。对土壤要求不严，酸性、中性均能适应，耐干燥瘠薄。根系发达，萌蘖、萌芽力强，易整形。适生长江流域。朱实满枝，是秋、冬观果佳种。是复层混交行道树配植的良好树种，或道路绿带配植的材料。

（十九）小蜡

半常绿小乔木，高可达 7 m，亦能成为灌木状。枝条开张而微下垂，小枝密生黄色短柔毛。叶薄革质，椭圆状长圆形。6 月开白色小花，花冠筒比裂片短，雄蕊超出花冠，由多花组成圆锥花序。核果近圆形，11 月成熟，紫黑色。种子繁殖，亦可扦插。喜温暖湿润气候，耐阴，适应性强，除碱性土外均能生长。干燥瘠薄地虽能生长，但发育不良。根系发达，萌芽、萌蘖力强。适生长江流域诸省。枝叶稠密，耐修剪整形，最适宜做道路绿带的栽植材料。

（二十）金银木

落叶灌木，高达 5 m。小枝髓黑褐色，后变中空。叶卵状椭圆形。花成对腋生，花先白后黄，芳香。花期 5 月。浆果红色，9 月成熟。播种、扦插繁殖。性强健、耐寒、耐旱、喜光也耐阴，喜湿润肥沃及深厚之壤土。病虫害少。适生东北和华北地区。枝叶丰满，初夏开花有芳香，秋季红果坠枝头，是良好的观赏灌木，宜道路配植各种绿带。

（二十一）溲疏

落叶灌木，高 2～3 m。叶对生，卵形至长椭圆状披针形，边缘有锯齿，浓绿色，两面有星状短柔毛，圆锥花序，5—6 月开白花或水红色花，花瓣长椭圆形。果实蒴果，近于球形。播种、扦插及分蘖繁殖。性强健，萌蘖力强，耐修剪。喜温暖气候而又耐寒。适生华东、华中和西南地区。树姿隐约，别具风趣，是道路配植的好树种。

（二十二）虎刺

落叶或常绿小乔木，多枝而密生细刺。叶至生，近于无柄，卵形，先端凸出，全缘。初夏间开为 4 裂之漏斗状白色小花。核果球形，成熟时，呈殷红色。种子繁殖。为亚热带树种，性好阴湿而忌烈日暴晒。适于华东、华中和华南地区。枝叶婆娑，栩栩若舞。宜配植行道树绿荫下，或配植道路绿带的栽培材料。

（二十三）黄栌

落叶灌木或小乔木，高 3～6 m。树冠多呈圆头形。单叶，互生，广卵圆形或倒卵形，全缘，表面深绿色，背面青灰色，秋季经霜变红后始脱落。初夏开圆锥花序之黄绿色小花。秋日果熟，果实扁平，核果状。繁殖以播种为主，也可压条、根插、分株等。性喜光，也耐半阴耐寒，耐干旱瘠薄和盐碱土壤，不耐水湿。在深厚、肥沃而排水良好的沙质壤土中生长最好。生长快，根系发达，萌蘖性强，对二氧化硫有较强抗性。适生华北、华中、东北南部。叶秋季变红，鲜艳夺目，是美丽的秋色观叶树种。宜与常绿树种或其他树种配植构成复层混交行道树，十分美观。

三、郊区道路绿化配植的经济树种

各地都在城市外环路或国道、省道两侧 50 m，或更宽的范围内，规划设计和实施栽培各种乔、灌木，建立生态林带，形成绿色通道。同时，各地还采用当地特有的经济树种，建立具有区域特色的经济林带。

经济树种除常见的香椿、杜仲、棕榈等树种已列为行道树种外，还有许多。

（一）乌桕

落叶乔木，高 15 m，冠圆球形。叶互生，纸质，先端尾状。花序穗状，花小，蒴果成熟黑色，果皮脱落，种子黑色，外被白蜡，终冬不落，花期 5—7 月，果10—11月成熟。其种子是油脂和化工的原料。播种、嫁接等繁殖。栽培品种较多。适生长江流域及珠江流域。喜光，喜温暖气候及深厚肥沃而水分丰富的土壤。有一定的耐旱、耐火湿及抗风能力。过于干燥和瘠薄地不宜栽种。抗风力强，抗火烧，对二氧化硫抗性强。树冠整齐，叶形秀丽，入秋叶红艳，十分美观。宜做行道树或成片种植。

（二）板栗

落叶乔木，高达 20 m，树冠扁球形。叶椭圆形；雄花序直立，总苞长球形，密被长针刺。花期 5—6 月，果熟期 9—10 月。播种、嫁接等繁殖。喜光树种，北方品种较耐寒、耐旱；南方品种则喜温暖而不怕炎热。对土壤要求不严，以沙壤或沙质土为最好，喜微酸性或中性土壤，在过于黏重、排水不良处不宜生长。深根性树种，根萌蘖力强，寿命长，对有毒气体、二氧化硫、氯气有较强抗性。树冠圆大，枝茂叶大，宜道路两侧成片、成带栽植。

（三）核桃（胡桃）

落叶乔木，高达 30 m。树冠广卵形至扁球形。小叶 5 ～ 9 片，全缘；雄花为柔荑花序，花期 4—5 月，果 9—11 月成熟。播种、嫁接繁殖。性喜光，喜温暖凉爽气候，耐干冷，不耐温热。喜深厚肥沃、湿润而排水良好的酸性至微碱性土壤，在瘠薄、盐碱、酸性较重及地下水位过高处均生长不良。深根性，有肉质根，怕水淹。适生华北、西北、东北南部、华中和西南等地。树冠庞大雄伟，枝叶茂密，绿荫覆地，宜道路两则片植。

（四）柑橘

常绿小乔木或灌木，高约 3 ～ 4 m。叶长卵状披针形，全缘或有细钝齿。花黄白色，单生或簇生叶腋。果扁球形，橙黄色或橙红色；春季开花，10—12 月果熟。栽培品种较多，如本地早、南丰蜜橘、卢柑、温州蜜橘、蕉柑等。播种、嫁接繁殖、性喜温暖湿润气候，耐寒性较柚、酸橙、甜橙强。适生长江流域以南地区。四季常青，宜成片栽培。

（五）柚子

常绿乔木。叶卵形或椭圆状卵形，花白色，果实极大。为著名果树，栽培品种较多，有福建文旦柚、坪山柚、文旦柚（玉环文旦）、胡柚、沙田柚等。扦插、嫁接、压条或播种繁殖。适生于气候温暖，土层深厚排水良好之地。在砂质壤土、壤土中发育最盛，在黏土及潮湿之地亦可生长。华东、华中、西南和华南地区均可成片栽培。

（六）油桐

落叶乔木，高达 12 m，树冠平顶。叶卵形或卵状心形，全缘。雌雄同株；果卵圆形，先端尖，果皮平滑，花期 4—5 月；10 月果熟。播种、嫁接繁殖。喜温暖气候；在深厚、肥沃、排水良好的酸性土、中性土或微石灰性土壤上均能生长良好。喜光。适生长江以南诸省。油桐是重要工业油原料。宜成片栽培。

（七）柿树

落叶乔木，高达 15 m，树冠呈自然半圆形，叶椭圆形，近革质；雌雄异株或同株；花黄白色，花期 5—6 月；果 9—10 月成熟。嫁接繁殖。性强健，喜温暖湿润气候，耐干旱，阳性树，略耐阴，不择土壤，以土层深厚肥沃、排水良好而富含腐殖质的中性壤土或黏质壤土为最好，对氟化氢有较强的抗性。适生华北、西北东部、华南、华东、西南等地。树形优美，叶大，秋季变红极为美观，是良好的行道树，亦宜成片栽培。

（八）苹果

落叶小乔木，高 10 m，树冠圆形至椭圆形。叶广卵形至椭圆形，边缘锯齿为波状。3—4 月开伞形总状花序，白色而红晕之花。果实扁圆形，顶端及基部均陷入，初时呈黄绿，熟时呈深红色，或因品种不同而呈黄、绿等色，鲜艳夺目，亦为花果并美观赏树木之一。其栽培品种较多。嫁接繁殖。性喜光而较耐寒。喜生于土质疏松、排水良好之沙质壤土，宜日照充足、空气流通的东南或西南平坦或缓倾斜地区栽培。以辽宁、河北、山西、山东、陕西、甘肃、四川、福建、安徽、江苏等省栽培较多。宜成片栽培。

（九）椰子

为单秆通直，不分枝高 15～25 m。小叶长披针形。周年开花，肉穗花序，由叶腋抽出，分枝下垂，初为圆筒状佛焰苞所包被。花单生，雄花着生先满，雌花卵形接近基部。果实坚硬，普通椭圆形，顶端为三棱状。开花后经 9～10 个月后成熟，呈褐色。可供食用及工业原料。种子繁殖。为热带树种，以土质深厚、肥沃、排水良好、富于石灰质之沙质壤土生长良好。适生于海南。宜做行道树及成片栽培。

（十）槟榔

单秆无刺，通直，有环纹，高 12～30 m。叶羽状复叶，长披针形。雌雄同株，内穗花序，多分枝，而具芳香。内花被较外花被为长，雌花较雄花为大，3～7 月开花。果实椭圆形，成熟时变为黄色，可供药物及梁料之用。为热带树种。喜生于多雨、高温、无霜害、肥沃之地。适生广东、海南、台湾中部及南部地区。宜做行道树，或群植为佳。

（十一）蒲葵

常绿乔木，高 10～15 m。单秆直立，有密接环纹，树冠伞形。叶簇生秆端，掌状分裂。4 月开花为肉穗花序白或黄绿色之花。果实椭圆形，成熟时呈黑褐色。种子繁殖。为热带及南亚热带树种。性喜多湿气候，不堪寒冷。适生广东一带，台湾地区亦有之。树冠伞形，枝叶婆娑可爱，为热带优美的行道树，亦可片植。

此外，还有竹类等经济树种。

四、道路绿化新优树种

新优树种、乡土树种与外来树种三结合，可丰富道路绿化景观。随着园林事业的飞速发展、园林植物培育技术的不断提高以及内外交流日益增多，越来越多的新优行道树层出不穷，秦岭、黄河以北地区城市绿化再也不仅仅靠杨、柳、榆、槐、椿等树种，玉兰、二乔玉兰、红枫、银杏、马褂木、红花毛刺槐、美国红枫、北美红栎等新优树种，极大地丰富了道路绿化树种。长江以南及长江中下游地区，行道树种较为丰富，在选择樟树、悬铃木、无患子、重阳木等广普行道树种的基础上进一步调整绿化树种比例结构，香果树、蓝果树、红楠、浙江楠、乐昌含笑、深山含笑、乳源木莲等新优行道树种均将得到开发和利用。充分利用这些新优树种的优良特性，结合乡土树种、外来树种巧妙配置使用，会达到意想不到的效果。

（一）香果树

落叶大乔木，高达 30 m，树干通直。叶对生，椭圆形或卵状椭圆形，先端渐尖，基部宽楔形或楔形，全缘。花白色，形大。蒴果窄矩圆形。花期 8—10 月，11 月果熟。播种和扦插繁殖。喜光树种，幼树能耐庇荫，在土层深厚、湿润、肥沃的酸性或微酸性土壤上生长最为良好。在土壤瘠薄、岩石裸露的砾石中及石灰岩石缝中亦能生长。适生浙江、安徽南部、福建、江西、湖南、湖北、四川、贵州、云南等地。香果树为国家重点保护的二级濒危树种。生长迅速，适应性广，姿态雄伟，花大叶美，实为庭园和行道树新优树种。

（二）蓝果树（紫树）

落叶大乔木，高达30 m。叶椭圆形或椭圆状卵形，先端渐尖或突渐尖，基部楔形或圆形，全缘，下面有毛，或仅沿叶脉有毛，雌雄异株，雄花成伞房状花序，雌花2～3朵生于花轴之顶端。核果长椭圆形，熟时蓝黑色。花期4月，8—9月果熟。种子繁殖。为喜光树种，喜生长在土层深厚、湿润、肥沃的黄壤土上，亦能耐瘠薄。根系发达，能穿入石缝中生长。耐寒性强，在-18℃环境中仍能生长。抗风、抗雪压的能力亦强。适生江苏南部（宜兴）、浙江、安徽、江西、湖南、湖北西部、四川东部、云南、贵州、广西、广东等地。树冠呈宝塔形，宏伟壮观，秋叶红丰，是观赏及行道树的新秀。

（三）深山含笑（光叶白兰花）

常绿乔木，高达20 m。各部无毛，芽、幼枝微被白粉。叶互生，革质，全缘，矩圆状椭圆形，先端矩钝尖，基部宽楔形或楔形，上面深绿色，下面有白粉。两性花，单生于枝梢叶腋，白色。聚合果木质，果具短尖头；内有种1～9粒。花期3—4月，果期10—11月。种子繁殖。其性喜光，喜温暖湿润气候，在土质深厚、疏松肥沃、水分条件较好的环境生长。土壤肥力较差，水分缺乏，生长较差。根系发达，抗性较强。适生浙江南部、福建、湖南、广东北部、广西、贵州东部等地。其枝叶茂密，冬季翠绿不凋，树形美观；春季满树白花，花大，清香，是观赏、行道树的新品。

（四）醉香含笑（棉毛含笑、火力楠）

常绿乔木，高达30 m，芽、幼枝、幼叶均密被锈褐色绢毛。叶倒卵形或椭圆形，先端突短钝尖，基部楔形或宽楔形，下面密被灰色或淡褐色细毛。花白色，芳香。聚合果短；荚较少；倒卵状椭圆形；种子卵形红色。种子繁殖。其性喜光，喜温暖湿润气候，在土层深厚、湿润而肥沃疏松的微酸性沙质土上生长良好。耐寒性较强。适生福建、广东、广西、贵州等地。近年来，江、浙引种较多。树体高大挺拔，冠密枝茂，树形美观，花色洁白，具芳香，近年来成为庭园观赏和行道树的新品。

（五）金叶含笑（广东白兰花）

常绿乔木，高达30 m。芽、幼枝、幼叶密被锈褐色及银白色绢毛。叶矩圆形或椭圆状矩圆形，先端长尖或矩尖，基部圆形或近心形，下面密被黄褐色绒毛。

矩圆形或卵形，外被黄灰色毛，先端尖头不明显。种子繁殖。其性耐阴。喜温暖湿润气候，在土层深厚疏松肥沃的土壤上生长良好。适生湖南南部、福建、江西、广东、广西、海南、贵州、云南等地。叶片被有黄褐色绒毛，风吹叶动时，远看一片金黄，十分美观；花白花大，美丽壮观，是园林观赏树种和行道树的新秀。

（六）乐昌含笑

常绿乔木，高达 30 m。树干皮灰褐色至深褐色，不裂。叶薄革质。花两性，单生叶腋，有芳香。花期 3—4 月，果熟 8—9 月。种子繁殖。其性喜光，幼时耐阴，喜温暖湿润气候，适应性较强。在土层深厚、疏松肥沃、排水良好的酸性至微酸性的土壤上生长良好。适生湖南南部、江西南部、广东西部及北部、广西东北部及东南部。枝叶茂密，树形美观，是庭院观赏树和行道树的佳品。

（七）腊肠树

落叶乔木，高 10 ～ 20 m，树冠馒头形，主干通直。偶数羽状复叶，互生，小叶 4 ～ 8 对；椭圆形，革质，有光泽，深绿色，全缘；幼叶黄绿色，柔软，下垂。总状花序生于小枝上，柠檬黄色；芳香。花与叶同时开放。花期 6—7 月，果期 7—8 月。种子繁殖。腊肠树原产于印度、缅甸。其性喜高温、阳光充足的气候环境，喜深厚的酸性至微酸土壤，耐干旱，耐瘠薄，怕寒冷。适应性广，不择土壤，较少病虫害。适应华南地区。腊肠树是南亚热带、热带优良观赏树。开花时全树披挂金黄色的花串，条条下垂，迎风摇曳、极为美观。果实柱形，多条着生在穗状长花序梗上，像成串香肠垂挂在树上，蔚为奇观，是优良的行道树种，适宜布置道路两旁，列植或片植。

（八）塔槐

落叶乔木，高 20 ～ 30 m，树冠馒头形，分枝能力强。偶数羽状复叶，互生；小叶长椭圆形，纸质，全缘。总状花序，顶生或腋生，花粉红色，具芳香。荚果细长圆柱形，下垂，黑褐色。花期 5—9 月，果期 5—7 月。种子繁殖。塔槐原产于夏威夷群岛。其性喜高温、高湿、阳光充足的气候环境，喜深厚、肥沃的酸性土壤、耐干旱，耐贫瘠，忌涝，抗风寒，怕寒冷。不择土壤，生长较快，萌发力强。适生华南地区。树体高大粗壮，花色美丽，果实似香肠，观花观果两相宜，抗风害，是南方沿海行道树的优良树种。

（九）弯子木

落叶乔木，高可达 10 m，树冠圆形。叶互生，掌状五浅裂，纸质，叶缘细齿状。总状花序，顶生，着花 10 余朵，花中型，花冠金黄色，有金属光泽。花期2—3月，果期7—8月。种子繁殖，其性喜高温、湿润、阳光充足的气候，不抗风，易倒伏，耐干旱，忌荫蔽；忌涝，怕寒冷。适生华南地区。弯子木先花后叶，开花多而美丽，是庭院、公园、道路两旁的主要绿化美化树种和行道树，适宜列植或孤植。

（十）菊状钟花树

落叶乔木，高达 15 ～ 20 m，树冠广圆形。掌状复叶，对生，小叶 5 片，阔披针形，顶端渐尖，革质，有光泽，全缘。复伞形花序，顶生，着花 10 ～ 20 余朵，花宽钟形，皱褶，淡紫色至蓝紫色。花期 5 月，果期 6 月。种子繁殖。其性喜高温、湿润、阳光充足的气候，在土层深厚，肥沃、排水良好的地方生长优良，耐干旱，怕寒冷。适生华南地区。菊状钟花树先花后叶，树形高大美观，是优良的行道树和观赏树。

（十一）桢楠（楠木）

常绿乔木，高达 30 m。小枝较细，具纵棱脊，有毛。叶革质，窄椭圆形或倒卵状披针形，先端渐尖，基部楔形，全缘。圆锥花序腋生，花黄色。核果卵状椭圆形，黑色。花期 4 月，果期 11—12 月。种子繁殖。属耐阴树种，喜温暖、湿润的气候环境，在土层深厚、疏松肥沃、排水良好的中性或微酸性壤土、红黄壤土生长良好。深根性树种，根系发达，抗风力较强。种子繁殖。适生浙江南部、福建、湖南、贵州、四川等地。桢楠是国家重点保护的三级濒危树种。桢楠树冠尖塔形，枝叶茂盛，干形挺拔，壮观美丽，是新的行道树种。

（十二）紫楠

常绿乔木，高达 20 m。芽、幼枝、叶柄、叶下面均密被黄褐色弯曲绒毛。叶倒卵形或倒卵状披针形，先端突尖或突短尖，基部楔形，上面叶脉凹下，下面网脉明显，微被白粉。果卵状椭圆形。花期 5—6 月，果期 10—11 月。种子繁殖，亦可扦插。其性耐阴，生长较慢，寿命长，萌芽性强，在土层深厚湿润、排水良好的微酸性或中性土壤上生长良好。适生江苏南部、浙江、安徽南部、江西、福建、湖南、湖北、四川、贵州、广东、广西、海南等地。紫楠枝叶茂密，冬季翠绿不凋，干形挺拔，是优良行道树新秀。

（十三）红楠

常绿乔木，高达 20 m。小枝无毛。叶倒卵形或椭圆状倒卵形，先端突钝尖，基部窄楔形或楔形，最宽在中部以上，下面有白粉。果球形，微扁，熟时紫黑色。花期 4 月，果期 9—10 月。种子繁殖。其性稍耐阴，喜温暖湿润的环境，在土层深厚、中性或微酸性而多腐殖质的土壤生长良好，亦能在石缝和瘠地上生长，适宜性较强。适生江苏南部、浙江、安徽南部、江西、湖南、福建、广东、广西、海南、台湾等地。日本、朝鲜也作行道树。树干挺拔，冠形壮丽，是优良的行道树。

（十四）刨花楠（刨花润楠）

常绿乔木，高 22 m。小枝无毛。叶披针形或倒披针形，先端微突渐钝尖，基部楔形，下面微被白粉，无毛。果扁球形，熟时黑绿色，果柄带黄色。种子繁殖。其性耐阴，深根性，喜温暖湿润气候，在土层深厚、肥沃、排水良好的酸性或微酸性的地方生长良好。适生安徽南部、浙江南部、江西、福建、湖南、广东等地。刨花楠干形挺拔，树冠翠绿，为新的行道树种。

（十五）黑壳楠（红心楠树）

常绿乔木，高达 25 m。小枝无毛。叶倒披针形或倒卵状披针形，先端尖或渐尖，基部楔形或弧状楔形，下面有白粉，无毛或微被毛。雌雄异株，花黄色。果椭圆形，熟时黑色。花期 3—4 月，果期 10 月。种子繁殖。其性耐阴，喜温暖湿润的气候环境，在土层深厚湿润、疏松肥沃的酸性土壤上生长良好。适生浙江、安徽南部、江西、福建、湖南、湖北西部、四川、贵州、云南、广东等地。黑壳楠树形美观，花黄可爱，是优良的观赏树乔木和行道树。

（十六）天目木兰

落叶乔木，高达 12 m。小枝带紫色，芽生白色柔毛。叶互生，膜质，宽倒披针形矩圆形或矩圆形，先端长渐尖或短尾尖，基部楔形或圆形，全缘，下面叶脉及脉腋有毛。花先叶开放，单生于枝顶。杯状，有芳香，粉红色或淡粉红色。聚合果筒形。花期 2 月。种子繁殖或嫁接。其性喜温暖温润气候环境，在阳光充足、土层深厚、疏松肥沃、排水良好的酸性土壤上生长良好。适生浙江、安徽南部等地。天目木兰树姿态美观，先花后叶，粉红色的花，亭亭玉立于枝头，为人们报以春天的来临，花后叶子渐渐放大，绿而亮泽，是行道树、观赏树的首选树种。

（十七）秀丽槭

落叶乔木，高可达 12 m。小枝对生，圆柱形无毛，多年生老枝深紫色。单叶纸质，基部近心脏形，叶片通常 5 裂，中央裂片与侧卵形和三角状卵形，叶边缘有紧贴的细圆齿，上面绿色，无毛，下面淡绿色，花序圆锥状，无毛，花杂性，雄花与两性花同株，绿色、深绿色。果实嫩时浅紫色，成熟后淡黄色。花期 5 月，果期 9 月。种子繁殖。其性稍耐阴，喜侧方庇荫，喜温暖湿润的气候环境，但耐寒，能耐 −20℃ 的低温。喜深厚、疏松、肥沃的土壤。耐烟尘、二氧化硫较强。适生浙江西部、北部、安徽南部、江西等地。秀丽槭形态优美，枝叶稠密，姿色倩丽，青翠宜人，秋天红叶，特引人爱，亦是行道树的首选树种。

（十八）伯乐树

落叶乔木，高可达 20 m。奇数羽状复叶；小叶 7 ～ 15 片，对生，全缘，椭圆形或倒卵形，先端渐尖，基部圆形，上面淡绿色无毛，背面灰绿色被短柔毛。顶生总状花序，花粉红色。蒴果木质，红褐色桃形。花期 5 月，果期 10 月中旬至下旬。种子繁殖。其性属阴性偏阳树种，初年喜阴喜湿。中年以上喜光，喜温暖湿润的环境。在土层深厚湿润、肥沃的土壤生长较快。适生浙江南部、福建、江西、湖南、湖北、贵州、四川、广东、广西、云南东部等地。伯乐树为我国特有树种，分布稀少，为国家重点保护的二级濒危树种。树形优美、花形大、色艳丽，是观赏树和行道树的新秀。

（十九）天目紫荆（巨紫荆）

落叶乔木，高达 20 m。叶互生，全缘，近于圆形，基部为深心脏形，表面深绿色，背面灰绿色，下面基部有淡褐色簇生毛，稀无毛。花先叶开放，7 ～ 14 朵簇生于老枝上，花为玫瑰红色。荚果，红紫色，扁平。花期 4 月，果期 10—11 月。种子繁殖。天目紫荆为阳性树种。耐旱性较强，能在石灰岩山地及石灰质土壤上生长。适生浙江天目山，安徽南部等地。天目紫荆树形美观，春天满树红花，观赏观果两相宜，具有较高的观赏价值，是优良的庭园树和行道树。

（二十）银鹊树

落叶乔木，高达 30 m，树皮具清香。奇数羽状复叶，互生，小叶对生，有锯齿，5 ～ 9 片，薄纸质，矩圆状披针形，或卵状披针形，先端渐尖，基部圆形或心形，无毛，下面有白粉。花小，黄色有芳香，雄花与两性花异株；腋生圆锥花序，雄花序由长穗状花序构成，各花丛生；两性花序粗短，花单生。核果卵形，成熟后为紫黑色。花期5—6月，果期8—9月。种子繁殖。其性喜光。幼时较耐阴。在气候温暖湿润地区富含腐殖质酸性黄红壤上生长较快。适生浙江、安徽南部、湖南、湖北、四川、云南等地。银鹊树种源极为稀少，为国家保护的三级濒危树种。树形美观，春夏黄花满树，十分美丽，是优良的观赏树和行道树种。

（二十一）小果冬青（青皮香）

落叶乔木，高达20 m。小枝黄绿色，灰褐色，皮孔明显。叶膜质或纸质，卵形或卵状椭圆形，先端尾尖或急尖，基部钝圆，边缘具浅疏齿。雌雄异株，花黄白。核果球形，熟时红色。花期5—6月，果期10—11月。种子繁殖，其性喜光，幼苗稍耐阴，在土层深厚、疏松肥沃、排水良好、阳光充足的地方生长良好。耐寒性较强，能耐 –11℃的低温，幼苗时期易受早霜冻害。适应性较强，能耐瘠薄。属浅根性树种，主根不明显，侧根发达。适生浙江、安徽南部、江西、广东、台湾等地。小果冬青树形美观，花黄果红，观花观果两相宜，是值得发展的观赏树和行道树佳品。

（二十二）翅荚香槐

落叶乔木，高达20 m。奇数羽状复叶；小叶互生，7～15片，卵形或长椭圆形，全缘，先缘渐钝尖，顶生小叶基部对称，侧生小叶基部一边楔形、一边圆形，上面沿中脉有毛；具小托叶。顶生圆锥花序，花白色。荚果扁平，果皮薄。花期6—7月，果期10月。播种和扦插繁殖。其性喜光，喜温暖湿润的气候环境，在酸性、中性、石灰性土壤上均能生长。生长快，具根瘤菌能提高土壤肥力。适生江苏南部、浙江、广东、广西、贵州等地。日本亦产。翅荚香槐树形美观，花序大，白色有芳香，秋叶鲜黄色，是庭园观赏和行道树的优良树种。

（二十三）黄山栾树

落叶乔木，高达17 m。二回羽状复叶，羽片2～4对，每羽片具5～9小叶，小叶矩圆状卵形，矩圆状椭圆形或矩圆形，先端渐尖，基部圆形或宽楔形，全缘，稀具粗锯尖，下面沿叶脉有毛。花鲜黄色。蒴果椭圆形或椭圆状卵形。花期8月，果期11月。种子繁殖。其性喜光，深根性，喜温暖湿润气候，喜土层深厚、疏松肥沃的酸性或微酸性土壤上生长。适生长江流域以南，西至湖南、贵州，南达广东、广西北部。黄山栾树树冠宽阔，枝叶茂密而秀丽，夏季开花，满树金黄，十分美丽，宜推广为优良的观赏树和行道树。

（二十四）复羽叶栾树（西南栾树）

落叶乔木，高达 20 m。二回羽状复叶，羽片 5～10 对，每羽片具小叶 5～15，小叶卵状披针形或椭圆状卵形，先端渐尖，具整齐的尖锯齿，下面沿叶脉有毛，脉腋有簇生毛。花黄色。蒴果红色，卵状椭圆形，先端钝圆。花期 7—9 月，9—10 月果熟。种子繁殖。其性喜光，喜温暖湿润的气候环境，适宜生长在阳光充足、土层深厚、疏松肥沃的地方，适应性较强。适生湖北西部、四川、贵州、云南东部、广东、广西等地。复羽叶栾树，树形端正，黄花红果，十分美观，观花观果两相宜，为优良的观赏树和行道树。

（二十五）火炬树

小乔木或灌木，高可达 10 m。小枝粗壮并密被褐色绒毛。叶互生，奇数羽状复叶，小叶 9～27 片，长圆形至披针形，先端长，渐尖，基部圆形或广楔形，缘有整齐锯齿；叶表面绿色，背面粉白，均被密柔毛。雌雄异株，顶生直立圆锥花序，雌花序及果穗鲜红色，形同火炬。花期 5—7 月，果期 9—11 月。种子繁殖。火炬树是阳性树种，成熟期较早，一般 4 年生即可开花结实，可持续 30 年左右，适应性极强，喜温也耐寒，而耐寒力极强。对土壤要求不严，耐酸碱，石灰岩土壤亦可生长，耐干旱耐瘠薄。不耐水湿，长期积水会严重影响火炬树根系生长，甚至死亡。火炬树原产北美，1959 年我国引种，目前已在江苏、山西、甘肃、宁夏、吉林、黑龙江、辽宁、山东等 20 多个省、自治区、直辖市引种成功。该树花序及果穗鲜红，似火炬，入秋叶色更加红艳，十分壮观，更增加北国秋色，为行道树的新秀，亦可与其他乔木混植。

（二十六）花榈木

常绿小乔木，高达 10 m，树冠球形。小枝、芽、花序密被淡褐黄色绒毛。奇数羽状复叶，小叶 5～9 片，对生，全缘，椭圆形，矩圆状椭圆形或卵状披针形，下面密被淡褐色绒毛。圆锥花序，花紫色。荚果短带状，种子鲜红色。花期 7 月。种子繁殖。其性喜光，幼年喜湿喜阴。喜温暖湿润的气候环境，宜在土壤深厚、肥沃、水分充足的地方生长。耐瘠薄能力差。寿命长，萌芽力亦强。适生于浙江南部、安徽南部、福建、江西、湖南、湖北、贵州、云南、广西、广东等地。花榈木浓荫覆地，蔚然可爱，是优良的绿荫树和行道树新品。

（二十七）珙桐（鸽子树）

落叶乔木，高达 20 m。叶宽卵形或心形，先端突尖、粗锯齿三角状，具行毛刺状尖头，下面密被绒毛。雌雄异株，头状花序，花初为淡绿色，后呈白色。果长圆形或椭圆形。花期 4 月，果期 10 月。种子繁殖。其性喜阴，喜温暖湿润气候，宜生于土壤深厚，相对湿度高，土壤呈中性或酸性的地方，在碱性土壤及干燥多风、日光直射之处，绝不相适。适生湖北西部、四川中部和南部、贵州等地。有些地区引种栽培。珙桐花序奇特美丽，开时满树如群鸽栖止，故欧美有"中国鸽子树"之称。世界仅此一种，为我国特产。19 世纪末被引入欧美，为世界驰名之观赏树木，亦是行道树的新秀，宜与其他常绿树混植。

（二十八）朝鲜槐（怀槐）

落叶乔木，高达 15 m。奇数羽状复叶，小叶 5～11 片，全缘，椭圆形，倒卵形或椭圆状卵形，先端钝尖，基部宽楔形或近圆形，无毛。总状花序直立，集生枝顶；花黄白色，密集。荚果无翅。花期 6—7 月，果期 8—9 月。种子繁殖。其性稍耐阴，耐寒性强，喜湿润肥沃的土壤，在较干旱的地方亦能生长，萌芽性强。适生华北和东北地区，朝鲜及俄国东部亦产之。朝鲜槐树形端正，满树黄白之花，十分美丽，又极耐寒，为北方寒冷地区优良的绿荫树和行道树的新品。

（二十九）香花槐

香花槐是近年由朝鲜引进我国的园林绿化珍稀树种，高达 10～15 m，在北方每年开两次花，第一次在 5 月，花期 20 天左右，第二次开花在 7 月，花期为 40 天左右。耐寒性强，根系发达，根的分蘖力极强，繁殖容易。而且寿命长、耐干旱、耐瘠薄，适应性强，酸性土、中性土及轻碱地均能生长。适生华北、东北地区。香花槐春天 5 月花上树，7 月又见树上花，香气怡人，实为行道树的新品。

（三十）美国红枫（红槭）

落叶乔木，高达 30 m。叶掌状 3～5 裂，钝锯齿，叶表面亮绿色，叶背泛白，部分有白色绒毛。春季开红色小花。翅果平滑，下垂，鲜红。种子繁殖或扦插繁殖。其适应性较强，耐寒、耐旱、耐湿，能在沼泽地生长，故有"沼泽枫"之称。不适海滨种植。对有害气体抗性强，尤其对氯气的吸收力强，可作为防污染绿化树种。适生于华北至华东地区。美国红枫春季新叶泛红，与成串的红色花朵相映成趣；夏季枝叶成荫；秋季叶片为绚丽的红色，十分美丽，是欧美经典的彩色行道树。

（三十一）北美红栎

落叶乔木，高达 27 m。幼树树形呈金字塔状，成年树形为圆形。叶宽卵形，两侧有 4～6 对大的裂片，革质，表面有光泽，春夏亮绿，秋季叶色先是呈鲜红色而后棕红色。坚果，球形。种子繁殖。北美红栎抗寒、抗旱，对土壤要求中等湿度，喜排水良好的沙质土，酸性或微碱，不喜石灰质土壤。并抗污染。适生于东北、华北、西北和长江中下游各地。北美红栎是新优彩色行道树种，具有独特的观赏性，可广泛用于城市园林绿化、城乡公路两侧绿化隔离带建设、荒山丘陵绿化及生态林建设等重点工程。同时，北美红栎木材坚固，纹理致密美丽，是良好的细木用材，可制作名贵家具，树皮也可药用。

（三十二）二乔玉兰

落叶乔木，高达 15 m。叶倒卵形或倒卵状矩圆形，先端短突尖，背面被柔毛。3 月间先叶开花。花形似玉兰，色紫红，由玉兰与辛夷杂交育成，又以花色之深浅分为深紫二乔和淡紫二乔二变种。嫁接繁殖，嫁接常用辛夷作砧木。二乔玉兰属喜光树种，稍耐阴。喜土层深厚、肥沃湿润而排水良好的微酸性土壤，中性和微碱土亦能适应。忌水浸，低湿地易烂根，耐寒力强。适生于黄河流域以南各地。二乔玉兰树干耸立，花大色紫，又较耐寒，已成为北方新优行道树种。

（三十三）椤木石楠

常绿乔木，高 15 m。幼枝被平伏柔毛，老枝无毛。叶革质，长圆形或倒披针形，先端急尖或渐尖。老叶及嫩叶均呈红色，白色小花，组成复伞房花序，花多而密。果呈鲜红色，集成盘状经久不脱落，不变色。花期 4—5 月，果期 10 月。播种或扦插繁殖。椤木石楠耐旱亦耐寒，萌芽力强，耐修剪。对土壤肥沃要求不高，在湿润肥沃的酸性土壤生长较快；瘠薄的土壤上虽生长较慢，亦能花果繁茂。耐干旱，亦耐水渍，对光适应能力较强，不论烈日直射或稍遮阴，均能生长旺盛，栽培容易、管理方便。适生于长江流域及以南各地。椤木石楠春叶嫩红如娇童，夏花素静如处子，秋冬果实红似火，一年四季均有景色观赏，而且对二氧化硫等有毒气体抗性较强。是园林观赏、行道树、隔离绿带的新秀。

（三十四）大花紫薇

常绿或半常绿乔木，高 10～20 m，树冠广卵形。单叶互生，长椭圆状披针形，顶端渐尖，厚革质，略有光泽，深绿色，全缘；嫩枝浅紫红色至黄绿色。总状花序，生于新梢顶，着花 20～30 余朵，花冠蓝紫色，花瓣波皱。花期 5—7 月，果期 12 月。种子繁殖。其性喜高温、高湿、阳光充足的气候环境，喜生长在土层深厚、肥沃的酸性土，耐干旱、耐瘠薄，忌荫蔽，忌涝，畏寒冷。适生于广东、广西、云南南部等地，原产于印度等国。大花紫薇高大浓绿，花大色艳，花期长，适宜庭院、公园观赏，亦适宜道路两旁种植，是绿化美化的佳品。

（三十五）日本矮紫薇

落叶灌木，高 0.3～1 m。是紫薇的一个栽培种，育成于日本等国。小叶对生，椭圆形或倒卵形。花顶生、圆锥花序，花瓣边缘皱波浪状，花有桃红色、紫红色、白色等，另有桃红镶白边品种，花期 7—9 月。植株低矮，分枝多而密，自然呈球状，还有下垂品种，枝条下垂，花朵生于一年枝上，开花时，枝着花。播种或扦插繁殖。其性喜光。稍耐阴，宜生长在土壤肥沃、排水良好的地方。喜肥、畏涝，亦适于石灰性和中性土壤上。萌芽力及蘖生性强，吸粉尘能力好。花期要求气温较高和晴朗的天气条件，低温多雨则对开花不利。矮紫薇是很好的园林新品种，可作为下层花灌配植于小乔木或大乔木行道树下，使其绿化美化，亦可在安全岛上与其他花草配植成花坛。

（三十六）红花毛刺槐（粉花刺槐）

落叶乔木，高 10 m 以上，干枝无硬皮刺，1～2 年生幼枝具棕色纤细柔软毛刺，无刺手之感。奇数羽状复叶，小叶 9～17 片，宽椭圆形，较普通刺槐叶形稍大。总状花序，花冠蝶形，粉红或淡粉红色，花期 5 月上、中旬。若遇气候温和湿润，8 月下旬至 9 月上旬会出现二次开花的现象。多用嫁接繁殖，选本地刺槐为砧木，当年嫁接苗即可开花。其性与刺槐相似，耐干旱、耐瘠薄，适应性广。红花毛刺槐树姿优美，花大、量多，形美，色艳，而且遮阴效果好，是新的优良行道树和庭院观赏绿化树种。

（三十七）大叶黄杨（正木）

常绿乔木，高达 8～10 m，叶卵圆形或长椭圆形，叶缘呈浅波状，叶脉在主脉上呈交互生长，叶脉多为 7 对，叶背面的叶脉呈突起状，手感特别明显，叶片边缘微向上反卷，叶芽饱满对生，顶芽粗壮。聚伞花序腋生，花浅黄绿色。蒴果近球形，成熟果呈浅黄色，果实内有种子 1 枚。种子有橙红色假种皮，种子近球形。成熟时果皮开裂，橙红色假种皮内种子暴露出来。播种及扦插繁殖。大叶黄杨适应性强，适生范围广，其耐寒力和抗旱性较强，能耐 -23℃ 的低温。树干高大，枝繁叶茂，满树红果绿叶，远看近观，颇有情趣，而且耐修剪整形，是庭院绿化和行道树的新优树种，孤植、列植、群植皆可。

（三十八）紫叶女贞

系女贞属的一园艺栽培种。常绿小乔木。小枝略被柔毛。单叶对生，叶卵形、卵圆形至卵状椭圆形、薄革质，叶形与小叶女贞、小蜡极相似，萌芽力强于二者，且生长较快，长势旺盛，其新梢及嫩叶紫红色，在老叶相衬下，十分鲜艳，光彩夺目。播种及扦插繁殖。紫叶女贞适应性强，对土壤要求不严，又较耐旱，且病虫害少。适生华东地区，北京及甘肃兰州均能生长。若几经修剪，则新枝密集，整个树冠呈紫红色，在绿色植物群丛中，显得更加艳丽动人。入冬后，全株又呈紫黑色，在万物中更为显眼。紫叶女贞，去除多余侧枝，促进主干生长，可培养成乔木，用于行道树栽培，更增加这些地区行道树多样性。除用于行道树绿化及做隔离绿带栽培外，也可群植用于花坛布置等。

（三十九）南方红豆杉

常绿乔木，高可达 30 m。叶质地较厚，微弯，近镰形，稀不弯，疏生，先端尖或急尖，或为刺状短尖头，表面中脉隆起，背面有两条黄绿色气孔带，边缘通常不反曲。雌雄异株，球花单生，种子倒卵形或宽卵形，微扁，假种皮杯状，肉质红色。花期 3—4 月，果熟 11 月。种子繁殖。其性极耐阴。喜温暖阴湿环境，宜生长在土层深厚、湿润、肥沃的酸性土、中性土及钙质土、排水良好的地方。幼苗应遮阴。较耐低温，入冬叶往往较变暗紫绿色。适生长江流域以南各地。南方红豆杉，树姿古朴，枝叶扶疏，结果时朱实满枝，惹人喜爱，是优良的观果树种，也是近年推出的行道树新品。

第三节　城市道路绿化设计

一、道路绿化设计原则

道路绿化是根据城市道路的分级及路型等进行的，由各种绿化带构成道路的绿化。在道路绿化前要做好道路绿化景观设计工作，设计要依据《城市绿化条例》《城市道路绿化规划与设计规范》及当地道路规划等有关的法规，并参考有关资料，明确设计构思和设计风格。道路绿化设计还要掌握以下原则。

（一）以人为本的原则

道路空间是提供人们相互往来与货物流通的通道。在交通空间里，有各种不同出行目的的人群，在动态的过程中观赏道路两旁的景观，产生了不同行为规律下的不同视觉特点。研究表明，汽车行驶速度提高时，视野变小，注意力集中距离变大。同时，行车过程中，需要有1/16秒的时间才能注视看清目标，视点从一点跳到另一点时中间过程是模糊的。因此，在设计时要充分考虑行车速度和视觉特点，将路线作为视觉线形设计的对象，提高视觉质量，防止眩光，体现以人为本的原则。

（二）体现景观特色

道路绿化景观是城市道路绿地的重要功能之一。景观设计除了要考虑行车两旁景观外，还要考虑城市主、干、支路和居住小区道路等各个方面的景观设计，许多城市希望做到"一路一景""一路一特色"等。

（三）生态原则

生态是物种与物种之间的协调关系，是景观的灵魂。它要求植物的多层次配置，乔灌草、乔灌花的结合，分隔竖向的空间，创造植物群落的整体美。因此，要在各种道路的设计中注重这一生态景观原则的体现。植物配置讲求层次美、季相美，从而达到最佳的降温遮阴、滞尘减噪、净化空气、防风防火、防灾抗震、美化环境等城市其他硬质材料无法替代的作用。

（四）与周围环境相协调的原则

城市道路并不是单纯的元素，而是多种景观元素构成的相互作用的结合体。一条道路周围环境变化不大，首先绿地要有一定的连续性，在总体构思上作为一个整体来考虑，植物选择上不求变化多端，以统一、协调为主。其次，不同标准路段则以一种景观为主，以几种植物共同营造同一个景观，形成不同的标准路段景观，体现统一之中变化的因素。这种景观的营造同样要与周围环境相协调，形成有秩序的外部空间。至节点处，自然而然地形成过渡，两个标准路段的植物在此交融会合。同时，以第一标准路段为透视线，道路景观与其他绿地相互借景，相互融合，在设计手法上互为利用，互为统一，使之与道路绿地有机结合。

（五）因地制宜，适地适树原则

道路植物生长的立地条件较严酷，车辆行驶频繁，因此应选择适应性强、生长强健、管理粗放的植物。道路绿化带采用大手笔、大色块手法，栽种观叶、观花、观果植物，适应不同车速的不同绿化带；空间上采用多层次种植，平面上简洁有序，线条流畅。滨河道路、景观道路等路线，立地条件较好，可采用群落式种植，选择多种植物创造不同氛围，体现植物生长的多样性和植物的层次性与季相变化。

（六）历史传承，面向未来的原则

每个城市都有深厚的文化内涵和崭新的时代特征。有的城市道路是进出城市的要道，是城市的门户，在一定程度上体现着城市时代特征和风貌特色。因此，在设计上，不仅要起绿化的作用，更要起美化环境、体现城市的历史文化、展现城市未来发展的作用。

此外，还应做好绿化设计方案，绘制出平面图、立面效果图及施工图等，以便达到预定的绿化功能和景观效果。

二、道路绿化的景观效果

道路绿化在现代城市建设中，在美化市容方面起着举足轻重的作用，我国一些园林城市的道路绿化都已有创新并取得很好的景观效果。北京、上海、广州、南京、杭州、南宁、珠海、青岛、台北等城市都有几条主要的景观大道或风景林带与两侧的建筑群体互为衬托，植物配置得颇具气势，层次、季相的变化与环境协调，走在其中享受着植物的艺术美感。例如，天津市以中环线月季彩带、外环线500 m宽绿化带为特色的道路绿化景观，成为天津市的著名景观道路。

很多世界著名的城市由于道路的绿化、美化，起到了不可替代的景观效果，如法国巴黎香榭丽舍大街（见图2-1），青葱翠碧的法国梧桐矗立于道路两旁，苍翠欲滴的植物形成了美丽的绿墙，而那些经人们精心打理的别致花园和绒绿的草坪时不时地从绿墙后面隐现出来，十分美观。德国柏林的菩提树大街（见图2-2）也是一条闻名于世的观光街，高大的菩提树和茂盛的栎树身姿娇媚，浓荫蔽日，菩提树大街也因此得名。我国北京的槐树，南京的悬铃木，广东湛江的蒲葵，南宁市的扁桃、朱槿等均是具有鲜明特点的城市道路景观。

图2-1　巴黎香榭丽舍大街

图2-2　柏林菩提树大街

（一）行道树绿化景观带

在人行道上以种植行道树为主的绿带，亦称步行道绿带。许多城市希望做到"一路一景""一路一特色"的行道树景观。有的城市建成了步行街、商贸特色街区，构成一个休闲、观景、购物、餐饮为一体的街区。在植物配置方面，主要利用当地的乡土树种，常绿树和阔叶树相结合，并适当点植香花、彩叶的树种。根据路况，大乔木的种植也能够产生很好的绿廊效果，以常绿树作为背景树，列植落叶乔木，夏天可以遮阴，冬天落叶可以使人们充分享受阳光。点植彩叶树种，以丰富植物景观。亦可根据当地情况，营造出热带、亚热带、温带等不同景观的行道树绿带。

（二）隔离带绿化景观效果

植物配置方面掌握适地适树的原则，以乡土树种为主，形成季季有景的景观环境。同时，体现时代特色，营造出明快通透的氛围。乔灌草、乔灌花合理搭配，落叶与常绿树搭配，注意季相变化，满足其功能要求。快慢车道隔离绿带，以种植灌木、灌木球等为主，下层以花草或草坪连续铺开，形成上下层景观。中间隔离带灌木高一般在80 cm，间植色叶灌木，下铺块、带草坪，防止相向车辆由于灯光引起眩光。两旁人行道则种植落叶或常绿乔木，夏日遮挡烈日骄阳，改善道路环境。

（三）路侧绿化景观效果

路侧绿带又称基础绿带。植物配置方面最好乔灌草、乔灌花合理搭配，路侧较宽的绿带还可布置花坛等，以保持路段内连续与完整的景观效果。

（四）交通岛绿化景观

在植物配置方面以灌花草合理搭配，通过绿化与周围环境和其他设施相配合，使其空间色彩和体形的对比与变化达到相互烘托，美化街景，改善道路环境。

中心岛的绿化是道路绿化的一种特殊形式。原则上只有观赏作用，不准行人进入的装饰性绿地。因中心岛外侧集中了多个路口，为了便于绕行车辆的驾驶员准确、快速识别路口，不宜密植乔木树种或大灌木，保持行车视线通透。可以在中心岛铺植草坪，或设置花坛，在中心种植一株或一丛观赏植物，以不遮挡驾驶员视线为主。

（五）立体交叉的绿化景观

在植物配置方面要考虑其功能和景观性，做到常绿与落叶树种合理搭配，速生与慢生树种相结合，乔灌草、乔灌花相结合，并注意选用季相不同的植物，利用叶、花、果、枝条形成色彩对比强烈、层次丰富的景观。在较大面积绿地上点缀观赏价值较高的常绿树和灌木，丛植宿根花卉，采用不同的图案形式，使之成为现代城市新的绿化景观。

（六）滨河道路的绿化景观

遵循当地河道总体规划，以现代园林艺术构成理论指导园林规划设计，通过园林小品、石景、绿化造景等景观，改善河道及河道两岸绿带环境，使其与道路、建筑物相互协调，创造优美的滨河景观，提高城市品位。在植物配置方面以松、杉、樟、柳等为基调树种，以彩叶树为辅调树种，观花、观果树种为点缀树种，共同构成绿化景观，层次感强烈。

（七）花园林荫道路绿化景观

在植物配置方面以乡土树种为主，常绿和落叶树种合理搭配，可着意渲染规则整齐、强调景观主要轴线的对称景观效果。

在平面构图上可强调直线的作用，对环境起到强调和美化作用。例如，以乔木为主的林荫大道和景观灯柱作为景观夹景，构成透视感和视觉引导性极强的园林空间的景观林荫道。

（八）园林景观路的绿化效果

园林景观路的绿化应具有当地的特色，植物的配置也应反映当地历史文化特色，如用当地市树、市花或名树、名花，以及选用不同色彩植物配置成花坛等，注重道路的景观效果。

（九）快速路绿化景观

城市快速路的行车特点，以"安全、实用、美观"为宗旨，以"绿化、美化、彩化"为目标。道路两旁绿化带作为统一的要素，贯穿于整个道路，其行道树以小乔木和灌木为主，其下配植草坪等。中央隔离绿带或快慢车道隔离绿带，根据路况，绿化以修剪整形的低矮灌木或灌木球，也可植以小乔木和灌木，其下层配植草坪或彩色植物景观带。

（十）城市环路绿化

城市环路两旁多为风景林带、生态林带和经济林带，植物配置以观花、观叶、观果树种合理搭配。亦可选择具有当地特色的经济树种，不仅增强道路景观效果，还有一定的经济收益。

三、道路绿化乔灌木配植方式

道路绿化常用的布置方式有规则式和自然式。规则式的布置方式用对植、列植、丛植、带植、绿篱、绿块等；自然式的布置方式用孤植、丛植、对植等。

（一）对植

对植是指将两株树在道路两旁，作对称种植或均衡种植的一种布置方式。例如，在路面宽度较窄的街道两旁进行对称的行道树种植。自然式的对植，其植树的树形及大小是不对称的，但是在视觉上要达到均衡，也不一定就是两株，可以采取树种不同，株数在两株以上的布置方式，如左侧是一株大树，右侧可以是同种的两株小树；也可以在道路两旁种植树形相似而不相同的两个树种，如街道一侧种植桂花，另一侧种植紫叶李；还可在道路两侧丛植，丛植树种的形态必须相似。树种的布置要避免呆板的对称形式，但又必须对应。两侧行道树或两侧丛植还可构成夹景，利用树木分枝状态或适当加以培育，构成相呼应的自然街景。

（二）列植

列植是指乔木或灌木按一定的株行距或有规律地变换株行距，成行成排种植的布置方式。列植的树木可以是同一树种、同一规格，也可以是不同树种。以道路宽度的宽窄有一至多列的布置。一列多布置在河溪边的小路旁，路面较窄的，只能种植在一侧；一般城市道路的行道树多布置为2列；有分车带的道路除两侧种植行道树外，其车道中间的分车带也种一行行道树，布置方式为3列。北京、南京、杭州等城市行道树有4列、8列布置的，12列布置的见于北京等市的行道树。树种常选"市树"或有代表性的树种，又可尽量选择应用一些新优品种，做到树种丰富，力求植物的多样性。例如，北京的槐树、杭州的樟树、南京的悬铃木、福州的小叶榕、广州的木棉、广东新会的蒲葵、法国巴黎的七叶树、日本的垂柳等，均形成具有鲜明特色的城市道路景观。

（三）丛植

丛植通常是由2株到十几株乔木或灌木组合而成的种植类型，布置树丛道路以路型而定，可以是草坪或缀花草地等。组成树丛的单株树的条件必须是庇荫、树姿、色彩、芳香等方面有突出特点的树木。树丛可分为单纯树丛和混交树丛两类。在功能上除作为构成绿地空间构图的骨架外，还可用来庇荫，用作主景及配景。

（四）带植

规则式带植指树木栽植成行成排，各树木之间均为等距，种植轴线比较明确，树种配置也强调整齐，平面布局对称均衡或不对称但也均衡，分段长短的节奏，按一定尺度或规律划分空间。常用于郊区公路的防护林带等。其树种的选择可依据防护功能及林带结构的不同而异，多选用乡土树种。

自然式带植的林带即带状树群。树木栽植不成行成排，各树木之间栽植距离也不相等，有距离变化。天际线要有起伏变化，林带外缘要曲折，林带结构如同树群，由乔木、小乔木、大灌木、小灌木、多年生草本地被植物等组成。当林带布置在道路两侧时，应成为变色构图，左右林带不要对称，但要互相错落、对应。常用于郊区公路或高速公路两侧的风景林带，能够产生较好的景观效果，同时改善环境也不会让司机眼睛疲劳，有利行车安全。

（五）绿篱

由灌木或小乔木以较小的株行距密植，栽成单行或双行的一种规则的、紧密结构的种植形式。绿篱的类型有：高绿篱，高度在 160 cm 以下、120 cm 以上，人的视线可通过，但不能跳跃而过；绿篱，高度在 120 cm 以下、50 cm 以上，人须较费力才能跨过；矮绿篱，高度在 50 cm 以下，人可毫不费力地跨越。在绿化带中常以绿篱作分车绿带，有两侧绿篱，中间是大型灌木和常绿松柏或球根花卉间植。这种形式绿量大，色彩丰富，但要注意修剪，注意路口处理，不要影响行车视线。分车带在 1 m 及以下的，只能种植大叶黄杨、圆柏等绿篱。

绿篱树种的选择，依据功能要求与观赏部位，可分为：常绿篱，常用树种有圆柏、侧柏、大叶黄杨、锦熟黄杨、雀舌黄杨、冬青、海桐、珊瑚树、女贞等；落叶篱，常用树种有榆树、雪柳、紫穗槐、丝棉木等，在北方常用；刺篱，常用树种有枸骨、枸橘、黄刺玫、花椒等；花篱，常用树种有栀子花、金丝桃、迎春、黄馨、六月雪、木槿、锦带花、溲疏、日本绣线菊等；观果篱，常用紫珠、枸骨、火棘等组成。

（六）孤植

孤植是指乔木的单株种植形式，也称孤立树。有时为较快、较好地到达预期效果，可以采取两株以上相同树种紧密栽植在一起，形成单株的效果，也可称为孤植树。孤植在自然式种植或规则式种植中都可采用，它着重反映自然界植物个体良好生长发育的健美景观，在构图中多作为局部地段的主景。孤植树可以布置在自然式林带的边缘；也可以作为自然式绿地中的焦点树、诱导树；还可以种在道路的转折处，在叶色、花色上要与周围的环境有明显的对比，以引人入胜。

孤植中常选用具有高大雄伟的体形、独特的姿态或繁茂的花束等特征的树木，如油松、白皮松、华山松、银杏、枫香、雪松、圆柏、冷杉、樟树、悬铃木、广玉兰、玉兰、七叶树、樱花、元宝枫等。

四、道路绿化树种的选择

道路绿化的主体是行道树。道路绿化的树种除行道树外，其他树种与一般城市绿化树种差异不大。

（一）行道树选择概述

行道树主要栽培在人行道绿带、分车线绿带、广场、河滨林荫道及城乡公路两侧。理想的行道树种选择标准应该综合两个方面的考虑。一方面，要考虑便于养护管理，要选择耐瘠抗逆、防污耐损、抗病虫害、强健长寿、易于整形的树种；另一方面，要考虑景观效果，要选择春华秋色，冬姿夏荫，干挺枝秀，花艳果美，冠整形优的树种。

城区道路多以树冠广茂、绿荫如盖、形态优美的落叶阔叶乔木为主。而郊区及一般等级公路，则多注重生长快、抗污染、耐瘠薄、易管理养护的树种。墓园等纪念场所行道树种的选择应用，则多以常绿针叶类为主，如圆柏、龙柏、柏木、雪松、马尾松等；落叶树种有柳树、龙爪槐、榆树等。近年来，随着城市环境绿化、净化、美化、香化指标的实施，常绿阔叶树种和彩叶、香花树种有较大的发展，特别是城市主干道、高速干道、机场路、通港路、站前路和商业闹市区的步行街等，对行道树的规格、品种和品位要求更高。目前，使用较多的有悬铃木、椴树、七叶树、枫树、银杏、樟树、广玉兰、乐昌含笑、女贞、槐树、水杉等。

行道树的实际应用，应根据道路的建设标准和周边环境，以方便行人和车辆行驶为第一原则，确定适当的树种、品种，选择适宜的树体、树形。例如，上方有电力、通信线路，应选择一个最后生长高度低于架空线路高度的树种，以节省定期修剪费用。另外，整形栽植时，树木的分枝点要有足够的高度，不能妨碍路人的正常行走和车辆的正常通行，不能阻挡行人及驾乘人员的视线，以免发生意外。特别是在转向半径较小、转角视线不良的区域，更应注意。树体规格的选择要适宜，与街道两侧建筑物景观要协调，并能经受时间推移的检验。

（二）行道树种的选择原则

行道树种的选择，关系到道路绿化的成败、绿化效果的快慢及绿化效益是否充分发挥等问题。因此，道路绿化树种的选用，应考虑各树种的生物学和生态学特征，考虑实用价值和观赏效果。树种选择的原则主要有以下几条。

1.适地适树、因地制宜是选择行道树的基本原则

尽量选用当地适生树种，如长江流域常用樟树、榕树、银桦等为行道树；而华北则常用毛白杨、国槐、泡桐等。取其在当地易于成活、生长良好、具有适应环境、抗病虫害等特点。充分发挥其绿化、美化道路的功能。为此，我们在进行行道树的规划与选择时，必须掌握各树种的生物学特性及其与环境因子（气候、土壤、地形、生物等）的相互关系，尽量选用各地区的乡土树种作为适生树种，这样才能取得事半功倍的效果。

城市街道行道树有其特定的生态环境，即使是城市内外环各个区域，生态条件也有较大的差异。不论是乡土树种还是外来树种，在复杂的城市环境中，都有一个能否适应的问题。即便是乡土树种，如果未经试用，也不能贸然选用。以榉树、枫香而言，长江流域一带在乡镇郊区生长尚可，但移栽到市区的街道，就不能适应环境，生长不良或很迟缓。所以，我们在各个城市选用行道树时，一定要弄清各个树种的生态特性，摸清生境特点，找到与之相应的特定树种。只有"识地识树"，才能做到"适地适树"。

2.乡土树种与外来树种相结合，丰富城乡道路绿化

由于城乡生态环境多变和绿化功能要求复杂多样，就必然要求行道树种的多样化。故提出乡土树种与外来树种相结合的原则。凡在一个地区有天然分布的树种则该树种称为该地区的乡土树种。乡土树种在长期种植的过程中已充分适应本地的气候、土壤等环境条件，易于成活，生长良好，种源多，繁殖快，就地取材既能节省绿化经费，易于见效果，又能反映地方风格特色，因此选用乡土树种作为行道树是最可靠的。只有当已驯化成功的外来树种，比乡土树种在各方面都有明显的优越性时才可作为行道树的选用。选用行道树种，特别要注意气候条件，其中最主要的是温度状况和湿度状况。喜暖树种（如木麻黄、檫树等）不能在较寒冷的北方生长，适于湿润的海洋气候的树种（如台湾相思）不能在干燥的大陆性气候下生长。

但为了适应城乡道路复杂的生态环境和各种功能要求，如果仅限于采用当地树种，就难免有单调不足之感。因此，还应引用外来的优良树种，以丰富行道树种的选择，满足城乡道路系统绿化多功能的要求。不过，在行道树的规划设计中，还应注意因地制宜、相对集中、统一协调，这样才能做到丰富多彩、别具特色。

3.兼顾近期与远期的树种规划

随着现代化建设的高速发展，不仅城市街道马路拓宽改造日新月异，乡镇公路网络也四通八达，国道、省县道路在不断增加，不断拓宽。因此，道路系统绿化任务也在不断增加，并提出新的功能要求。大量新开辟的道路急需栽植行道树

进行绿化点缀，许多老的道路，由于拓宽后清除了原来的行道树，也需要重新栽植设计。这样，我们在道路绿化的问题上，就要采用近期与远期结合、速生树种与慢生树种结合的策略措施。在尽快达到夹道绿荫效果的同时，也要考虑长远绿化的要求。新辟道路往往希望早日绿树成荫，可采用速生树种，如悬铃木、杨树、泡桐、喜树、臭椿、枫杨、水杉等。但这些树种生长到一定时期后，易于衰老凋残，影响绿化效果，更替树种又需一定时期才能成长。特别是城市街道行道树生长不易，如毛白杨、泡桐作行道树，10～20年后开始衰退，树冠不整，病虫滋生，砍伐后，形成一段时期绿化的空白。若我们能从长远效果考虑，在选用行道树时，速生树种中间植银杏、槐树、楸树等长寿树种，则在速生树种淘汰后，慢生长寿树种长成大树，继续发挥绿荫效果，避免脱节。

4.生态效益与经济效益相结合

行道树的生态功能诸如遮阴、净化空气、调节气温湿度、吸附尘埃等有害物质、隔离噪音以及美化观赏等，都是重要选择标准。但树种本身的经济利用价值，也是行道树选择时须考虑的因素之一。若能提供优良用材、果实、油料、药材、香料等副产品，一举多得，岂不更好。特别是乡镇公路行道树，线长量多，更应考虑经济效益。例如，安徽亳州以产优质用材泡桐闻名，远销日本，其木材来源主要是公路旁栽植的泡桐，20年即可成材，分行采伐利用，及时更新补植，既不影响道路绿化的生态功能，又可取得数量可观的泡桐良材。

（三）选用抗性强的树种

栽植行道树的环境条件一般比较差，有许多不利于行道树生长的因素，如酸、碱、旱、涝、多砂石、土壤板结、烟尘、污染物等有害气候，为取得较好的效果，就要选择抗逆性强的树种，树种本身要求管理粗放，对土壤、水分、肥料要求不高，耐修剪，病虫害少，同时对环境无污染，树种无刺、无毒、无异味、落果少、无飞毛，以适应栽植的环境。

1.抗有害气体的树种

①抗二氧化硫、氯、氟化氢的树种：大叶黄杨、黄杨、锦熟黄杨、珊瑚树、广玉兰、夹竹桃、海桐、棕榈、构树、龙柏、圆柏、茶花、栀子花、枸骨、苦楝、合欢、蚊母树、紫穗槐、槐树、柽柳、柑橘、凤尾兰、白蜡树、木槿、臭椿、刺槐等。

②抗二氧化硫、氯气的树种：女贞、椿、刺槐、桂花、乌柏、小蜡、紫薇、无患子、枸橘、石楠、棉槠、白榆、胡颓子、杨梅、垂柳、择香、梧桐、苦槠、椰榆、榉树、紫荆、黄葛树、英桐、楸树、重阳木、梓树、南酸枣等。

③抗二氧化硫、氟化氢的树种：青桐、泡桐、罗汉松、白皮松、无花果、山楂、柿树等。

④抗氯、氟化氢的树种：银桦、丝棉木等。

⑤抗氟化氢的树种：云杉、石榴、蒲葵、侧柏、木芙蓉等。

⑥抗二氧化硫的树种：银杏、柳杉、金橘、喜树、雀舌黄杨、枇杷、杜英、鹅掌楸、山桃、冬青、栾树、火炬树、夹竹桃、构树、赤杨、毛白杨、黄栌、朴树、榕树、苏铁、华山松、枫杨等。

⑦抗氯的树种：接骨木、广玉兰、樟树等。

2. 抗粉尘较强的树种

抗粉尘较强的树种有：油松、白皮松、侧柏、垂柳、核桃、苦槠、榔榆、榉树、朴树、构树、无花果、黄葛树、银桦、蜡梅、海桐、蚊母树、英桐、枇杷、合欢、紫穗槐、刺槐、槐树、臭椿、重阳木、乌桕、大叶黄杨、冬青、丝棉木、茶条槭、栾树、梧桐、统毛白蜡、紫丁香、女贞、桂花、夹竹桃、泡桐、梓树、楸树、珊瑚树、棕榈等。

3. 防火性较强的树种

防火性较强的树种有：银杏、金钱松、木荷、苦槠、栓皮栎、海桐、枫香、相思树、紫穗槐、乌桕、木棉、珊瑚树、棕榈、大叶黄杨、厚皮香、山茶、卫矛、灯台树、女贞、悬铃木等。

防火性中等的树种有：雪松、鹅掌楸、青桐、梧桐、槲树等。

耐火性较强的树种有：刺槐、垂柳、杨树、麻栎、白蜡等。

4. 防风、抗风较强的树种

防风、抗风较强的树种有：油松、金钱松、雪松、白皮松、植子松、湿地松、落羽杉、池杉、福建柏、沙地柏、罗汉松、毛白杨、新疆杨、青柳、旱柳、木麻黄、枫杨、苦槠、栓皮栎、榆树、榉树、朴树、桑树、构树、银桦、广玉兰、樟树、海桐、枫香、蚊母树、杜梨、相思树、苦楝、重阳木、乌桕、黄连木、丝棉木、冬青、元宝枫、三角枫、茶条槭、栾树、刺桐、柽柳、大叶桉、雪柳、蒲葵、大叶合欢、黄槿、台湾栾树、铁刀木、番石榴、榕树、印度黄檀、福木、小叶南洋杉等。

5. 抗盐碱较强树种

抗盐碱较强树种有：侧柏、青杨、榆树、大果榆、大麻黄、杜仲、杜梨、杏、榆叶梅、紫穗槐、刺槐、臭椿、苦楝、黄杨、火炬树、黄栌、栾树、柽柳、沙枣、白蜡树、绒毛白蜡、夹竹桃、枸杞、金银花、接骨木、黄槿、大叶山觉、海果等。

6. 耐湿树种

耐湿树种有：红皮云杉、水松、湿地松、落羽杉、池杉、河柳、旱柳、垂柳、馒头柳、木麻黄、长山核桃、桑树、枫杨、紫穗槐、重阳木、乌桕、栾树、丝棉木、三角枫、柽柳、沙枣、胡颓子、君迁子、白蜡树、绒毛白蜡、金银花、接骨木、慈竹、蒲葵、凤尾兰等。

7. 耐旱树种

耐旱树种有：油松、红皮云杉、华北落叶松、兴安落叶松、雪松、白皮松、马尾松、樟子松、火炬松、池杉、挪威云杉、侧柏、美国侧柏、香柏、福建柏、柏木、圆柏、沙地柏、铺地柏、新疆杨、小叶杨、青杨、馒头柳、木麻黄、苦槠、栓皮栎、槲树、榆树、大果榆、榔榆、珊瑚朴、青檀、桑树、构树、柘树、无花果、银桦、台湾赤杨、皂角树、二乔木兰、蜡梅、月桂、山梅花、柽香、英桐、水拘子、山楂、石楠、海棠花、杜梨、黄刺玫、金老梅、杏、山桃、榆叶梅、郁李、樱桃、合欢、相思树、葛藤、紫穗槐、紫藤、刺槐、锦鸡儿、金雀儿、胡枝子、槐树、臭椿、苦楝、锦熟黄杨、黄连木、火炬树、黄栌、扶芳藤、卫矛、丝棉木、元宝枫、七叶树、栾树、木槿、木棉、柽柳、胡颓子、石榴、柿树、君迁子、白蜡树、绒毛白蜡、连翘、紫丁香、夹竹桃、枸杞、猬实、金银花、金银木、接骨木、蒲葵、棕榈、红花毛刺槐（墨槐）、变色金叶黄杨、紫叶女贞。近十多年来开发应用的棕榈科植物耐寒耐旱品种有粗干华盛顿棕、加拿利海枣、银海枣、盘龙棕、欧洲棕、布迪椰子等。

8. 耐寒树种

针叶树一般可耐 −30 ～ −50℃的低温。例如，红松（−20℃）、兴安落叶松（−51℃）、华山松（−31℃）、白皮松（−30℃）、雪松（−28℃）、池杉（−25℃）、樟子松（−50℃）。阔叶树特别耐寒的有银杏（−32℃）、毛白杨（−32.8℃）、小叶杨（−36℃）、小青杨（−39.6℃）、青杨（−30℃）、银白杨（−43℃）、加杨（−41.4℃）、新疆杨（−20℃）、榆树（−48℃）、旱柳（−39℃）、香椿（−27.6℃）、元宝枫（−25℃）、杜仲（−20℃）、水曲柳（−40℃）、柿树（−20℃）、鹅掌楸（−12.4℃）。一般能耐寒的树种，如相思树（−8℃）、泡桐（−10℃）、银桦（−4℃）、榕树（−4℃）、棕榈（−7℃）、蒲葵（0℃）。其他一般耐寒的树种有：核桃、枫杨、长山核桃、白桦、栓皮栎、小叶朴、构树、白玉兰、二乔玉兰、广玉兰、蜡梅、英桐、山楂、石楠、杜梨、樱花、稠李、红叶李、刺槐、槐树、臭椿、锦熟黄杨、火炬树、黄栌、三角枫、栾树、糠椴、猕猴桃、瑞香、石榴、灯台树、雾柳、白蜡树、绒毛白蜡、紫丁香、小叶女贞、枸杞、梓树、接骨木、天目琼花、桂竹、淡竹、罗汉竹、紫竹、丝兰等。

（四）选择树形优美，干形通直的树种

树形高大，冠形优美，使行道树有雄伟之感，特别是公路的行道树，如毛白杨的树冠宏大。亚热带、热带地区宜选夏季枝叶密生、成绿荫的行道树。寒冷地区宜选落叶树种，冬天落叶会增加阳光照射，则有暖和之感。主要根据不同地区的气候环境条件选择树形优美的树种。

（五）选择观赏部位不同的树种

人们对树木的欣赏是多方面的，如观赏树干、观叶、赏花、赏果等。但一种树木能具备这样多的功能是很少的，一般需要通过合理配置树种，才能达到多方面观赏的要求。

①观赏树干的，可选用金钱松、池杉、水杉、毛白杨、大王椰子、可可椰子、蒲葵等树种。

②观叶时，可选秋色树种中枫香的红叶，还有红枫、鸡爪槭、乌桕、蓝果树、火炬树、黄栌等，秋色黄叶如银杏等。此外，还有观叶形等。主要观叶色、叶形的树种有：日本落叶松、金钱松、落羽松、池杉、水杉、馒头柳、白桦、栓皮栎、大果榆、珊瑚朴、南天竹、天女花、鹅掌楸、檫树、枫香、杜梨、紫（红）叶李、臭椿、重阳木、乌桕、黄栌、黄连木、火炬树、卫矛、丝棉木、元宝枫、五角枫、三角枫、茶条槭、无患子、杜英、猕猴桃、白蜡树、绒毛白蜡、柿树、美国红枫、北美红栎等。

③行道树须选有艳丽夺目花朵的观花树种时，可选银芽柳、珊瑚朴、银桦、白玉兰、二乔玉兰、山梅花、溲疏、八仙花、海桐、鹅掌楸、金缕梅、英桐、火棘、山楂、枇杷、木瓜、李、杏、山桃、榆叶梅、紫叶李、樱花、合欢、紫荆、凤凰木、刺槐、丝棉木、栾树、木槿、木芙蓉、木棉、山茶、紫薇、黄槐、黄槿、铁力木、石榴、杜鹃、雪柳、紫丁香、女贞、桂花、夹竹桃、泡桐、梓树、楸树、接骨木、天目琼花、凤尾兰、丝兰、七叶树、龙眼、檬果等。

④果实美丽的行道树宜选择银杏、华山松、红豆杉、无花果、英桐、杏、紫叶李、刺槐、臭椿、丝棉木、冬青、五角枫、石榴、柿树、绒毛白蜡、接骨木、珊瑚树、天目琼花、枫杨、面包树、波罗蜜、台湾栾树、橡果等。

（六）选择隔离带绿篱树种

绿篱树种有：柘树、小檗、十大功劳、太平花、溲疏、海桐、蚊母树、珍珠梅、火棘、山楂、贴梗海棠、野蔷薇、木香、棣棠、紫穗槐、锦鸡儿、花椒、黄

杨、锦熟黄杨、大叶黄杨、卫矛、枸骨、冬青、木槿、木芙蓉、怪柳、胡颓子、杜鹃、雪柳、连翘、女贞、小叶女贞、水蜡、桂花、茉莉、夹竹桃、栀子、六月雪、锦带花、珊瑚树、凤尾兰等。

（七）选择具有当地风情民俗特色的树种

结合城市特色，优先选择市树、市花及骨干树种。例如，杭州市、宁波市以樟树为市树，桂花为市花，具有亚热带风情；北京市市树为槐树和侧柏，槐树冠大荫浓，适应城市立地条件，是优良的行道树种；广州（誉为棉城）及厦门（誉为英雄城）的木棉；新会（葵城）的蒲葵；福州（榕城）的小叶榕。

第三章　城市公园绿化

第一节　城市公园绿化概述

一、我国城市公园现状及分析

城市公园是随着近代城市的发展而兴起的，是城市中的"绿洲"，是城市居民生活中不可缺少的游憩空间。城市公园不仅为城市居民提供了文化休息以及其他活动的场所，也为人们了解社会、认识自然、享受现代科学技术带来了种种方便。此外，城市公园绿地对美化城市面貌、平衡城市生态环境、调节气候、净化空气等均有积极的作用。因此，无论国内还是国外，在作为城市基础设施之一的园林建设中，公园都占有重要的地位。城市公园的数量与质量既可体现一个国家或地区的园林建设水平和艺术水平，同时也是展示当地社会生活和精神风貌的橱窗。

城市公园植物景观设计已成为公园建设中最重要的环节，有着深远的意义和长久的效益，人们欣赏植物景观自然美之外更为重视的是植物所产生的生态效益。当前，崇尚自然、回归自然是城市公园发展的共同目标。

（一）我国城市公园发展现状

改革开放以来，特别是 1992 年争创园林都市活动在全国广泛开展以来，配合都市建设的大发展，我国都市公园也经历了一个高速发展阶段，在数量增加的同时，我国都市公园的质量也有了很大进步。公园增强了绿化美化工作，局部生态环境得到显著改善，增加了大批娱乐和服务设施，极大地丰富了市民游玩的内容，许多历史文化遗址、遗迹和古树名木通过公园的建设得到了较好的维护，成为市民了解和观赏当地文化遗产的重要场所。都市公园类型也日渐变化，除了历史园林之外，各种类型的都市公园也纷纷建立起来。在街道两旁、都市中心、河道两侧、居民社区、新建小区，甚至荒地废池、垃圾填埋场上也都建设了各种类型的都市公园。这对于满足广大市民日益增长的生活休闲需求起到了不可替代的作用，在都市发展中占据着越来越重要的位置。

（二）我国城市公园发展问题

近年来，全国各地争创园林城市，加大对园林建设的投资，大大改善了投资环境，中心广场、街头绿地、社区公园纷纷建立起来，提高了城市绿地覆盖率，为居民创造了良好的工作生活环境。但与此同时，各中小城市公园的发展却因资金、技术等限制而相对滞后，城市公园的发展状况受到人们的质疑。造成近几年城市公园发展尴尬境地的主要原因有客观和主观两个方面。客观上，各地普遍重视建新的旅游景点和各种类型的广场，而城市公园的发展却被忽视，在经济技术上得不到有力支持，与城市建设相比基本处于停滞不前的状态，在自身发展上也没有有效的突破和创新，出现外部环境与内部建设相背离的局面。在外部经济得不到支持的状态下，公园不得不采取多种经营方式来赚取资金以弥补自身经费的不足，相比于公益性建设的新景区不需任何费用就能享受到园林艺术之美，流失了部分资源。从主观原因看，有些公园在管理中忽视了公园的本质和特征，使公园的发展走向误区：有的片面追求眼前效益。为了自身的发展鼓励多种经营，如破墙开店、大搞游乐设施、举办各种展览，甚至大幅提高票价，造成游客的逆反心理，使客流量呈下降趋势；有的在对园容、园貌的建设中，缺乏统筹管理，长官意志决定一切；有的资金技术有限，资金不能有效投入，技术力量也很有限。实际上，只有以科学为指导，提高设计水平，创建精品工程，才能得到最好的经济效益。如能彻底解决上述主、客观问题，才能使公园正常发展，使公园的经济效益、社会效益、环境效益得到良性循环，走上持续发展的道路。

二、城市公园的类型及特点

按照我国标准的城市绿地系统分类，公园相当于城市绿地系统的公共绿地这一大类，具体可分为四大类：综合公园、社区公园、专类公园、带状公园。

（一）综合公园

综合公园是城市中最基本的大、中型公园。其内容丰富，有相应设施，能为城市居民创造一个具有绿色环境的游憩、休闲及开展文体活动的场所。

综合公园又可分为全市性公园（如美国纽约中央公园、北京陶然亭公园、法国凡尔赛宫公园等）和区域性公园（如郑州紫荆山公园、上海静安公园、长寿公园等）。

图 3-1　法国凡尔赛宫公园

（二）社区公园

社区公园指为一定居住范围内的居民服务，具有一定活动内容和设施的集中绿地（不包括居住组团绿地），必须设置儿童游乐设施和健身运动器材，特别应照顾到老人游憩活动的需要。社区公园可分为居住区公园和小区游园。

（三）专类公园

专类公园指有特定内容或形式，有一定休憩设施的绿地。可分为植物园、森林公园、儿童公园、动物园、历史名园、风景名胜公园、纪念性公园、游乐园、体育公园、雕塑公园、湿地公园等。

（四）带状公园

带状公园指沿城市道路、城墙及水滨等具有一定休憩设施的狭长绿地。带状公园常常结合城市道路、城墙或水系而建设，是绿地系统中颇具特色的构成要素，承担着城市生态廊道的职能，其宽度受条件用地的影响，一般呈狭长蜿蜒形，以绿化为主，辅以简单的设施。可分为道路带状公园、城墙带状公园和水滨带状公园。

三、城市公园植物景观设计的特点和发展趋势

（一）城市公园植物景观设计的特点

目前，园林这一概念已不再局限于一个公园或风景点中，有些国家从国土规划中就开始注重植物景观了。随着居民生活水平的提高及商业性需要，将植物景观引入室内已蔚然成风。园林设计师对植物景观的重视是植物造景成败的重要因素之一。值得一提的是，英国设计师在设计植物景观时有一个强烈的观点，即"没有量就没有美"。我国在现实中也有两种观点和做法存在：一是重园林建筑，而轻视植物；另一种是提倡园林建设中要重视植物景观。植物景观造景的观点越来越为人们所接受，近年来不少地方的园林单位正在积极营造森林公园，有的已开始尝试植物群设计。与西方园林学相比，我国植物景观设计在植物造景的科学性和艺术性上还相差甚远。我们不能满足于运用现有的植物种类及配置方式，应向植物分类学、植物生态学、地植物学等学科学习和借鉴，以提高植物造景的科学性。

（二）城市公园植物景观设计的趋势

不能将植物景观设计简单地理解为栽花、种草，植物景观设计随着时代的发展不断包含更为广泛的内容。以往植物景观设计的人工气息十分浓厚，偏爱以植物材料构造图案效果，热衷把植物修剪成整齐划一的色带、球体或几何形体；或用大量的栽培植物形成多层次的植物群落；或者片面强调生态效应，把大量成年大树移栽到城市和园林中，这些都是我国现代植物景观设计中普遍存在的问题。

传统的园林景观设计反映的是人类征服自然的过程，将自然看作原材料，在"以人为本"的思想指导下，强调用人工手段改造自然。而现代园林景观设计认为自然文化是永恒的主题，强调自然文化和植物景观的设计手法，强调顺应自然规律进行适度调整，尽量减少对自然的人工干扰。园林景观设计首要任务是保护、恢复并展示园林的地域性景观美感，植物景观设计成为现代国际园林景观中最重要的设计内容之一。现代植物景观设计的发展趋势就在于充分认识地域性自然景观中植物景观的形成过程和质变规律，并顺应这一规律进行植物配置。不仅要重视植物景观的视觉效果，更要营造出适应当地的自然条件，具有自我更新能力，体现当地自然景观风貌的植物景观类型，使植物景观成为园林景观佳品，乃至地区的主要特色。可以说，现代园林景观设计的实质就是为植物的自然生长演替提供最适宜的条件。现代植物景观设计不再强调大量植物品种的堆积，也不再局限

于植物个体美，如体形、姿态、花果、色彩等方面的展示，而是追求植物形成的空间尺度以及反映当地自然条件和地域景观特征的植物群落，尤其着重展示植物群落的自然分布特点和整体景观效果。

随着我国园林建设的深入发展，以及植物生态学、植物地理学、景观生态学、植物栽培学及园艺学等学科的引入，植物景观内涵不断扩展，植物造景不仅限于利用植物创造视觉景观，还包括生态上的景观和文化上的景观，甚至更深更广的含义。在植物造景中提倡自然美，创造自然的植物景观已成为新的潮流。人们除了欣赏植物景观的自然美外，更重视的是植物所产生的生态效应。

第二节　城市公园绿化原则

一、城市公园绿化的基本原则

（一）以人为本的原则

植物景观的营造必须符合人的心理、生理、感性和理性的需求，把服务和有益于人的健康和舒适作为植物景观设计的根本，体现以人为本，满足人性回归的渴望，力求创造环境宜人、景色引人、亲切近人、为人所用、尺度适宜的舒适环境。

（二）科学性原则

要懂得科学，懂得植物是有生命的有机体。每种植物对其生长环境都有特定的要求，植物景观设计时，首先要符合当地的自然状况与生态环境、适地适树，充分体现当地植物品种的丰富性和适应性。乡土树种是在本地长期生存的植物，也是体现当地特色的主要因素之一，理所当然成为城市绿化的主要来源。要根据设计生态环境的不同，因地制宜地选择适当的树种，选择本身生态习性和栽培地点的环境条件基本一致的植物进行栽植。栽培群落的设计必须遵循自然群落的发展规律，并从丰富多彩的自然群落中借鉴、保持群落的多样性和稳定性，这样才能从科学性上获得成功。

（三）生态性原则

园林植物在长期的系统发育过程中，受环境条件的影响而产生多种多样的适应性和不同生态类型，要全面了解和掌握组成环境的各个因素，如温度、光照、水分、土壤等，还要了解这些因素同植物之间、不同植物品种之间的关系，以及同种植物的群体组合的生态关系和植物的多样性，才能科学合理地配置植物，组成和谐稳定的植物群落，创造出优美的植物景观，给人以美的感受。植物景观除了供人们欣赏之外，更为重要的是能创造出适合人类生存的环境，应该具有净化空气、吸音、除尘、杀菌、降解毒物、调节空气温湿度及防灾等生态效应。在设计中应从景观生态学的角度结合区域景观特征进行综合分析，以植物造景为主，配合山石、水域等元素创造出环境优美、生态良好的城市公园，突出大自然的蓬勃生机。生态环境的可持续发展建设要遵循"以人为本、生态优先"的思想，科学营造植物群落，构建乔、灌、草、地被植物多层复合的生态环境，增加绿量和景观层次，提高人居环境质量，构建生态效益良好的文明城市。

（四）历史延续性原则

植物景观是保持和塑造城市风情、文脉和特色的重要方面。应重视景观资源的继承、保护和利用，应以自然生态条件和地带性植被为基础，将民俗风情、传统文化、宗教、历史文物等融合在植物景观中，使其有明显的地域性和文化特性，产生可识别性和特色性，避免"千域一面"的局面。在世界经济一体化与文化多元化并行发展的今天，历史文化延续性原则更应成为植物景观设计的指导原则。

（五）经济性原则

植物景观的营造是以创造生态效益和社会效益为目的的，在植物景观设计时必须遵循经济原则，在节约成本、方便管理的基础上以最少的投入获得最大的生态效益和社会效益。力求实现景观植物在养护管理上的经济性和简便性，尽量避免养护管理费工费时、水肥消耗过多、人工性过强的植物景观设计手法。

二、城市公园绿化的艺术原则

植物景观中艺术性的创造极为细腻、复杂，故在此单独加以详述。

公园植物造景就是运用艺术手法和依据生态习性，把多种观赏植物以美的形式组合起来，使其形象美和基本特性得到充分的发挥，以创造出优美的园林景观。完美的植物景观除满足植物与环境在生态适应上的统一之外，还要通过艺术构图原理来体现植物个体及群体的形式美，以及人们欣赏时所产生的意境美，这需要巧妙地利用植物的大小、形态、颜色和质地进行构图，并通过季相变化来创造瑰丽的景观，表现其独特的艺术魅力。在季相变化上要把不同叶色、花色的植物用衬托和对比手法进行多层次搭配，使植物景观色彩和层次更加丰富，还要考虑景观植物在观形、赏色、闻味、听声上的效果，构成月月有新景、季季有变化，绚丽多彩、鸟语花香，集形、色、味、声于一体的生态环境。在一定环境条件下，对植物间色彩明暗度、不同颜色及植物高低大小进行巧妙地设计与布局，形成富于统一变化的景观构图，以吸引游人。同时，要根据空间大小、树木种类、姿态、数量的多少及配置方式，运用植物组合来美化空间，与建筑小品、水体、山石等相呼应，协调景观环境，起到屏俗收佳的作用。要借植物特有的形、色、香、声、韵之美表现人们的思想、品格、意志，创造出寄情于景、使人触景生情的意境美。

完美的植物景观设计必须具备科学性和艺术性两个方面的高度统一。既要满足植物与环境生态适应性的统一，又要通过构图原理，体现出植物个体与群体的形式美及人们在欣赏时所产生的意境美。植物造景是以自然美为基础，以植物为主体，或以植物与其他园林要素相结合而组成形式优美、丰富多彩的画面。公园植物造景是园林艺术的组成部分，属于造型艺术范畴，其表现原则亦应遵循形式美的艺术原则，所以，植物景观设计应同样遵循绘画艺术和造园艺术的基本原则，即统一、调和、均衡和韵律四大原则。

（一）统一原则

统一原则即变化与统一或多样性与统一性的原则。

植物景观设计时，植物景观各要素及其比例都要有一定的差异和变化，以显示植物的多样性，但又要使其保持一定的相似性，引起统一感，这样既生动活泼又和谐统一。用重复的方法最能体现植物景观的统一，如用等距离配置同一乔木树种作为行道树，或在乔木下配置同种同龄花灌木（或时令花卉），这种精确的重复最具统一感。在竹园的景观设计中，众多的竹种在竹叶及竹竿相似的形状与线条中得到统一，但各竹种的形态、色泽、高低又有变化，达到了统一中有变化的原则。而松柏类植物保持终年常绿，在冬天也是统一的，但各种松柏的形状、质地及颜色又各不相同，也达到统一中求变、变中求统一的原则。

（二）调和原则

即协调和对比的原则，对比和调和是园林景观组合中常用的艺术原则。

在植物景观设计中要注意各景观的相互联系与配合，体现调和原则。找出近似性和一致性，配置在一起才能产生协调感，用差异和变化产生对比效果，以突出主题或引人注目。当植物与建筑物相配时更要注意体量、重量比例的协调，色彩在构图中也十分重要，用得好可以突出主题、烘托气氛，恰到好处地运用色彩的感染作用，可以使景观增色不少。黄色最为明亮，象征太阳光源，往往起到点景的作用，而且在空间感中能起到小中见大的作用。红色热烈、欢庆、奔放、刺激性强，是好多人的最爱。蓝色是天空和海洋的颜色，有深远、清凉、宁静的感觉。紫色具有庄严、高贵的感觉。白色悠然淡雅，是纯洁的象征，有柔和感。灰色能使各种不同的颜色达到统一的效果。作为主色的绿色则充满了生机，欣欣向荣。

（三）均衡原则

这是植物配置的一种布局方法，均衡表现的是物体在平面和立面的平衡关系。

按均衡原则配置体量、质地各异的不同种类的植物，景观就显得相对稳定和谐。根据周围环境和植物配置的不同，有规则式均衡（对称式）和自然式均衡（不对称式）之分。前者常用于规则式配置的广场、花园、建筑物或庄严的陵园及气势雄伟的宗教园林中，给人以庄重、严整的感觉；后者则多用于花园、公园、植物园、风景区等较自然的环境中，给人带来轻松活泼的感觉。

（四）韵律和节奏原则

在植物配置中采用植物景观要素有规律的变化，就会产生韵律感，如在河边湖畔栽植一棵桃树、一棵柳树，在欣赏时就不会感到单调，使人感到富有诗情画意，富有韵律感的变化。

第三节　城市公园绿化设计

一、植物景观造景设计

植物造景常运用欲扬先抑的手法，讲究小中见大、步移景异，切忌一览无余。要通过植物形体高低，合理设置障景，以达到"山重水复疑无路，柳暗花明又一村"的艺术效果。在设计时按不同的爱好可将植物造景设计分为规则式、自然式与混合式。在西方，法国、意大利、荷兰等国的专业园林植物景观营造中多采用规则式造景设计，这与其规则式建筑的线条、色彩及体量协调一致，有很高的人工美艺术价值。规则式植物景观具有庄严、肃穆的气氛，常给人以雄伟的气魄感。第二种是自然式植物造景设计。自然式植物造景设计模拟自然的森林、草甸、沼泽、河流等景观及农田风光，结合地形、水体、道路来组织植物景观，体现植物的个体美及群体美。自然式植物景观易体现宁静、深邃、活泼的气氛。随着科学及经济的飞速发展和环境的日趋恶化，人们向往自然、回归自然的要求愈加迫切，于是在植物造景中提倡自然美，创造自然的植物景观已成为新的潮流。第三种是混合式植物造景。混合式植物造景是规则式与自然式植物造景的交错组合，多以局部（或入口处）为规则式设计，大部分为自然式的植物设计。这种植物造景样式灵活、形式多变，是公园、植物园、游园的常用形式。

二、树木的景观营造

园林植物姿色各异，常见木本乔木、灌木的树冠有圆柱形、圆伞形、球形、伞形、垂枝形、特殊形等，树干有直杆形、斜杆形、蔓生形、匍匐形、曲杆形、矮杆形、悬崖形等，色泽和花形又可分为常色植物、季色植物、干枝色植物、季花植物、常花植物、艳花植物。此外，还有闻香植物、听音植物、观果植物、反光植物、生姿植物等，这些为树木造景提供了丰富的资材。不同资材的树种给人以不同的感觉，或高耸入云或波涛起伏，或和平悠然或苍虬飞舞，再结合运用植物的色、香、果等特征与不同地形、建筑、园林小品、溪石相配，则景色万千。造景时应以植物生态习性为基础，创造地方风格为前提，根据景观主体配置不同的乔木、灌木。植物绚丽变幻的色彩为各景观的营造增添了迷人的魅力，春花、夏荫、秋实、冬杆给人以层出不穷的心理和视觉感受。植物千变万化的形态对景观与氛围的营造起到积极作用，垂直向上的植物突出了空间的垂直面，强调了群体和空间的垂直感和高度感，易营造严肃、静谧、庄严的气氛，如烈士陵园等。水平展开的植物使环境具有安静、平和、舒展的气氛，在空间上可以增加景观的宽广度，使植物产生外延的动势，并引导视线前进。不规则形（如圆形、垂枝形）的植物使环境具有柔和平静的格调，在纪念性景观中可用来表达哀思和悲痛之意。用植物的语言还可创造一定的意境，如松柏因其苍劲、古拙的形态和不畏严寒、四季常青的生物学特性，常用来比拟人的坚贞不屈及万古长青的意志和精神，一般配置于纪念性公园、烈士陵园等，以加深参观者对特定环境的了解和感悟。

三、花卉植物造景

花卉狭义上是指有观赏价值的草本植物，广义上还包括草本或木本的地被植物、花灌木、开花乔木及盆景等。花卉植物造景设计应遵循"立意为先、因地制宜、与时俱进"的原则，对不同花卉进行不同处理。露地花卉是园林绿化中最常用的花卉种类，以其丰富的色彩来美化园林，常布置成花坛、花境、花丛、花群、花台等多种形式。花坛一般多设于广场和道路中央、两侧及周围，多选用植株低矮、生长整齐、花期集中、株丛紧密而花色艳丽的种类。花境是以树丛、树群、矮墙或建筑作为背景的带状自然式花卉，需要根据自然风景中林缘野生花卉自然散布的生长规律，加以艺术提炼而应用于园林。花丛或花群常布置于开阔草坪的周围，使林缘、树丛、树群与草坪之间起到联系与过渡的效果，也有布置于自然曲折道路转折处或点缀于小型院落及铺装场地中，株少为丛，丛丛相连成为群。花台是将花卉栽植于高出地面的台座上，类似花坛但面积较小，常用于庭院中或两侧角隅，也有与建筑相连且设置于墙基、窗下或门廊、篱垣、栅架、窗格、栏杆处，起遮掩与点缀作用。此外，岩生花卉借助自然山野悬崖、岩缝、石隙，显示出独特的风光。在园林中常结合土丘、山石、溪涧等景观变化点缀各种岩生花卉，可结合地貌布置或专门堆叠山石以供栽植岩生花卉。盆花是较大场所花卉装饰的基本材料，便于布置和更换，种类多样，又有可持续的观赏价值。

四、草坪与地被植物造景

草坪的覆盖功能在城市绿化中发挥着不可替代的作用。充分发挥草坪植物本身的艺术效果，注重其与建筑物、山石、地被植物、树木等其他材料的协调关系，不仅可影响整个草坪的空间变化，而且能给草坪增加景色内容，形成不同景观。

地被植物是城市绿化造景的主要材料，也是园林植物群落的主要组成部分，在园林绿化中发挥着重要的作用。地被植物种类繁多，按植物学特性大致可分为草本类地被植物、灌木类地被植物、藤本类地被植物、蕨类地被植物、矮生竹类地被植物等。草本类由于株形低矮、株丛密集自然、适应性强、管理粗放，既可观花，又可观叶，而且生长快速，蔓延性强，色泽各异，在实际应用中最为广泛，如诸葛菜、麦冬、葱兰、吉祥草、紫堇等。灌木类枝叶茂密、丛生性强，是优良的地被材料，由于具有一定高度，常被用作地被植物的上层，以划分空间和丰富层次，如黄杨、金叶女贞、桃叶珊瑚、八仙花等。藤本类枝叶悬浮于地表或匍匐地面生长，姿态优美、附着力强，具有耐阴性的品种作为地被材料，效果也很好，对于难以种植其他植物的陡坡尤为适用，既绿化地面又起到固土护坡的作用，如常春藤、络石等。蕨类地被植物植株丛生、叶姿柔美、叶色翠绿、性喜阴湿，适宜种植水边、湖岸、密林树下或其他比较阴湿的地方，如贯众、崖姜等。矮生竹类由于竹姿优美清逸，生长管理又比较粗放，一些矮品种作为地被植物在较高的空间层次使用，如阔叶箬竹、菲白竹等。在园林造景中，首先要在熟悉地被植物品种及其生长习性和使用功能的基础上选择适宜的地被植物，再根据园林艺术的构图及景观设计的表现效果进行合理配置，采用不同的种植形式营造美丽的景色。

五、水生植物造景

水生植物造景就是在园林水体中种植美观、适生的水生植物，充分发挥其生态功能和观赏性能，最终形成优美稳定的水生景观系统的过程。用具观赏价值的水生植物为材料，科学地配置水体并营造景观，充分发挥水生植物的姿韵、线条、色彩等自然美，力求模拟并再现自然水景，最终达到自身景观的稳定。水生植物不仅可观叶、赏花、净化水质，还能通过映照在水中的倒影来丰富景观，达到"浮香绕曲岸，圆影覆华池"的效果。同时，水生植物景观能创造园林的意境美，如用荷花布景可突出"碧红香凉"的意境美，即荷叶的碧、荷花的红、熏风的香、环境的凉。在植物选择上应与当地的自然特点及历史古迹紧密结合，通过种植某些野生的水生植物，使环境野趣横生。从景观植物形态美到意境美是欣赏水平的升华，不但含义深邃而且达到了天人合一的境界。除了水面种植水生植物外，还应注意岸边耐湿草本（如莺尾等）及乔木、灌木（如水杉、垂柳等）的配置。尤其注意落叶树种的配置，尽量减少水边植物的代谢产物，以达到整体最佳状态，呈现一片"岸边树高蝉欲噪，水中荷青鳜鱼肥""接天莲叶无穷碧，映日荷花别样红"的野趣盎然的自然生态美景。

第四章　城市广场绿化

第一节　城市广场绿化概述

一、城市广场绿化的定义与作用

城市广场绿化是指在供公众休闲、有较高景观效果和文化作用的城市绿色开敞空间中，应用乔木、灌木、藤本及草本地被植物，充分发挥植物本身形体、线条、色彩等自然美来进行植物景观的营造。

城市广场是城市建筑艺术的焦点，集中体现了城市面貌。植物造景可以加强和补充建筑艺术的气息和氛围。广场绿化可以改善广场小气候，营造一个四季景色变化、富有生气的环境，给人们带来良好的环境心理感受。广场绿化除了能起到装饰作用以外，还可以为行人和广大市民提供一个放松身心的休息环境，以及锻炼身体的绿色休闲空间。

植物有一定的杀菌作用，可以提供较为清新的空气。

二、城市广场的分类

（一）按广场性质分类

1. 市民广场

市民广场多设置在市中心区，通常就是市中心广场。在市民广场四周布置市政府及其他行政管理办公建筑，也可布置图书馆、文化宫、博物馆、展览馆等公共建筑。市民广场平时供市民休息、游览，节假日举行集会活动。

2. 建筑广场

建筑广场是为衬托重要建筑或作为建筑组成部分布置的广场。在建筑广场上可布置雕塑、喷水、碑记等，要特别重视这类广场的比例尺度、空间构图及观赏视线、视角的要求。

3. 商业广场

城市商店、餐饮、旅馆及文化娱乐设施集中的商业街区常常是人流最集中的地方。为了疏散人流和满足建筑上的要求，需要布置商业广场。

4. 生活广场

生活广场与居民日常生活关系最为密切，一般设置在居住区、居住小区或街坊组团内。由于面积较小，主要供居民休息、健身锻炼及儿童游戏活动使用。生活广场应布置各种活动设施，并布置一定的绿地。

5. 交通广场

交通广场分两类：一类是道路交叉口的扩大，疏导多条道路交会所产生的不同流向的车流与人流；另一类是交通集散广场，主要解决人流、车流的交通集散，以保证广场上的车辆和行人互不干扰，畅通无阻。广场要有足够的行车面积、停车面积和行人活动面积，其大小根据广场上车辆及行人的数量决定。在广场建筑物的附近设置公共交通停车站、汽车停车场时，其具体位置应与建筑物的出入口协调，以免人车混杂或车流交叉过多，使交通阻塞。

（二）按广场的平面形状分类

1. 规整形广场

（1）正方形广场

在广场本身的平面布局上无明显的方向，可根据城市道路的走向，主要建筑物的位置和朝向来表现广场的朝向。

（2）长方形广场

在广场的平面上有纵横方向之别，能分出广场的主次方向，有利于分别布置主次建筑。广场的长宽比无统一规定，但长宽过于悬殊，则使广场有狭长感，成为广阔的干道，而减少了广场的气氛。广场究竟采用纵向还是横向布置，应根据广场的主要朝向、与城市主要道路关系及广场上主要建筑的体形要求而定。

（3）梯形广场

由于广场的平面图为梯形，因此，有明显的方向，容易突出主体建筑。广场只有一条纵向主轴线时，主要建筑应布置在主轴线上。

（4）圆形和椭圆形广场

圆形广场、椭圆形广场基本上和正方形广场、长方形广场近似。广场四周的建筑面向广场的里面，往往应按圆弧设计，方能形成圆形或椭圆形的广场空间。

2. 不规整形广场

不规整形广场平面形式较自由，其平面布置、空间组织、比例尺度及处理手法必须因地制宜。在山区，由于平地不可多得，有时在几个不同标高的台地上，也可组织不规则广场。

（三）按广场的园林艺术风格分类

1. 规则式广场

可以分为对称式规则式广场和非对称式规则式广场。非对称式规则式广场是指不采用镜像对称和轴对称的结构形式，其各部分应力求均衡感。

2. 自然式广场

采用自然式的广场布局方式，给人以亲切、自然的感觉，但这类广场难以与现代化城市规划的风格相协调，故多出现在城郊等地。纯粹的自然式广场在城市中并不多见，但局部采用自然式还是较为常见的。

3. 混合式广场

采用规则式结合自然式的广场布置形式。

三、城市广场植物造景的发展趋势

（一）生态化

植物造景必须遵循生态原则与景观规划设计相结合，创造性地使用植物景观。由于每种植物都具有一定的生态学习性和生物学特性，因此植物造景要求适地适树，以便植物生长良好，表现出植物景观特有的魅力和色彩。

在广场植物造景上采用"适地适树，因地制宜"的造景原则，强调植物景观的合理性和适应性，为城市提供优美的、富有自然韵味的人工生态景观。

（二）人性化

配置植物时，要结合环境心理学、环境行为学等多学科来进行人性化的植物景观设计。

人们进入绿地是为了运动、休闲与交往，城市广场植物造景所创造的环境要充满生活气息，做到景为人用，从人的需求出发，把植物景观营造得更符合人的行为心理、更人性化、更具有人情味。可以说，植物造景和人的需求完美结合是植物造景的最高境界。

（三）个性化

城市广场往往都有特定的主题，如纪念性广场、建筑广场等。根据当地环境气候和城市历史文化来选择树种，形成极具城市地方特色的，并对广场的主题具有较好烘托的、富有鲜明个性的植物景观。

（四）艺术化

广场的植物造景要根据其场地条件，综合自然环境、建筑造型、功能特点、画面构图和透视色彩效果等进行统一考虑，应有一定的艺术性。植物造景形成后不仅要让人们欣赏其形态美，还应让大家体会到其蕴涵其中的意境美。通过植物景观与环境艺术小品的搭配充分体现广场的艺术氛围。

第二节　城市广场绿化原则

一、植物造景与使用功能相结合的原则

城市广场植物造景在满足主要使用功能的前提下，要同时考虑到强化作用、衬托功能和改善防护的功能，达到相对稳定的状态。

城市广场的植物造景要满足人们户外环境活动的需要，符合人们户外行为的基本特性，注重人在广场中活动的环境心理，强调人在广场活动中的主体地位和人与环境的双向互动关系，创造不同性质、功能、规模、各具特色的活动空间，以满足人们多元化的需求。

广场不同活动区域的植物景观应该有所差异。例如，儿童活动区域应该选择一些观赏性强，对健康有益的植物，可以满足儿童的好奇心和求知欲。不能采用针叶类、带刺或者含毒的植物，以免对儿童造成不必要的伤害。老年人休息活动的场所应选择保健类的植物，通过这类植物来软化周围的硬质环境，有利于老年人的身心健康。

广场中相对私密的空间应利用冠幅较大、阔叶、粗枝的树种围合，或采用高灌木进行空间分隔。而提供给广大市民休闲锻炼的开敞空间则可以运用落叶、针叶或者树冠致密、枝干纤小的树种来创造空间。

在植物的选择上，要充分考虑季节的变化、植物的大小、形态以及通透性，这样才能够很好地与广场使用功能相结合，引导或阻止空间序列的视线，以便形成各具特色的空间序列。

二、植物造景与广场文化内涵相结合的原则

广场文化内涵是绿化景观的神韵，历史文脉是一个城市文化内涵的基础出发点，是它的灵魂所在。植物造景要从广场的历史文化背景入手，与环境条件结合。

城市广场的植物造景应注重提炼、营造城市文化，强调历史文脉的"神韵"。将城市最有代表性的特点和文化内涵通过植物造景的方法展示出来，使城市空间更具有亲和力、艺术感染力，体现时代气息，突出个性，营造有文化内涵的植物景观。

三、植物造景与广场硬质景观相结合的原则

广场中植物栽植和铺装占据了整个广场的绝大部分面积。

植物景观要与铺装形式很好地协调起来。植物的绿色可以衬托红、白、黄等多种色彩的铺装，使得铺装图案和形式更加突出。

植物的自然形态可以软化硬质铺装所带来的生硬之感，给人提供一种相对柔和平静的环境。合理的植物造景还可以与广场硬质铺装相协调，产生明暗不同的效果。合理采用抗性较强的树种，则可以吸收由硬质材料产生的日照热辐射和人流集中造成的高温与污浊空气，调节广场小气候，创造出舒适宜人的休闲环境。

四、创造地域性植物景观的原则

城市广场植物造景应选择对环境污染等不利因素适应性强、养护管理方便、观赏效果较好的乡土树种。结合广场的使用功能，考虑植物的生长习性，将喜光与耐阴、速生与慢生、深根性与浅根性等类型合理配置。

另外，必须对植物造景的效果进行预见，远期与近期相结合，从而创造出富有地域特色的植物景观。

利用植物来创造地域景观时，如模纹花坛、立体绿雕等，可采用各种有地域特色的图案。图案设计要突出乡土气息，或庄重古朴，或怀旧经典，或富有民族特色等。

第三节 城市广场绿化要点

一、大城市广场绿化

（一）城市中心广场植物造景

城市中心广场一般人流量大，可用于集会、演出，同时也具有休闲、娱乐的功能，主要供城市居民使用，广场使用率极高。这类广场通常面积较大，空间较复杂，有中央硬质铺装的集会空间、水体、林荫小广场、绿地等，并适当设置反映城市特色的环境艺术小品。

一般城市中心广场的硬质铺装面积较大，因此广场绿地率相对较小。但可以通过在种植池种植大乔木，增加垂直绿化，提高绿化覆盖率。

城市中心广场植物造景因广场风格的不同而有所区别，有的要求雄伟，有的要求简洁，有的要求和谐。植物造景要从实际出发，根据不同广场的主题风格及所划分的不同小空间分别处理。例如，在中央硬质铺装的集会空间周围可以适当栽植整形修剪的绿篱，强化空间的规整感；水体附近则可根据其水体的形态营造或自然或人工化的植物景观；林荫小广场则以树阵为主提供过渡性的空间和游人休憩之地；周边绿地则可以设置一些散步小道。

要注意乔、灌、草的合理比例、常绿与落叶植物的比例，竖向要考虑林冠线的起伏曲折。

（二）公园景观广场植物造景

公园里的景观广场往往结合不同类型的功能区进行布置。例如，水体附近的广场、儿童游戏区附近的广场、喷泉广场等。因使用功能和地形的不同，其形态采用自然式或规则式。

公园中景观广场的植物造景主要作用是烘托这些广场的主题。

"没有量就没有美"是需要遵循的原则。因为只有大片栽植才能体现植物景观的群体效果，这与欣赏植物的个体美并不矛盾。广场周围可采用自然式来体现植物的个体美和群体美，营造出一种宁静而又活泼的气氛，使人得以从宏观的四季更替中欣赏到植物枝、叶、花、果的细致变化。

在公园景观广场的植物造景中要注意落叶乔木与常绿针叶树的合理搭配，以使冬季不致一片荒芜。各个活动区内要种植遮阴大乔木，在炎热的夏天，为人们活动和休息创造良好的遮阴条件。做到树、草、花结合，乔木、灌木兼顾，使整个广场形成一个季相变化丰富的植物景观。

另外，还应加强公园广场的立体绿化，在三维空间进行垂直绿化设计，爬藤植物与花架地结合不仅可以遮阴蔽日提供阴凉，还可以形成特有的休憩空间。

硬质铺地与草坪、灌木、树木的有机结合、相互穿插，可避免铺地过于呆板、生硬，在地面景观上形成生动、自然、丰富的构成效果。同时，也可减少太阳对广场的热辐射。

（三）路边广场植物造景

路边广场可设计与广场相协调的花坛、水池、喷泉等。植物造景必须服从交通安全，可以对树木进行适当的修剪，采用纯几何形或自然形。

同时考虑树木四季色彩的变化，巧妙结合观叶、观花、观景的不同树种及观赏期，给路边广场带来不同的面貌和气氛。

在进行植物造景时要特别注意，与道路相邻处要减少噪声、交通对人们的干扰，保持空间的完整性；还可利用绿化对广场空间进行划分，形成不同功能的活动空间，满足人们的需要。

面积不大的路边广场以草坪、花坛为主封闭式布置，树型整齐、四季常青，冬季也能形成很好的绿化效果。面积较大的路边广场，外围可用绿篱、灌木、小乔木围合，中心地带可布置座椅等，创造出安静、卫生、舒适的环境，以便过往行人短暂休息。

路边广场要因地制宜地选择适应性强、抗性较好且能够营造丰富环境效果的乡土植物。这样有利于吸收汽车尾气等有害气体，营造出一个环境优美、空气清新的小环境。

（四）居住区广场植物造景

居住区广场是整个居住区居民聚会的场所，要突出居住区环境本身的文化特色，增强居住区公共空间的凝聚力和识别性，反映居住区的个性。居住区广场是由绿化、铺装、小品及设施等要素构成的综合体，提供给人们必要的休憩和驻足空间，给人们带来快乐、休闲的同时，还要具有强烈的归属感。

居住区广场植物造景从总体构思到具体的植物配置，要考虑植物的组织空间和观赏功能。居住区广场周边应大量种植常绿类和开花类树木，可以有效地形成对周边居住建筑视觉上的遮蔽，营造出较为纯粹的休闲绿地空间。一方面，满足了居民回归自然的天性；另一方面，形成富有个性的居住区内的"露天客厅"，有效地改善小气候条件。

还应注重色彩的组合，植物的色彩能起到突出植物美的作用，应重视大面积成片的植物色彩构图与变化。

（五）旧广场改造的植物造景

要坚持"保护为主，更新为辅"的基本原则。旧广场内的乔木大部分是有数十年树龄的乡土树种，还有部分可能是古树名木，因此在旧广场改造中首先要保护好原有场地上的珍贵大乔木。

在对旧广场进行改造时，最重要的是把握好整体优先原则。高度重视保护原有的自然景观、历史文化景观以及物种的多样性，保证历史文化脉络在旧广场改造中得到充分体现和延续，使城市旧广场向充满人文内涵的高品位方向发展。

充分研究和借鉴广场所处地带的自然植被状况，在科学合理的基础上，适当增加植物造景的艺术性、趣味性。

二、中心城市广场植物造景

（一）中心市区广场植物造景

中小城市人口相对大城市较少，从城市占地面积看也远远小于大城市。外来人口及游客一般也都较少，因此，中小城市中心广场的面积通常较小，广场的空间处理也较为简单，主要是本地市民使用的集会场地。这类广场植物造景要注意利用植物本身的特性来营造环境，体现地方特色和乡土气息。例如，云南楚雄彝族自治州的太阳历广场就体现了彝族的少数民族特色（见图4-1）。

图4-1 太阳历广场

主景植物是需要首要考虑的内容，应选取特征突出、观赏效果好、观赏期长的种类。

在植物选择上，以乔木、灌木为主，藤本、花卉为辅，组合搭配，增加绿化复层种植结构，使植物不同类型间优缺点互补，达到相对稳定的园林覆盖层，创造丰富的植物人工群落，最大限度地增加绿量。

通过植物各种类型间的合理搭配，创造出整体的美感效果。植物景观布局时，既要考虑统一性，又要考虑有一定的变化和节奏。在布局上要有疏密之分，在体量上要比例适度，竖向上要有高低之差。在层次上既要有上下考虑，又要有左右配合，创造适宜人们活动的广场环境。

（二）居住区广场植物造景

中小城市的居住区广场与大城市中的居住区广场相比，通常规模较小，造景手法较单一。目前随着城市的发展、交通联系的方便、信息的交流，有些中小城市的居住区广场在投资规模、设计构思、植物造景手法等方面都达到了较高的水平。

居住区广场主要起到休闲、纳凉、提供交往空间的作用。从实际使用效果看，绿树浓荫下已成为居民打牌、下棋、聊天的好去处。

中小城市居住区在植物造景上需要特别注意植物景观与建筑风格的协调，避免追求流行时尚而丧失个性。现代风格的居住区广场适宜采用现代的造景手法来营造植物景观，而具有地方风格的居住区广场则适宜采用具有地方特色的思路和历史语言来创造出富含浓厚地域风情的广场。居住区广场不仅为人所赏，还要为人所用，才能创造出自然、舒适、亲近、宜人的广场空间。

三、城市广场绿化的细部处理

（一）建筑物风格与植物的协调

城市广场植物造景与建筑物的结合是自然美与人工美的结合，处理得当，二者关系可求得和谐一致。植物造景能使景观建筑的主题和意境更加突出，依据建筑物的主题、意境、特色进行植物造景，使植物造景对景观建筑主题起到突出和强调的作用。建筑物的线条往往比较"单调、平直、呆板"，而植物的枝干则婀娜多姿，用"柔软、曲折"的线条打破建筑"平直、机械"的线条，可使建筑物的景色更加丰富多变，增添建筑物的美感，产生一种生动活泼而具有季节变化的感染力，与周围的环境更加协调。

城市广场周边的建筑物类型多样，形式灵活。植物造景应和建筑物的风格协调统一，不同类型、功能的建筑物要在周围配置不同种类的植物，同样景观建筑中的不同部位也要选择不同的植物进行配置。采取不同的植物造景方式，以衬托景观建筑，起到协调和丰富建筑物构图，赋予建筑物时间、季节感。同时，应该考虑植物的地域性、生长习性、代表的含义以及植物和建筑物及整个环境条件的协调性。

（二）公共集散空间的植物造景

城市广场公共集散空间能为城市居民提供一个缓解工作压力、和睦近邻亲朋关系、观赏休闲娱乐的场所。它的出现是现代城市居民追求精神生活的必然结果。

公共集散空间在设计时应"以人为本"，既要充分体现园林造景的色彩变化，又要充分考虑人们锻炼、休憩的需求。同时还要关注各类使用对象的不同需求，包括老人、儿童和残障人士，使该空间具有可达性。

集散空间通常以硬质铺装为主，可采用人工化的植物栽植手法，如盆栽、花卉装饰、绿篱整形修剪等，充分体现此空间的艺术特点和地域特色，也可通过独具匠心的花钵、种植池等来体现。

公共集散空间的局部植物也可以大量采用花灌木，将多种开花和色叶植物有机组合、合理搭配，确保其四季有景，赏心悦目。在树种选择上应以落叶树为主，适量搭配常绿树，以达到冬暖夏凉的效果。

（三）环境艺术小品的植物造景

任何一种环境艺术小品的植物造景都要遵循相互衬托、整体和谐、突出主题的基本原则。同时根据时间、空间造型的要求，巧于立意，创造出具有可欣赏性的艺术景观。

小品因造型、尺度、色彩等原因与周围绿地环境不相称时，可以用植物来缓和或者消除。

植物以其优美的姿态、柔和的枝叶、丰富的自然颜色、多变的季相景观软化小品边界，丰富艺术构图，增添建筑小品的自然美，从而使整体环境显得和谐有序、动静皆宜。特别是小品的角隅，通过植物造景进行缓和柔化最为有效，宜选择观花、观叶、观果类的灌木和地被、草本植物成丛种植，也可略做地形，高处增添一株至几株浓荫乔木组成相对稳定持久的景观。好的植物造景不仅起到美化环境艺术小品的作用，而且还可以通过选择合适的物种和配置方式来突出、衬托或者烘托小品的主旨和精神内涵。

总而言之，无论如何配置，宗旨是让环境艺术小品与植物组合后的景观更加符合大众的审美观，深化园林意境，具有欣赏性、回味性、感染性。

（四）水边的植物造景

广场的水体因其开放空间的特殊性，往往为规则式或人工化的自然曲线形水体。

考虑到安全性，其水深一般较浅，10 ～ 80 cm 最为多见。

广场的水边植物造景与水体本身的形态、驳岸的形式密切相关。

当水体为喷泉时，往往是广场的核心景观。如果兼具饮水台的功能，一般在喷泉周围或一侧为硬质铺装，方便人使用。这类水景在欧洲城市中较为常见。

水边植物的配植设计首先要考虑色彩的调和。清澈泛绿的水色是调和岸边绿树、花木、建筑及水中蓝天等各种景物的底色，并对花草树木的四季色彩变化具有衬托作用。平面的水可以通过配置各种树形及线条的植物，形成具有丰富线条感的构图，给人留下深刻的印象。利用水边植物可以增加水的层次，植物的树干还可以作为框架，以近处的水面为底色，以远处的景色为画，组成自然优美的框景画。

由于水体的水深、面积及形状不一样，植物造景时要符合水体生态环境的要求，选择相应的绿化方式来美化。水边植物造景还应讲究艺术构图，应用探向水面的枝、干，尤其是似倒未倒的水边大乔木，起到增加水面层次和富有野趣的作用。

立面上注意高低错落的高差变化，使各种植物有机地结合，层次分明。

水边绿化植物的种类最重要的特征就是能够耐一定的水湿，还要符合设计意图中美化效果的需求。

（五）灯光与植物的处理

在广场设计中，灯光是必不可少的一环。引入灯光对挺拔的乔木和几何形的植物造型进行定向照明，能够使其具有梦幻般的舞台效果。

在树体照明中，要充分考虑树体的大小、树冠的浓密度、树形、树姿、树叶的颜色和质地以及树体所处的位置。采用不同的照明技巧，从前方或侧面投光或采用不同色温和亮度的照明灯，来强调不同树体质地、颜色、形状等的差别。灯光透过花木的枝叶会投射出斑驳的光影，特定的区域因强光的照射变得绚烂与华丽，而阴影之下又常常带有神秘的气氛。利用不同的灯光组合可以强调园中植物的质感或神秘感。

树冠和树干伸展的树木可在树体下安装地面插入式上射灯，重点突出树的结构。树冠浓密、姿态优美的树木须从树冠以外进行照明，安装插入式宽照型点射灯或泛光灯，重点强调树形。浓密塔形树可在树冠外不远的地方进行上射照明，安装插入式窄照型点射灯或嵌入式可调上射灯，重点强调树的质感。冬季，常绿树可以采用以上照明方式，但是落叶树只有粗糙的干皮及枯枝，因此，最好用多串灯装饰。

另外，还应注意广场上行列式种植的乔木照明，要采用一定的艺术处理手法来体现树木的夜景魅力。孤植树可运用彩色串灯描绘树体轮廓，然后再结合多个泛光灯，从不同的角度照射树干，形成一棵美丽的光树，别有韵味。对于落叶乔木，可根据冬景与夏景的不同选择不同光色的光源。夏季可选用使绿色更浓的光源，会给人一种生机盎然的景象；冬季运用冷色调的光源，会给人一种清冷寂寞的感觉。

第五章　城市居住区绿化

第一节　城市居住区绿化概述

一、居住区界定

居住区的概念从广义上讲就是人类聚居的区域，从狭义上说是指被城市干道或自然分界线所围合的独立的生活居住地段。一般在居住区内配建有一套较完善的、能满足居民日常性和经常性的物质与文化生活所需的公共服务设施。

居住区具有较宽泛、复杂的概念外延，本书所研究的居住区主要是指城市居住区，有以下名词需要界定。

城市居住区泛指不同居住人口规模的居住生活聚居地和特指城市干道或自然分界线所围合，并与居住人口规模（30 000 ～ 50 000 人）相对应，配建有一整套较完善的、能满足该区居民物质与文化生活所需的公共服务设施的居住生活聚居地。

①居住小区：被城市道路或自然分界线所围合，并与居住人口规模（10 000 ～ 15 000 人）相对应，配建有一套能满足该区居民基本的物质与文化生活需求的公共服务设施的居住生活聚居地。

②居住组团：一般指被小区道路分隔，并与居住人口规模（1 000 ～ 3 000 人）相对应，配建有居民所需的基层公共服务设施的居住生活聚居地。

③居住区用地：住宅用地、公建用地、道路用地和公共绿地四项用地的总称。

④住宅用地：住宅建筑基底占地及其四周合理间距内用地（含宅间绿地和宅间小路等）的总称。

⑤公共服务设施用地：一般称公建用地，是与居住人口规模相对应配建的、为居民服务和使用的各类设施用地，应包括建筑基底占地及其所属场院、绿地和配建停车场等。

⑥道路用地：居住区道路、小区路、组团路及非公建配套的居民汽车地面停放场地。

⑦居住区道路：一般用以划分小区的道路。在大城市中通常与城市道路同级。

⑧小区道路：一般用以划分组团的道路。

⑨组团路：上接小区路、下连宅间小路的道路。

⑩宅间小路：住宅建筑之间连接各住宅入口的道路。

⑪公共绿地：满足规定的日照要求、适合安排游憩活动设施的、供居民共享的集中绿地，包括居住区公园、小游园和组团绿地及其他块状、带状绿地等。

⑫配建设施：与人口规模或与住宅规模相对应配套建设的公共服务设施、道路和公共绿地的总称。

⑬其他用地：规划范围内除居住区用地以外的各种用地。

⑭道路红线：城市道路（含居住区级道路）用地的规划控制线。

⑮建筑线：一般称建筑控制线，是建筑物基底位置的控制线。

二、城市居住区的环境与景观构成

（一）城市居住区环境构成

城市居住区的环境由物质环境和社会环境构成，在物质环境中包括居住环境、生态环境、基础设施环境等，社会环境主要包括邻里环境、住区意识以及组织等，如图 5-1 所示。

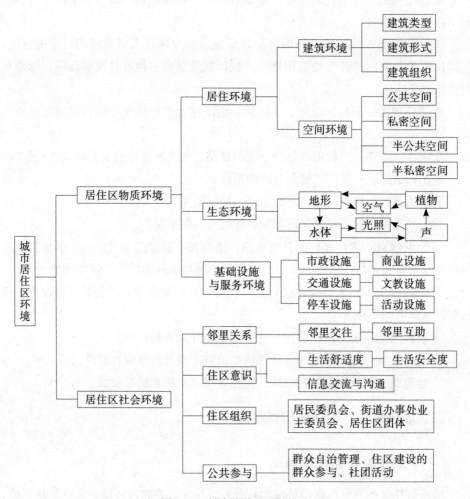

图 5-1 城市居住区环境构成

（二）城市居住区景观构成

"场所"的概念近年来被人们提起和突出。在各种景观中，场所景观是核心，其他类的景观往往与场所景观融合在一起，为人们创造良好的活动场所。居住区环境景观设计导则中景观设计分类是依居住区的居住功能特点和环境景观的组成元素而划分的，不同于狭义的"绿化"，是以景观来塑造人的交往空间形态，突出了"场所 + 景观"的设计原则，具有概念明确、简练实用的特点。

从居住区分类上看，住区景观结构布局的方式如表 5-1 所示。

表5-1 居住区景观结构布局

住区分类	景观空间密度	景观布局	地形及竖向处理
高层住区	高	采用立体景观和集中景观布局形式。高层居住区的景观布局可适当图案化，既要满足居民在近处观赏的审美要求，又需注重居民在居室中俯瞰时的景观艺术效果	通过多层次的地形塑造来增强绿视率
多层住区	中	采用相对集中、多层次的景观布局形式，保证集中景观空间合理的服务半径，尽可能满足不同的年龄结构、不同心理取向的居民的群体景观需求，具体布局手法可根据住区规模及现状条件灵活多样，不拘一格，以营造出有自身特色的景观空间	因地制宜，结合住区规模及现状条件适度地形处理
低层住区	低	采用较分散的景观布局，使住区景观尽可能接近每户居民，景观的散点布局可结合庭院塑造尺度宜人的半围合景观。	地形塑造不宜过大，以不影响低层住户的景观视野又可满足其私密度要求为宜
综合住区	不确定	根据居住区总体规划及建筑形式选用合理的布局形式	适度地形处理

1. 绿化种植景观

（1）植物配置的类型

适用居住区种植的植物分为六类：乔木、灌木、藤本植物、草本植物、花卉及竹类。植物配置按形式分为规则式和自由式，配置组合基本有如下几种（见表5-2）。

表5-2 居住区植物配置类型

组合名称	组合形态及效果	种植方式
孤植	突出树木的个体美，可成为开阔空间的主景	多选用粗壮高大、体形优美、树冠较大的乔木
对植	突出树木的整体美，外形整齐美观，高矮大小基本一致	以乔灌木为主，在轴线两侧对称种植

组合名称	组合形态及效果	种植方式
丛植	以多种植物组合成的观赏主体，形成多层次绿化结构	以遮阳为主的丛植多由数株乔木组成。以观赏为主的丛植多由乔灌木混交组成
树群	以观赏树组成，表现整体造型美，产生起伏变化的背景效果，衬托前景或建筑物	由数株同类或异类树种混合种植，一般树群长宽比不超过 3：1，长度不超过 60 m
草坪	分观赏草坪、游憩草坪、运动草坪、交通安全草坪、护坡草坪，主要种植矮小草本植物，通常成为绿地景观的前提	按草坪用途选择品种，一般允许坡度为 1%~5%，适宜坡度为 2%~3%

（2）植物组合的空间效果

植物作为三维空间的实体，以各种方式交互形成多种空间效果，植物的高度和密度影响空间的塑造（见表5-3）。

表5-3　植物塑造空间

植物分类	植物高度 /cm	空间效果
花卉、草坪	13~15	能覆盖地表，美化开敞空间，在平面是暗示空间
灌木、花卉	40~45	产生引导效果，界定空间范围
灌木、竹类、藤本类	90~100	产生屏障功能，改变暗示空间的边缘，限定交通流线
乔木、灌木、藤本类、竹类	135~140	分隔空间，形成连续完整的围合空间
乔木、藤本类	高于人的水平视线	产生较强的视线引导作用，可形成较私密的交往空间
乔木、藤本类	高大树冠	形成顶面的封闭空间，具有遮蔽功能，并改变天际线的轮廓

2. 场所景观

（1）健身运动场

居住小区的运动场所分为专用运动场和一般的健身运动场。小区的专用运动场多指网球场、羽毛球场、门球场和室内外游泳场，这些运动场应按其技术要求由专业人员进行设计。健身运动场应分散在居住区既方便居民就近使用又不扰民的区域。不允许有机动车和非机动车穿越运动场地。

健身运动场包括运动区和休息区。运动区应保证有良好的日照和通风，地面宜选用平整防滑、适于运动的铺装材料，同时满足易清洗、耐磨、耐腐蚀的要求。室外健身器材要考虑老年人的使用特点，要采取防跌倒措施。休息区布置在运动区周围，供健身运动的居民休息和存放物品。休息区宜种植遮阳乔木，并设置适量的座椅。有条件的小区可设置直饮水装置（饮泉）。

（2）休闲广场

休闲广场应设于居住区的人流集散地（如中心区、主入口处），面积应根据居住区规模和规划设计要求确定，形式宜结合地方特色和建筑风格考虑。广场上应保证大部分面积有日照和遮风条件。

广场周边宜种植适量庭荫树和休息座椅，为居民提供休息、活动、交往的设施，在不干扰邻近居民休息的前提下保证适度的灯光照度。

广场铺装以硬质材料为主，形式及色彩搭配应具有一定的图案感，不宜采用无防滑措施的光面石材、地砖、玻璃等。广场出入口应符合无障碍设计要求。

（3）儿童游乐场

儿童游乐场应该在景观绿地中划出固定的区域，一般均为开敞式。游乐场地必须阳光充足、空气清洁，能避开强风的袭扰。应与居住区的主要交通道路相隔一定距离，减少汽车噪声的影响并保证儿童的安全。游乐场的选址还应充分考虑儿童活动产生的嘈杂声对附近居民的影响，以离开居民窗户 10 m 远为宜。

儿童游乐场周围不宜种植遮挡视线的树木，保持较好的可通视性，便于成人对儿童进行目光监护。

儿童游乐场设施的选择应能吸引和调动儿童参与游戏的热情，兼顾实用性与美观。色彩可鲜艳，但应与周围环境相协调。游戏器械选择和设计应尺度适宜，避免儿童被器械划伤或从高处跌落，可设置保护栏、柔软地垫、警示牌等（见表5-4）。

居住区中心较具规模的游乐场附近应为儿童提供饮用水和游戏水，便于儿童饮用、冲洗和进行筑沙游戏等。

表5-4　儿童游乐设施设计要点

序 号	设施名称	设计要点	适合年龄
1	沙坑	①居住区沙坑一般规模为10~20 m²,沙坑中安置游乐器具的要适当加大,以确保基本活动空间,利于儿童之间的相互接触。②沙坑深40~45 cm,沙子必须以细沙为主,并经过冲洗。沙坑四周应竖10~15 cm的围沿,防止沙土流失或雨水灌入。围沿一般采用混凝土、塑料和木制,上可铺橡胶软垫。③沙坑内应铺设暗沟排水,防止动物在坑内排泄	3~6 岁
2	滑梯	①滑梯由攀登段、平台段和下滑段组成,一般采用木材、不锈钢、人造水磨石、玻璃纤维、增强塑料制作,保证滑板表面光滑。②滑梯攀登梯架倾角为70° 左右,宽40 cm,梯板高6 cm,双侧设扶手栏杆。滑板倾角30°~35° ,宽40 cm,两侧直缘为18 cm,便于儿童双脚制动。③成品滑板和自制滑梯都应在梯下部铺厚度不小于3 cm的胶垫,或40 cm以上的沙土,防止儿童坠落受伤	3~6 岁
3	秋千	①秋千分板式、座椅式、轮胎式几种,其场地尺寸根据秋千摆动幅度及与周围娱乐设施间距确定。②秋千一般高 2.5 m,长3.5~6.7 m(分单座、双座、多座),周边安全护栏高 60 cm,踏板距地 35~45 cm。幼儿用距地为 25 cm。③地面设施需设排水系统并铺设柔性材料	6~15 岁
4	攀登架	①攀登架标准尺寸为 2.5 m×2.5 m(高 × 宽),格架宽为50 cm,架杆选用钢骨和木制。多红 L 格架可组成攀登式迷宫。②架下必须铺装柔性材料	8~12 岁
5	跷跷板	①普通双连式跷跷板宽为 1.8 m,长为 3.6 m,中心轴高为45 cm。②跷跷板端部应放置旧轮胎等设备作为缓冲垫	8~12 岁
6	游戏墙	①墙体高控制在 1.2 m 以下,供儿童跨越或骑乘,厚度为15~35 cm。②墙上可适当开孔洞,供儿童穿越和窥视产生游戏乐趣。③墙体顶部边沿应做成圆角,墙下铺软格。④墙上绘制图案不易褪色	6~10 岁
7	滑板场	①滑板场为专用场地,要利用绿化种植、栏杆等与其他休闲区分隔开。②场地用硬质材料铺装,表面平整,并具有较好的摩擦力。③设置固定的滑板器具,铁管滑架、曲面滑道和台阶总高度不宜超过 60 cm,并留出足够的滑跑安全距离	10~15 岁
8	迷宫	①迷宫由灌木丛林或实墙组成,墙高在 0.9~1.5 m,以能遮挡儿童视线为准,通道宽为 1.2 m。②灌木丛墙须进行修剪以免划伤儿童。③地面以碎石、卵石、水刷石等材料铺砌	6~12 岁

3. 硬质景观

（1）雕塑小品

硬质景观是相对种植绿化这类软质景观而确定的名称，泛指用质地较硬的材料组成的景观。硬质景观主要包括雕塑小品、围墙／栅栏、挡墙、坡道、台阶及一些便民设施等。

雕塑小品与周围环境共同塑造出一个完整的视觉形象，同时赋予景观空间环境生气和主题，通常以其小巧的格局、精美的造型来点缀空间，使空间诱人而富于意境，从而提高整体环境景观的艺术境界。雕塑在布局上一定要注意与周围环境的关系，恰如其分地确定雕塑的材质、色彩、体量、尺度、题材、位置等，展示其整体美、协调美。

应配合住区内建筑、道路、绿化及其他公共服务设施而设置，起到点缀、装饰和丰富景观的作用。特殊场合的中心广场或主要公共建筑区域，可考虑主题性或纪念性雕塑。

（2）音响设施

在居住区户外空间中，宜在距住宅单元较远地带设置小型音响设施，并适时地播放轻柔的背景音乐，以增强居住空间的轻松气氛。

音响设计外形可结合景物元素设计。音箱高度应在 0.4 ～ 0.8 m 为宜，保证声源能均匀扩放，无明显强弱变化。音响放置位置一般应相对隐蔽。

（3）垃圾容器

垃圾容器一般设在道路两侧和居住单元出入口附近的位置，其外观色彩及标志应符合垃圾分类收集的要求。

垃圾容器分为固定式和移动式两种。普通垃圾箱的规格为高 60 ～ 80 cm，宽 50 ～ 60 cm。放置在公共广场的要求较大，高宜在 90 cm 左右，直径不宜超过 75 cm。

垃圾容器应选择美观与功能兼备、与周围景观相协调的产品，要求坚固耐用、不易倾倒。一般可采用不锈钢、木材、石材、混凝土、GRC（玻璃纤维增强水泥）、陶瓷材料制作。

（4）座椅（具）

座椅（具）是住区内提供人们休闲的不可缺少的设施，同时也可作为重要的装点景观进行设计。应结合环境规划来考虑座椅的造型和色彩，力争简洁适用。室外座椅（具）的选址应注重居民的休息和观景。

室外座椅（具）的设计应满足人体舒适度要求，普通座面高 38 ～ 40 cm，座面宽 40 ～ 45 cm。标准长度为：单人椅 60 cm 左右，双人椅 120 cm 左右，三人椅 180cm 左右。

座椅（具）材料多为木材、石材、混凝土、陶瓷、金属、塑料等，应优先采用触感好的木材。木材应做防腐处理，座椅转角处应做磨边倒角处理。

（5）信息标志

居住区信息标志可分为4类：名称标志、环境标志、指示标志、警示标志。信息标志的位置应醒目，且不对行人交通及景观环境造成伤害（见表5-5）。

标志的色彩、造型设计应充分考虑其所在地区建筑、景观环境以及自身功能的需要。标志的用材应经久耐用、不易破损、方便维修。各种标志应确定统一的格调和背景色调以突出物业管理形象。

表5-5 居住区主要标志项目

标志类别	标志内容	适用场所
名称标志	标志牌 楼号牌 树木名称牌	
环境标志	小区示意图	小区入口大门
	街区示意图	小区入口大门
	居住组团示意图	组团入口
	停车场导向牌 公共设施分布示意图 自行车停放处示意图 垃圾站位置图	
	告示牌	会所、物业楼
指示标志	出入口标志 导向标志 机动车导向标志 自行车导向标志 步道标志 定点标志	
警示标志	禁止入内标志	变电所、变压器等
	禁止踏入标志	草坪

（6）栏杆/扶手

栏杆具有拦阻功能，也是分隔空间的一个重要构件。设计时应结合不同的使用场所，首先要充分考虑栏杆的强度、稳定性和持久性；其次要考虑栏杆的造型美，突出其功能性和装饰性。常用材料有铸铁、铝合金、不锈钢、木材、竹子、混凝土等。

扶手设置在坡道、台阶两侧，高度为 90 cm 左右，室外踏步级数超过 3 级时必须设置扶手，以方便老人和残障人使用。供轮椅使用的坡道应设高度 0.65 m 与 0.85 m 两道扶手。

围栏、栅栏具有限入、防护、分界等多种功能，立面构造多为栅状和网状、透空和半透空等几种形式。围栏一般采用铁制、钢制、木制、铝合金制、竹制等。栅栏竖杆的间距不应大于 110 mm。围栏、栅栏设计高度如表 5-6 所示。

表5-6　围栏、栅栏设计高度

功能要求	高度 /m
隔离绿化植物	0.4
限制车辆出入	0.5~0.7
标明分界区域	1.2~1.5
限制人员出入	1.8~2.0
供植物攀缘	2.0 左右
隔噪声实栏	3.0~4.5

（7）挡土墙

挡土墙的形式根据建设用地的实际情况经过结构设计确定。从结构形式分主要有重力式挡土墙、半重力式挡土墙、悬臂式挡土墙和扶臂式挡土墙，从形态上分有直墙式挡土墙（见图 5-2）和坡面式挡土墙（见图 5-3）。

图 5-2　直墙式挡土墙

图 5-3　坡面式挡土墙

　　挡土墙的外观质感由用材确定，直接影响到挡墙的景观效果。毛石和条石砌筑的挡土墙要注重砌缝的交错排列方式和宽度；预制混凝土预制块挡土墙应设计出图案效果；嵌草皮的坡面上需铺上一定厚度的种植土，并加入改善土壤保温性的材料，利于草根系的生长。挡土墙必须设置排水孔，一般为 3 m² 设一个直径 75 mm 的排水孔，墙内宜铺设渗水管，防止墙体内存水。钢筋混凝土挡土墙必须设伸缩缝。

　　常见挡土墙技术要求及适用场地如表 5-7 所示。

表5-7　常见挡土墙技术要求及适用场地

挡土墙类型	技术要求及使用场地
干砌石墙	墙高不超过 3 m，墙体顶部宽度宜在 450~600 mm，适用于可就地取材处
预制砌块墙	墙高不应超过 6 m，这种形式还适用于弧形或曲形走向的挡土墙
土方锚固式挡土墙	用金属片或聚合物片将松散回填土方锚固在连锁的预制混凝土面板上。适用于挡土墙面积较大时或需要进行填方处
仓式挡土墙 / 格间挡土墙	由钢筋混凝土连锁砌块和粒状填方构成，模块面层可有多种选择，如骨料外露面层、锤凿混凝土面层和条纹面层等。这种挡土墙适用于使用特定挖举设备的大型项目以及空间有限的填方边缘
混凝土垛式挡土墙	用混凝土砌块垛砌成挡土墙，然后立即进行土方回填。垛式支架与填方部分的高差不应大于 900 mm，以保证挡土墙的稳固
木制垛式挡土墙	用于需要表现木制材料的景观设计。这种挡土墙不宜用于潮湿或寒冷地区，适用于乡村、干热地区
绿色挡土墙	结合挡土墙种植草坪植被。砌体倾斜度宜在 25°~70°。尤适用于雨量充足的气候带和有喷灌设备的场地

（8）坡道

坡道是交通和绿化系统中重要的设计元素之一，直接影响到使用和感官效果（见表5-8）。居住区道路最大纵坡不应大于8%；园路不应大于4%；自行车专用道路最大纵坡控制在5%以内；轮椅坡道一般为6%；最大不超过8.5%，并采用防滑路面；人行道纵坡不宜大于2.5%。

表5-8　坡度的视觉感受与适用场所

坡度/%	视觉感受	适用场所	选择材料
1	平坡、行走方便、排水困难	渗水路面、局部活动场	地砖、料石
2~3	微坡、较平坦、获得方便	室外场地、车道、草皮路、绿化种植区、园路	混凝土、沥青、水刷石
4~10	缓坡、导向性强	草坪广场、自行车道	种植砖、砌砖
10~25	陡坡、坡型明显	坡面草皮	种植砖、砌砖

园路、人行道坡道宽一般为1.2 m，但考虑到轮椅的通行，可设定为1.5 m以上，有轮椅交错的地方其宽度应达到1.8 m。

（9）台阶

台阶在园林设计中起到不同高度之间的连接作用和引导视线的作用，可丰富空间的层次感，尤其是高差较大的台阶会形成不同的近景和远景效果。

台阶长度超过3 m或需改变攀登方向的地方，应在中间设置休息平台，平台宽度应大于1.2 m，台阶坡度一般控制在1/7 ～ 1/4范围内，踏面应做防滑处理，并保持1%的排水坡度。

为了方便晚间人们行走，台阶附近应设照明装置，人员集中的场所可在台阶踏步上暗装地灯。

过水台阶和跌流台阶的阶高可依据水流效果确定，同时也要考虑儿童进入时的防滑处理。

（10）种植容器

①花盆。花盆是景观设计中传统种植容器的一种形式。花盆具有可移动性和可组合性，能巧妙地点缀环境，烘托气氛。花盆的尺寸应适合所栽种植物的生长特性，有利于根茎的发育，一般可按以下标准选择：花草类盆深20 cm以上，灌木类盆深40 cm以上，乔木类盆深45 cm以上。

花盆用材应具有一定的吸水保温能力，不易引起盆内过热和干燥。花盆可独立摆放，也可成套摆放，采用模数化设计能够使单体组合成整体，形成大花坛。

花盆用栽培土，应具有保湿性、渗水性和蓄肥性，其上部可铺撒树皮屑作为覆盖层，起到保湿装饰作用。

②树池 / 树池箅。树池是树木移植时根球（根钵）的所需空间，一般由树高、树径、根系的大小所决定。树池深度至少深于树根球以下 250 mm。

树池箅是树木根部的保护装置，既可保护树木根部免受践踏，又便于雨水的渗透和步行人的安全（见图 5-4）。

图 5-4　树池箅

树池箅应选择能渗水的石材、卵石、砾石等天然材料，也可选择具有图案拼装的人工预制材料，如铸铁、混凝土、塑料等，这些护树面层宜做成格栅状，并能承受一般的车辆荷载。具体尺寸如表 5-9 所示。

表5-9　树池及树池箅选用

树高 /m	树池尺寸 /m		树池尺寸 /m
	直 径	深 度	
3 左右	0.6	0.5	0.75
4~5	0.8	0.6	1.2
6 左右	1.2	0.9	1.5
7 左右	1.5	1.0	1.8
8~10	1.8	1.2	2.0

4.高视点景观

随着居住区密度的增加，住宅楼的层数也愈建愈多。居住者在很大程度上都处在由高点向下观景的位置，即形成高视点景观。这种设计不但要考虑地面景观序列沿水平方向展开，同时还要充分考虑垂直方向的景观序列和特有的视觉效果。

高视点景观平面设计强调悦目和形式美，大致可分为两种布局。

（1）图案布局

具有明显的轴线、对称关系和几何形状，通过基地上的道路、花卉、绿化种植及硬铺装等组合而成，突出韵律及节奏感。

（2）自由布局

无明显的轴线和几何图案，通过基地上的园路、绿化种植、水面等组成（如高尔夫球练习场），突出场地的自然化。

在点线面的布置上，高视点设计应尽少采用点和线，更多地强调面，即色块和色调的对比。色块由草坪色、水面色、铺地色、植物覆盖色等组成，相互之间需搭配合理，以大色块为主，色块轮廓尽可能清晰。

植物搭配要突出疏密之间的对比。植物应形成簇团状，不宜散点布置。草坪和辅地作为树木的背景要求显露出一定比例的面积，不宜采用灌木和乔木进行大面积覆盖。树木在光照下形成的阴影轮廓应能较完整地投在草坪上。

水面在高视点设计中占重要地位，只有在高点上才能看到水体的全貌或水池的优美造型。要对水池和泳池的底部色彩和图案进行精心的艺术处理（如贴反光片或勾画出海洋动物形象），充分发挥水的光感和动感，给人以意境之美。

视线之内的屋顶、平台（如亭、廊等）必须进行色彩处理遮盖（如盖有色瓦或绿化），改善其视觉效果。基地内的活动场所（如儿童游乐场、运动场等）的地面铺装要求做色彩处理。

5.照明景观

居住区室外景观照明的目的主要有4个方面：①增强对物体的辨别性；②提高夜间出行的安全度；③保证居民晚间活动的正常开展；④营造环境氛围。

照明作为景观素材进行设计，既要符合夜间使用功能，又要考虑白天的造景效果，必须设计或选择造型优美别致的灯具，使之成为一道亮丽的风景线。

三、城市居住区绿化的目标

居住区景观环境是城市大环境的重要组成部分，也是市民生活中停留时间最长、接触最密切的场所。居住区环境景观设计，要提高自然生态意识，应以植物造景为主，创造良好的生态环境，提高居住区的生态环境质量，使人与自然和谐共处。同时，还要满足居民各种活动的需求，为居民创造多种户外活动的绿色空间，便于居民的活动、休闲、交往；更要突出地域性历史文化特征，使居民在居住区环境内就能感受到地方的人文精神，满足居民生理和心理上对居住区环境的需求。

因此，居住区植物景观设计的总体目标主要有：

①以植物造景为主，形成层次丰富，点、线、面相结合的绿色景观系统。

②增加植物多样性，构筑稳定的生态植物群落。

③立体绿化，增加居住区的绿量和生态效果。

（一）植物与其他园林要素结合发挥其综合作用

1.建筑与植物配置

建筑与植物结合能突出建筑的主题，协调建筑与周围环境的关系，丰富建筑的艺术构图，赋予建筑时空的季相感，完善建筑物的功能要求。同时还可产生空间比例上的时间差异，使固定不变的建筑变得生动活泼富于变化。如图5-5所示，植物配置软化建筑硬质线条，打破建筑的生硬感觉，丰富建筑物构图。建筑物的线条往往较单调、平直、呆板，植物的枝干则婀娜多姿，用"柔软、曲折"的线条打破建筑物"平直、机械"的线条，可使建筑物景色丰富多变。植物协调建筑物使其和环境相宜，建筑物周围植物配置往往要把相互之间的关系进行综合考虑。

图5-5 植物配置软化建筑的硬质线条

不同风格建筑的植物有不同的配置，如中国古典皇家园林（如颐和园、圆明园、天坛、故宫、承德避暑山庄等）为了反映帝王的至高无上、威严无比的权力，宫殿建筑群具有体量宏大、雕梁画栋、色彩浓重、金碧辉煌、布局严整、等级分明的特点，常选择姿态苍劲、意境深远的中国传统树种，如白皮松、油松、圆柏、青檀、七叶树、海棠、玉兰、银杏、国槐、牡丹、芍药等作为基调树种，且一般多行规则式种植；江南古典私家园林小巧玲珑、精雕细琢，以"咫尺之地"建"城市山林"，建筑以粉墙、灰瓦、栗柱为特色，用于显示文人墨客的清淡和高雅。植物配置重视主题和意境，多于墙基、角隅处植松、竹、梅等象征古代君子的植物，体现文人具有像竹子一样的高风亮节，像梅一样孤傲不惧，和"宁可食无肉，不可居无竹"的思想境界；寺院、陵园建筑植物配置主要体现其庄严肃穆的场景，多用白皮松、油松、圆柏、国槐、七叶树、银杏，且多列植和对植于建筑前；现代建筑造型较灵活，形式多样。因此，现代建筑的植物配置树种选择范围较宽，应根据具体环境条件、功能和景观要求选择适当树种，如白皮松、油松、圆柏、云杉、雪松、龙柏、合欢、海棠、玉兰、银杏、国槐、牡丹、芍药、迎春、连翘、榆叶梅等，栽植形式亦多样；欧洲风格建筑的植物配置一般多选耐修剪、整形树种，如圆柏、侧柏、冬青、枸骨等，修剪造型时应和整个建筑的造型相协调。

2. 水体与植物配置

园林中的水景一般为湖、池等静止水面，局部也有河流、瀑布等流动水景。水体无论是成主景，或是作配景，都需借助植物来丰富水体景观，特别是静止水面，其本身十分平静，只有靠周围景物在水中的倒影，才能改变它的单调。平静的水池、池中的雕塑构成一个宁静的气氛，几株大树，漂亮的树冠和树干在水中形成倒影，使平静中增加了几分活跃；从另一个角度讲，水池为近景，树木为中景，透过树空看到的是无边无际的远景，这样的构图无疑创造了一个宁静而丰富的空间。不同的水体，植物配植的形式也不尽相同。规则式的水体往往采用规则式的植物配植，多等距离地种植绿篱或乔木，也常选用一些经过人工修剪的植物造型树种，如一些欧式的水景花园。自然式的水体，植物配植的形式则多种多样，利用植物使水面或开或掩，或用栽有植物的岛来分割水面，或用水体旁植物配植的不同形式组成不同的园林意境等。但最基本的方法仍是根据设计的主题思想确定水体植物配植的形式。静止水体旁的植物配置加强并丰富了这种静态的美感，流动水体旁的植物配置则是为形成一种神奇、变幻无穷的意境。

3. 山体、山石与植物配置

园林中很难遇到有自然山体的地形，一般为人工堆叠的土山、土石结合的山体及假山石。为了使这些人为景观再现自然、富于自然山林的风貌，通过一定的艺术手法、运用各种植物进行合理的配置是非常必要的。配置中要以自然界的景观为依据。

园林中的道路不单纯是为了交通，主要是起导游作用，引导游人到各活动区，同时造成一种动态的连续构图。园路两旁的植物配置如与其他景物有机地结合，可以丰富园景、达到步移景异的效果。园路的植物配置包括主路的植物配置、径路与个路的植物配置、道路转角处的植物配置、道路底景的植物配置。

4.草坪与植物配置

草坪植物因其独特的开阔性和空间性在园林绿地艺术布局中占有十分重要的位置。在园林绿化布局中，不仅可以单独作为主景，而且能与山、石、水面、坡地以及园林建筑、乔木、灌木、花卉、地被等密切配合，组成各种不同类型的空间景观。草坪植物能给人们提供游憩活动的良好场地并带来美的享受。为了创造不同的情景及适于开展各种活动的空间，植物配置是很重要的手段。草坪上的植物配置一般分为：①草坪主景；②草坪空间的划分；③草坪树丛。

草坪背景树丛的配置：草坪上设置的花坛、花丛、孤立树、主景树丛以及建筑物等，都需要有背景树丛陪衬。草坪背景树的选择，应注意：树种尽量单纯，如选不同的树种，则要求不同树种的树冠形状、高度及风格大体趋于一致；结构紧密，要求背景树形成完整的绿面，以衬托前景；背景树呈带状配置时，其株距间隔宜略小，或采用双行交叉种植；高干前景树宜选择常绿树种，分支点宜略低，绿色度深或对比强烈，树冠要求浓密，枝叶繁茂，如珊瑚树、雪松、广玉兰、垂柳等。红枫的红叶、银杏秋天的黄叶等，都能给草坪锦上添花。

草坪庇荫树的配置：为了让大草坪在夏季炎热天气能容纳较多的游人纳凉休息，应在草地上适当种植庇荫树。庇荫树一般要求树冠大，枝叶浓密，病虫害少。树形宜选用球形和伞形。在华中、华南有悬铃木、香樟、七叶树等，在华北有槐树、杨树、柳树等。庇荫树的组合应防止西晒，因此，在配置上一般取南北长、东西短，这样其庇荫面积大。

草坪边缘植物的配置：草坪的植物配置，还应有其他花卉与地被植物以及石块作为边缘配置。石景是装饰草坪常用的材料，如在一块直立的山石上，配置藤蔓植物凌霄，装饰在草地上。凌霄开花季节，远望像一只美丽的花瓶，为草坪添色。在草坪上设置纪念性雕塑，也能丰富草坪装饰效果。

草坪植物的配置艺术不仅体现草坪的各种功能的配合，也能发挥草坪本身的艺术效果。若配置得当，会更加丰富草坪植物的造景美，提升人们的文化品位。

（二）居住区环境绿地功能要求

人们对居住区环境绿化有着非常现实的功能要求，包括物质功能和精神功能两方面的要求。

1.物质功能要求

（1）净化空气

空气清新、没有污染和异味是人们对居住环境的基本要求。众所周知，绿色植物通过光合作用，能吸收二氧化碳，释放出人类赖以生存的氧气。城市人均绿地需 10 m² 才可达到平衡空气中二氧化碳和氧气的要求。

空气中还含有二氧化硫、一氧化硫、硫化氢等有害物质。尤其在城市的矿区、厂房周围的居住区中，应以种植抗污染的树种为主，净化空气。

（2）改善小环境

在居住区绿化环境规划中，可因地制宜地保持其原有的植被、水体及自然的地形地貌，或适当增加人工水景的建造，利用水面及绿化的水分蒸发，增加空气的相对湿度。同时，垂直于冬季主导风向密植乔木可起到抵挡北风侵入居住区、相应提高气温的作用。

（3）遮阳与日照

居住区道路、庭院、西晒住宅楼等均有遮阳要求。选择枝长叶大的树种作为行道树，选择落叶树种植于庭院及活动区周围，夏季长满叶子可以遮阳，冬季落叶后阳光可以直射入院，给人们营造一个夏季清凉、冬季温暖的室外活动空间。

东西向住宅楼西侧一般种植成排的高大乔木，这样可以纳凉，降低室内温度。

（4）隔声、防尘

在运动场周围、街道两侧，灌木和乔木搭配密植可以形成一道绿篱。一般情况下，绿化可以减弱噪声 20% 左右。

绿化还可以阻挡风沙、吸附尘埃，大面积的绿化覆盖对于防尘也有一定效果。

（5）杀菌、防病

许多植物分泌物有杀菌作用，如树脂、橡胶等能杀死葡萄球菌。种植此类植物可以消灭空气中散布的各种细菌，防止疾病。

2. 精神功能要求

（1）丰富空间

对居住区绿地而言，宅间绿地和组团绿地是"点"，绿化带是"线"，小区游园和居住公园是"面"。沿区间主要的道路是基础，"面"是中心。

美化建筑立面可供人们观赏，也是居住区绿化景观规划常用的处理手法。

采用"点""线""面"结合的手法形成绿地系统，保持绿化空间的连续性，让人们随时随地生活、活动在绿化环境之中。利用绿篱分隔空间，利用草坪限定空间，利用不规则的树丛、活泼的水面、山石创造空间，有收有放、忽隐忽现，给人以丰富的空间层次感。

（2）绿化环境

在居住区绿化中，运用园林植物的不同形状、颜色和风格，配置一年四季色彩富有变化的各种乔木、灌木、花舟、草坪，给人以美的视觉享受。

常绿植物的配置向人们四季展示绿的魅力。竖向绿化既可弥补居住建筑物形体单一的缺陷，美化建筑立面，又可供人们观赏，是居住区绿化景观规划常用的处理手法。

（3）赋予生活情趣

居住区游园往往是常绿树与落叶树搭配，乔灌花草结合，疏密有致，配以水面的烘托，亭、廊、桥的精心布局，迂回曲折的林荫小道，掩映隐约，供人们尽情地享受自然的风光，可以消除疲劳、丰富生活、陶冶情操。

（4）活动、游戏

居住区绿地为人们提供闲暇时间散步场所，也为儿童提供游戏场地。在绿地内根据功能需要设置一定的铺装地面、座椅、庭院灯、休息处、沙坑以及儿童游戏设施，并在周边种植生长快的常绿植物和落叶阔叶植物，以满足居民活动的要求。

第二节　城市居住区绿化原则

一、居住区绿化的基本原则

（一）以人为本原则

即以人为中心，根据居民的行为规律和居住区的功能进行景观规划与布局，从人的心理与审美要求出发来营造居住区景观环境，按照人体功效学原则进行住宅空间尺度设计。人与自然是通过社会来发生作用的，因此人居环境中的社会关系或社会联系对人生命的影响甚至比其中的物质条件更为重要。通过调查分析得知，居民对居住区环境有生理、安全、社交、消闲和审美五个层次的需求。其中，生理与安全需求是人作为一个自然物种的基本需求，社会交往、休闲与审美需求是人作为社会的人的需求，是更高层次的需求。

因此，在居住区绿地景观布置时必须"以人为本"，充分考虑生活其中的不同人群的不同层次的需要，以自然山水、植物、地形地貌以及建筑设施等为基本素材，通过艺术手段来创造一个充满生机与活力、美观而有序的居住环境，以促进居民身心活力的恢复与有序化，从而提高居民的身心健康，使小区成为居民朝夕与共的理想乐园。

（二）生态性原则

即科学性原则，以植物景观为主体，以绿色设计为根本，以提高绿化覆盖率为主要目的。根据生态学原理来选择适宜的景观植物，合理设计植物群落，注意植物景观与建筑、园林小品等的协调性，为居民创造一个清静、卫生、优美、生态功能完善的居住环境。

（三）美观原则

即艺术性原则，以自然为师，运用中国园林的艺术理论，在材料、颜色、形状、质感、高度、宽度、姿态等方面进行精心设计，合理布置小区各种绿地，提高景观设计的整体艺术水平，以给居民视觉与审美上的满足，使居民由此产生愉悦的感觉和美的享受。

（四）实用性原则

大处着眼，细处着手，认真研究居民日常生活行为需求，从区域总体景观的规划到景观单元的设计，都要力求方便实用，以提高绿地及各类环境设施的利用率。

（五）经济性原则

建筑材料、植物材料等尽量乡土化，以减低建造成本和维护管理费用。避免过分强调绿地景观的美化作用，过多使用奇花异草或大面积铺设草坪。因为奇花异草存在适应性问题以及群落稳定性问题，而草坪的维护管理费用通常是乔灌木的 3～5 倍，又因群落结构单调，其生态效益仅为同样面积乔灌草复合群落的 1/4。此外，单体小品设计也应避免华而不实，应充分考虑居民的文化背景及欣赏水平等。

二、符合园林绿地的性质和功能要求

（一）充分发挥园林植物的主体作用

城市中的园林绿地具有多种功能，在设计中应根据其功能要求来进行植物配置，构成多种多样的园林空间，形成不同风格的园林，创造各种不同的园林气氛。

综合性公园需根据公园的功能分布来确定植物配置形式。例如入口处，一般设立一个集散广场，植物配置多采用规则式的种植方式，从植物的种类到体形力求均衡对称，以使园林与城市有机地结合在一起。

公园中的安静休闲区需要以大面积自然的植物群落为主，产生一种幽远迷人的山林气氛，使游人在此能充分领略大自然的风貌。

公园中的儿童游戏区需要选样无毒、无刺、无害的植物。夹竹桃、凌霄的花很美，但花粉有毒；玫瑰等植物的花也很美，但有刺，均不能在儿童游戏区种植。

（二）力求通过植物与其他园林要素的结合来发挥园林绿地的综合作用

1.建筑与植物配置

建筑与植物结合能突出建筑的主题，协调建筑与周围环境的关系，丰富建筑的艺术构图，赋予建筑不同的季相感，使固定不变的建筑变得生动活泼、富有变化。

2.水体与植物配置

园林中的水景一般为湖池等水面，局部也有河流、瀑布等流动水体。水体无论是主景还是配景，都需要借助植物来丰富水体景观。

平静的水面一般比较单调，只有用周围景物在水中的倒影，才能改变这种单调的气氛，如池边的大树、藤蔓植物在水中形成倒影，微风吹过，枝蔓摇曳，水中的倒影也在运动之中，使平静的水面增添几分活泼。

从视角景观讲，水池为近景，树木为中景，透过树的枝叶间隙，看到的是无尽的天空（即远景），使景观更为丰富。

水体与植物配置的形式有：湖池、河流、溪涧等沿岸的种植；驳岸的种植，包括山石驳岸和平缓的土岸；堤、岛的种植；水面的种植。

3.山体、山石与植物的配置

堆山和置石与植物的配置可通过山石的刚、花木藤蔓的柔形成对比，植物配置应以烘托山石的意境为主。

4.道路与植物配置

园路植物配置应力求使植物具有导游作用，暗示不同的活动区域。在空间上应做到有开有合，借植物配置以丰富园景，达到步移景异的效果。

园路的植物配置包括主路的植物配置，径路、小路的配置，道路转角处的植物配置，道路对景的植物配置等几个方面。

5.草坪与植物配置

园林中的草坪是人们喜爱的游戏场所，力求创造不同的情趣和适于开展各种活动的空间。植物配置是很重要的手段，包括草坪的主景、草坪空间的划分、草坪树丛。

三、满足园林艺术构图的要求

（一）园林总体布局要协调，满足设计立意要求

利用植物配置中，基调树种与重点树种，乔、灌、花卉、地被植物等的有效配置，形成多层次的构图，注意植物的群体美。

园林植物的总体布局要体现地方特色，基调树种最好是当地的乡土树种，以保证生长良好及树种对土壤、气候等适应性。

重点树种的选择。首先是乡土树种，同时要具有一定的观赏价值。乔、灌、花卉、地被植物适当搭配，形成相对稳定的复合混交林，搭配得当的植物群落可以成为构园的主景。

植物群落的设计应从以下几个方面考虑：

①林缘线。在设计中指植物配置的构思在平面图上的体现，用植物来划分空间，表现形式可分为曲线、直线两种。

②林冠线。指植物配置的设计构思在立面构图上的轮廓线，如利用不同高度的植物形成高低起伏的林冠线，地形的自然起伏可使林冠线富于变化，林冠线对游人的空间感受影响（开敞的、封闭的）等。

③色彩和季相。色彩和季相直接影响植物群落的景观艺术构思，主要表现在叶的绿色深浅不同，形成颜色不同或色调的明暗不同；四季的变化，花期不同。园林中应尽量做到三季有花或四季有花、四季常青。

（二）快生、慢生树种相结合，近期、远期景观综合考虑

在建园初期，速生树种见效快、效果好，但寿命短；慢生树种虽然生长缓慢，但寿命长。在设计中，两者要有机结合起来，在特定的位置与景观上，宜用寿命长的树种。背景林可采用速生和慢生相结合的布置。

（三）利用植物四季景观变化

随着四季的变化，植物的形貌、色彩发生变化。在植物配置上，要注意季相变化而形成的不同景观。花卉应注意花期的长短和时间，使游人能够体会到季节的变化。

（四）常绿、落叶植物的搭配使用

落叶植物一般生长较快，每年更新新叶，对有害气体、尘埃的吸收能力比较

强。因此污染严重的地方，应加大落叶树的比例。

（五）充分利用植物本身的生物学特性

特定环境的风景效果可通过植物本身的特性产生。

①根。气生根、呼吸根，如垂荡的榕树根、水松的呼吸根等。

②枝干。覆盖面积、树冠的大小不同。

③树形。姿态千变万化，主要有直立、并立、丛立、攀缘、匍匐、向上、平展、下垂等。

④叶。叶形、叶色，叶色的景观效果特别突出，如早春的柳、晚秋的枫、银杏等。

⑤花。花形、花色、花纹、芳香。

⑥音响。指自然界中的风、雨声响，植物枝叫产生的声响，如松涛、雨打芭蕉。

四、选择适当的植物种类，满足植物的生态要求

（一）注重栽植环境与植物的关系

植物与环境之间有着密切关系，环境主要指气候、空气、土壤、地形地势、生物、人类活动等。在设计中，应借鉴当地植被，突出地方风格，做到适地适树。

（二）充分考虑植物种类之间的关系

植物种间的相互影响在植物配置中是不容忽视的一个问题，特别是混合林，如核桃对柞树产生抑制生理活动，梨属植物不能和松柏搭配栽植等。要建立相对稳定的植物群落。

五、注重配置中的经济原则

（一）合理使用珍贵树种

珍贵树种造价较高，在配置中应巧妙应用，起到画龙点睛的作用。

（二）多用乡土树种

乡土树种适应性强，能保证成活，且造价低。因此，在普遍绿化时应以乡土树种为主导。

（三）合理引种

园林中的植物配置主要作用是形成景观。在策划设计时，应合理引种以丰富设计构思。

第三节　城市居住区绿化设计

一、居住区绿化设计的内容

（一）居住区绿地的种类

我国 1994 年制定的《城市居住区规划设计规范》规定：居住区绿地，应包括公共绿地、宅旁绿地、配套公用建筑所属绿地等。而居住区内的公共绿地，应根据居住区不同的规划组织结构类型，设置相应的中心公共绿地，包括居住区公园（居住区级）、小游园（小区级）、组团绿地（组团级）以及儿童游乐场和其他的块状、带状公共绿地等。各公共绿地的设置内容应符合表 5-10 的要求。

表5-10　各级公共绿地设置规定

公共绿地类型	设置内容	要　求	最小规模 /hm²	服务半径 /m
居住区公园	花木草坪、花坛水面、凉亭雕塑、小卖茶座、老幼设施、停车场地和铺装地面	园内布局应有明确的功能划分	1.0	80 ~ 1 000
小游园	花木草坪、花坛水面、雕塑、儿童设施和铺装地面	园内布局应有一定的功能划分	0.4	300 ~ 500
组团绿地	花木草坪、桌椅、简易设施等	灵活布局	0.04	100 ~ 250

就其功能而言，人们往往把居住区绿地的主要作用归纳为 3 种：使用功能、生态功能和景观功能。使用功能是指具有可活动性，如游戏、运动、散步、健身、休闲等；生态功能是指具有生态平衡、气候调节作用，如住宅区小气候的形成（包括降温、增湿、挡风等）、环境污染的防治与质量的改善（有噪声减弱、空气降尘、灭菌和吸收二氧化碳等）、水土保持、动植物生长与繁殖等；景观功能包

括可观赏性与美化环境。

（二）植物的选择配置

从生态方面考虑，植物的选择与配置应该对人体健康无害，有助于生态环境的改善并对动植物生存和繁殖有利。

1. 景观植物的选择

①抗污染树种的选择可以起到净化空气的作用。

②选用具有多种效益的树种。既能防风、防火，又可降尘的树木，如龙柏、椿树、女贞、樱花、大叶黄杨、松、广玉兰；可降噪的树木，如侧柏、合欢、梧桐、垂柳、云杉、海桐、苏铁、银杏；可吸收有毒物质或抗污染的树木，如石榴、榆、紫薇等。

③根据居住卫生要求，选择无飞絮、无毒、无刺激性和无污染物的树种。尤其在儿童游乐场的周围忌用带刺有毒的树种，如夹竹桃的毒汁，花椒、玫瑰、黄刺玫的刺，杨柳的柳絮。可选用杨柳的雄株绿化，无飞絮。

④选用耐阴树种。由于居住区建筑往往占据光照条件好的位置，绿地受阻挡长期处于阴影之下，应选用能耐阴的树种，如垂丝海棠、金银木、构骨、八角金盘等。

⑤竖向空间绿化的配置可使绿地覆盖率达到最高。以乔灌草藤相结合的植物配置可增强绿化效果，改善生态环境的综合实力。

⑥常绿乔灌木的适当选用，使居住区内四季空气清新，同时起到降噪防尘的作用。植物的品种多样性有利于动植物的生态平衡。

⑦选择根系较为发达的园林植物，能吸收分解土壤中的有害物质，起到净化土壤和保持水土的作用。

2. 景观植物配置原则

从景观方面考虑，植物的选择与配置应该有利于居住环境尽快形成面貌，即所谓"先绿后园"的观点，宜选用易于生长、易于管理、耐旱、耐阴的乡土树种。应该考虑各个季节、各类区域或各类空间的不同景观效果，以利于塑造居住区的整体形象特征。

①确定基调树种。主要用作行道树和庭荫的乔木树种要基调统一，在统一中求变化，以适合不同绿地的需求。例如，在道路绿化时，主干道以落叶乔木为主，选用花灌木、常绿树为陪衬，在交叉口、道路边配置花坛。

②以绿色为主色调。适量配置各类观花植物，以起到画龙点睛之妙。例如，在居住区入口处和公共活动中心，种植体形优美、色彩鲜艳、季节变化强的乔灌

木或少量花卉植物，以增加居住区的可识别性。

③乔、灌、草、花结合。常绿同落叶、速生与侵生相结合；乔灌木、地被、草皮相结合；孤植、丛植、群植相结合，构成多层次的复合结构，使居住区的绿化疏密有致、四时有景，丰富了居住环境，获得好的视觉效果。

④选用具有不同香型的植物给人独特的嗅觉感受。例如，广玉兰、桂花、栀子花等。

⑤尽量保存原有树木、古树名木。古树名木是活文物，可以增添小区的人文景观，使居住环境更富有特色。将原有树木保存可使居住区较快达到绿化效果，还可以节省绿化费用。

⑥选用传统植物，如梅、兰、竹、菊，以突出居住区的个性象征意义。

⑦选用与地形相结合的植物种类，如坡地上的地被植物与水景中的荷花、浮体，池塘边的垂柳、桃树等，创造一种极富感染力的自然观景。

居住区环境设计是建立在整体、宏观的背景分析基础上的设计，又是一种依据具体经济建设，从环境相对分析的关系上，结合社会和人的行为模式和社会参与性的分析。始终把观念—设计—实施相结合是确立科学设计观的方法。

居住区环境设计又是一种建立在人居活动不同层次条件下的设计，一种物质空间设计，一种场所设计，一种生存环境所要求的设计，最终是生态环境的设计。

同时，居住区环境设计也是一种社会物质、精神形象总和的设计，一种符号形式的设计，一种探求人们社会心理所要求表达的符号形式及其特征的艺术表现的设计。同样的，居住区环境设计也是一种艺术创作的设计，是创作者具有美感的深层思维，通过语言符号使环境设计达到完美的形式的表现。如若我们的设计能从社会观念、文化观念、科技观念触及人们情感上深层的意义，就能使环境美达到高一级的层次。

（三）居住区绿地景观设计

居住区绿地设计应与居住区总体规划紧密结合，要做到统一规划、合理组织布局，采用集中与分散、重点与一般相结合的原则，形成以中心公共绿化为核心，道路绿化为网络，庭院与空间绿化为基础，集点、线、面为一体的绿地系统。

1. 居住区公共绿地设计

居住区公共绿地与城市公园的功能不完全相同，因此，在规划设计中有与城市公园不同的特点。居住区公共绿地是最接近居民生活环境的，主要适于居民的休息、交往、娱乐等，有利于居民心理、生理的健康，不宜照搬或模仿城市公园的设计方法。

（1）居住区公园

居住区公园面积最好大于 1 hm²，其位置要求适中，居民步行到达距离为 800 ～ 1 000 m，最好与居住区的公共建筑、社会服务设施结合布置，形成居住区的公共活动中心，以利于提高使用效率，节约用地。其功能要求为满足居民对游戏、休息、散步、运动、健身、游览、游乐、服务、管理等方面的需求。居住区公园以绿化为主，设置树木、草坪、花卉、铺装地面、庭院灯、凉亭、花架、雕塑、凳、桌、儿童游戏设施、老年人和成年人休息场地、健身场地、多功能运动场地、小卖店、服务部等主要设施。需保留和利用规划或改造范围内的地形、地貌及已有的树木和绿地。

（2）小区游园

小区游园较居住区公园更接近居民，面积大于 0.4 hm² 为宜，居民步行到达距离为 300 ～ 500 m。内部可设置较为简单的游乐、文体设施，如儿童游乐设施、健身场地、休息场地、小型多功能运动场地、树木花草、铺装地面、庭院灯、凉亭、花架、凳、桌等，以满足小区居民游戏、休息、散步、运动、健身的需求。

小区游园既可结合地形特点设置于小区中的中心位置，以方便小区居民使用；也可考虑设置在街道一侧，创造一个市民与小区居民共享的公共绿化空间。

小区游园的平面布置可采用 3 种形式：

①规则式布置。采用几何图形布置方式，有明确的轴线，广场、绿地、建筑小品等组成有规律的几何图案。其特点是园中道路庄重、整齐，形式较呆板，不够活泼。

②自由式布置。采用迂回曲折的道路，结合自然条件，如水沟、池塘、山岳、坡地等进行布置。其特点是自由、活泼，易创造出自然而别致的环境。

③混合式布置。规则式布置与自由式布置的结合，可根据地形或功能的特点，灵活布局。既能与周围建筑相协调，又能兼顾其空间艺术效果，可在整体上产生韵律感和节奏感。

（3）组团绿地

组团绿地是结合居住建筑组团布置的一级公共绿地，是随着组团的相邻方式和布局手法的变化，其大小、位置和形状均相应变化的绿地。其面积大于 0.4 hm²，服务半径为 60 ～ 200 m，主要供居住组团内居民（特别是老年人和儿童）游乐、休息之用。其布置形式较为灵活，富于变化，可布置为开敞式、半开敞式和封闭式等。规划时应注意根据不同使用要求分区布置，避免相互干扰。组团绿地不需建造许多园林小品，应以花草树木为主，主要规划设施有儿童游乐设施、树木花草、铺装地面、庭院、凳、桌等。

组团绿地的设置应满足有不少于1/3的绿地面积在标准的建筑日照阴影线之外的要求,方便居民使用。

组团绿地是居民的半公共空间,是宅间绿化的扩展或延伸,增加了居民室外活动的层次,也丰富了建筑所包围的空间环境,是一个有效利用土地和空间的办法。

2.宅旁庭院绿地的设计

宅旁绿地是居住区绿地中的重要组成部分,属于居住建筑用地的一部分。它包括宅前、宅后,住宅之间及建筑本身的绿化用地,其面积不计入居住小区公共绿地指标中,宅间绿化面积比小区公共绿地面积指标大2～3倍,人均绿地面积可达3～6 m²。

据调查成果表明,与居民关系最密切、使用最频繁的室外空间是宅间绿地。

在宅间绿地设计中要遵循以下原则。

①以绿化为主。绿化率要求达到90%～95%,树木花草具有较强的季节性,一年四季,不同植物有不同的季相。使宅间绿化具有浓厚的时空特点,让居民感受到强烈的生命力。根据居民的文化品位与生活习惯可将宅旁绿地类型分为:a.以乔木为主的庭院绿化;b.以观赏型植物为主的庭院绿化;c.以瓜果园艺型植物为主的庭院绿化;d.以绿篱、花坛界定空间为主的庭院绿化;e.以竖向空间植物搭配为主的庭院绿化。

②多布置活动场地。宅间是儿童,特别是学龄前儿童最喜欢玩耍的地方,在绿地规划设计中必须在宅间适当地铺装地面,在绿地中设置最简单的游戏场地(如沙坑)等,适合儿童在此游戏。同时还应布置一些桌椅,设计高大的乔木或花架,以供老年人户外休闲所用。

③设计好植物景观。宅旁绿地设计要注意庭院的尺度感,根据庭院的大小、高度、色彩、建筑风格的不同,选择适合的树种进行绿化。选择形态优美的植物打破住宅建筑的僵硬感;选择图案新颖的铺装地面活跃庭院房间;选用铺地植物遮盖地下管线的检查;以富有个性特征的绿化景观作为组团标识等,创造出美观、舒适的宅旁绿地。

④注意住宅建筑的绿化。住宅建筑的绿化设置应该是多层次的立体空间绿化,应注重建筑与庭院入口处的绿化处理,建筑物阳台、露台以及屋顶花园的处理,建筑物墙体及路面的绿化处理等。

总之,居住区宅旁庭院绿化是居住区绿化中最具个性的绿化,居住区公共绿地要求统一规划、统一管理,居住区宅旁绿地则可以由住户自己管理,不必强行推行一种模式。居民可根据喜好种植各类植物,以促进居民对绿地的关心和爱护、提高居民护花种草的积极性。

3. 专用绿地和道路绿地设计

（1）专用绿地。专用绿地即居住区配套公用建筑所用绿地，作为居住区绿化的组成部分也同样具有改善小气候、美化环境、丰富居民生活等作用；其绿地规划布置首先要满足其本身的功能要求，同时还应结合周围的环境要求。

幼儿园应设置供儿童游戏的绿地及游戏设施；学校除设置体育运动场地外还应规划生物实验用地、气象观测站、实习苗圃；居住区医院、中老年活动中心均应设置适合居民休息、风景优美的活动空间等。这些专用绿地在规划设计时还应充分考虑其与周围住宅等其他设施的关系，如处理好空间的分隔、防止西晒、阻隔噪声、净化空气，创造良好的环境景观。

（2）道路绿地。道路绿地对居住区的通风、防风以及美化街景等有良好的作用。同时它还起着引导人流、疏导空间、调节气温、减少交通噪声、遮阳降尘的作用，是"点""线""面"绿化系统的"线"。

居住区道路绿化的布置要根据道路的断面组成、走向、管线铺设的情况综合考虑。居住区道路是居住区的主要交通通道，在绿化设计时其行道树带宽一般不小于1.5 m，主干高度不低于2 m，要考虑到为行人遮阳；不影响车辆的通行和视线的通畅；在道路交叉口的视距三角形内，不应栽植高大乔木、灌木，以免妨碍驾驶员的视线。道路和居住建筑间还可以利用绿化防尘和阻挡噪声，声源与居住区之间的绿化顺风方向由低向高设置，形成草坪、灌木、乔木多层次复合结构的带状绿地。

居住区主路两侧的行道树要体现居住区的特色，不应选用与城市道路相同的树种。道路两侧种植宜适当后退，种植设计要灵活、自然，与两侧的建筑物相结合，疏密有致，高低错落，富于变化。

4. 庭院绿地景观设计

小区庭院绿地主要是为住宅楼内的居民设计的。一般的庭院都只有1～2个出入口集中通向外界，以利于管理。其景观设计应避免烦琐，力求简洁、实用，避免出现空间死角，还应注意与居民停放自行车、晾晒衣服、小孩看护等活动设施相结合。

小区庭院通常用植篱（绿篱、花篱）围隔，使用围栏的较少。庭院绿地出入口使用频繁，常拓宽形成局部开阔空间，或者设置花池，或以植篱常绿树等点缀，以吸引游人进入。

小区庭院绿地的主要功能是供小区内的居民尤其是老人和儿童消磨闲暇时光。因此，绿地内必须留有适当的、相对开阔的休息场地，以便于居民活动与休息，切忌局部拥挤封闭，使游人无处停留而导致绿地被践踏破坏。

小区庭院内通常以精心设计的经典小品作为点缀，主要有花坛、花池、树池、座椅、小型雕塑、园灯等，重点处可设小型亭廊、花架等。但是，所有园林小品都必须体量适宜、经济、实用而美观。

小区庭院景观配置应以不影响住宅采光为前提，临近建筑的基础种植多选用低矮的树苗或花篱或草本花卉。绿地内以草坪为主，再适当点缀树丛树群，以增加庭院的识别性。在北方城市最好以落叶花木为主，夏季可遮阳，秋冬季不影响庭院内光照，还能增加秋色景观。花坛、花池中多配植一些多年生草花或小檗、女贞等耐修剪的灌木或芍药、牡丹、月季等花灌木，这样可保持景观的稳定性，还可节省维护费用。在花池、花坛边缘或步行道边布置一些应时草花，以丰富景观色彩和季相变化。

庭院出入口的游步道应尽量不设台阶，减少障碍。园内道路要避免分割绿地，避免出现锐角构图，应设计成自然流畅的流线，而且不能过宽，道路拐角处常设置舒适、美观的座椅、座凳或果皮箱等。若庭院空间较大，还可设置沙坑、单杠等儿童游乐与老人健身用设施。

二、居住区绿化设计的程序与方法

（一）居住区绿化设计的程序与原则

1. 种植设计的程序与原则

鉴于景观中也有其他自然因素，因此在利用植物进行设计时，有特定的步骤、方法以及原理，即在满足设计师的目的和处理各种环境问题上，植物与地形、建筑物、铺地材料及水体等因素同样重要。设计师应在设计程序中尽量考虑植物，以确保它们能从功能和观赏作用方面适合设计要求。在设计中对其他自然要素的功能、位置和结构做出主要决策后，才将植物仅作为装饰物或"糕点上的奶油"，即在设计程序的尾声加以研究和使用是极其错误的。

植物的功能作用、布局、种植以及取舍是整个程序的关键，该程序的初级阶段包括对园址的分析、认清问题、发现潜力以及审阅工程委托人的要求。此后，风景园林师方能确定设计中需要考虑何种因素和功能，需要解决什么困难以及明确预想的设计效果。

风景园林师通常要准备一张用抽象方式描述设计要素和功能的工作原理图。粗略地描绘一些图、表、符号表示项目，如空间（室外空间）、绿地、屏障、景物以及道路。在合适的地方确定植物所起的功能作用，如障景、蔽荫、限制空间以及视线的焦点等。在这一阶段，要研究进行大面积种植的区域，一般不考虑需要使用何种植物,或各单株植物的具体分布和配置。此时,设计师关心的是植物种植区域的位置和相对面积,而不是在该区域内的植物分布。特殊结构、材料或工程的细节,在此刻均不重要。

在许多情形中,估价和选择最佳设计方案,往往需要拟出几种不同的、可供选择的功能分区草图(见图5-6)。

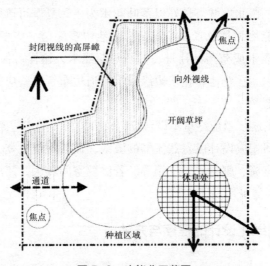

图 5-6　功能分区草图

只有对功能分区图做出优先的考虑和确定,并使分区图自身变得更加完善、合理时,才能考虑加入更多的细节和细部设计。人们将这种更深入、更详细的功能图称为"植物种植规划图"。

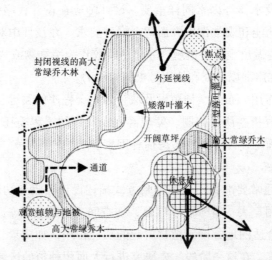

图 5-7　构思图

在这一阶段内，应主要考虑种植区域内部的初步布局。风景园林师应将种植区域分划成更小的、象征着各种植物类型、大小和形态的区域（见图 5-7）。在这一设计阶段，设计师应分析植物色彩和质地间的关系，无须费力安排单株植物或确定具体的植物种类。风景园林师能用基本的方法在不同的植物观赏特性之间勾画出理想的关系图。在分析一个种植区域内的高度关系时理想的方法就是做出立面组合图，制作该图的目的是用概括的方法分析不同区域植物的相对高度，这种立面组合图或投影分析图可使设计师看出实际高度，并能判定出它们之间的关系，这比仅在平面图上推测它们的高度更有效。考虑到不同方向和观点，设计师们应尽可能画出更多的立面组合图，由于有了全面的、可从所有角度进行观察的立体布置，因此这个设计会令人非常满意的。

在基本设计阶段重申的关键点是要群体地、而不是单体地处理植物素材，这是因为一个设计中的各相似因素会在布局内对视觉统一感产生影响。当设计中的各个成分相互孤立时，整个设计有可能在视觉上分裂成无数个相互抗衡的对立部分。群体或者组合体能将各单独的部分联结成一个统一的整体。

因为植物在自然界中几乎都是以群体的形式存在的，所以应将植物作为基本群体进行设计。天然植被群生群变，并为适应环境条件的变化而缓慢地进行物种的变异。自然界中的植物就其群落结构方式而言有固定的规律性和统一性，然而，在整个生长演变过程中，不同植物又以微妙的方式进行不断的种群变化以悦人眼目。植物在自然界中的种群关系能比其单个的植物具有更多的相互保护性：许多植物之所以能生长在那里，主要因为邻近的植被能为它们提供赖以生存的光照、空气及土壤条件。在自然界中，植被组成了一个相互依赖的生态系统，这一系统中所有植物相互依赖共同生存。

当设计师希望将植物作为一个标本而加以突出的时候，植物会作为孤立、特殊的因素置于设计中。标本植物可以是独立的因素，也可以置于一个种群较小的植物中作为主景树。

在整个设计中，完成了植物群体的初步组合后风景园林师才能进行种植设计程序的下一步骤，设计师开始着手各基本规划部分，并在其间排列单株植物。此时的植物仍以群体为主，并将其排列填满基本规划的各个部分。

2.单体植物景观设计原则

在布置单体植物时，设计师应遵循以下几点。

（1）植物成熟度

在群体中的单株植物，其成熟程度应在 75% ～ 100%。风景园林师要根据植物的成熟外观进行设计，而不是局限于眼前的幼苗设计。这一方式的运用，的确会给建园初期的景观带来麻烦。正确的种植方法是，幼树应相互分开以使它们具有成熟后的间隔空间。因此，每一位设计师都应该看到布局中早期的视觉不规则性，并意识到随着时间的推移，各单体植物的空隙将会缩小，最后消失。但是，一旦该设计趋于成熟，则不应再出现任何空隙。

（2）植物排布

在群体中布置单体植物时，应使它们之间有轻微的重叠。为了保证视觉统一，单体植物的相互重叠面，基本上为各植物直径的 1/4 ~ 1/3，当植物最初以群体面貌出现时，这个布局会显得更统一。然而，当它们以单体植物的组合面貌出现时，该种植布局会显得非常杂乱无序。具有过多单体植物的植物布局，被称为"散点布局"。

（3）排列单体植物的原则

将植物按奇数，如 3、5、7 等组合成一组，每组数目不宜过多，这是一条基本设计原理，奇数之所以能产生统一的布局，皆因各成分相互配合，相互增补。相反，由于偶数易于分割，因而互相对立；如果三株一组，人们的视线不会只停留在任何一单株上，而会将其作为一个整体来观赏。若二株为一组，视线势必会在二者之间来回移动，这是因为难以做到将视线停留在某一株上，此外，偶数排列还有一个不利之处，那就是这种方式常常要求一组中的植物在大小、形状、色彩和质地上统一，以保持冠幅的一致和平衡，当设计师考虑使用较大植物时，要使其大小和形态达到一致，就更加困难了。另外，假如偶数组合中的某一植物死了，要想补上一株与其完全一致的新植物，更是难上加难。以上有关一组植物排列数目的要点，在涉及 7 棵植物或少于该数目时尤为有效，超过这一数目对于人眼来说难以区分奇数或偶数。

3. 群体植物景观设计原则

在这一阶段，单株植物的群体排列原则同样适用，各组植物之间，应如同一组中各单体植物之间一样，在视觉上相互衔接，各组植物之间所形成的空隙或"废空间"应予以彻底消除，因为这些空间既不悦目又会造成杂乱无序的外观，且极易造成养护的困难。在有些布局中，仅让各组植物之间有轻微的重叠并非有效。相反，在设计中更希望植物之间有更多的重叠，以及相互渗透增大植物组间的交接面。这种方法无疑会增加一个布局的整体性、内聚性，因为各组不同植物似乎紧紧地交织在一起，难以分割。这种方法，当低矮植物布置在较高植物之前时，或当它们神秘地在一群较高植物后面消失时，不同植物间的高度关系会为布局增加魅力。

设计师在考虑植物间的间隙和相对高度时，决不能忽略树冠下面的空间。不要认为在平面上所观察到的树冠向下延伸到地面，从而不在树冠的平面边沿种植其他低矮植物。这无疑会在树冠下面形成废空间，破坏设计的流动性和连贯性。这种废空间也会带来养护的困难（除非为地被物所覆盖），为了解决这个问题应在树冠下面种植一些较低的植物。当然，特意在此处构成有用空间则另当别论。

在设计中植物的组合和排列除了与该布局中的其他植物相配合外，还应与其他因素和形式相配合。种植设计应该涉及地形、建筑、围墙以及各种铺装材料和开阔的草坪，如果设计得当，植物会增强它们的形状和轮廓，以完善这些要素。例如，一般说来（并非必然如此）植物应该与铺地边缘相呼应，当需要更换铺地材料时，其原来的形状可通过周围的植物得到"辨认"。因此，铺地周围的植物的布局形式要与铺底的形式一致，规则式或自由式铺装。

4.单体植物选择确定原则

在选取和布局各种植物时，还应遵循一些原则，布局中应有一种普通种类的植物，以其数量而占支配地位，从而进一步确保布局的统一性。按照前面所述的原则，这种普通的植物树种在形状上应该呈圆形，具有中间绿叶以及中粗质地结构，这种具有协调作用的树种在视觉上应贯穿整个设计，从一个部位再现到另一部位。这样，人们会在各个不同的区域看到相同的成分，随之会产生观赏过它的记忆，这种心理的记忆能使整个设计统一起来。在布局中加入不同的植物种类以增加设计的多样性和变化性，但其数量和组合形式都不能超过主干植物。最后，确定每一个单株植物的名称，保证植物的观赏特性以及其生长的环境。

（二）居住区植物景观设计的方法

1.乔、灌木的种植设计

（1）乔、灌木的搭配关系

在园林中，乔、灌木通常搭配应用互为补充，它们的组合首先必须满足生态条件。第一层的乔木应是阳性树种，第二层的亚乔木可以是半阴性的，分布在外部的灌木可以是阳性的，而在乔木遮阳处的灌木则应是半阴性的，乔木为骨架，亚乔木、灌木等紧密结合构成复层、混交相对稳定的植物群落。

在艺术构图上应反映自然植物群落典型的天然之美。

（2）乔、灌木的基本组合形式与整形

①孤植。园林中孤植树是为了突出植物的个体美，其一般处于构图的中心部位。能够成为孤植树的植物体形要大，外轮廓线要富于变化，树姿优美或季相变化显著，树冠繁茂或有浓郁的香味，果实奇特或具有艳丽的色彩。

孤植树一般分为观赏树、庭荫树，或二者兼顾。

园林中的孤植树常布置在大草坪或林中空地的构图中心，四周要空旷，留出一定的视野供游人欣赏。大面积草坪中几丛树林划分出一个围合空间，围合空间的中心可植装饰性强的另一种草或是草花，也可做成彩色铺装。在其中植一株孤植树形成构图中心，这样的组合用于路边，可形成很美的景观。

开阔水面的岸边、坡地的最高处均可布置孤植树，植物本身既可以形成景观，又可供游人纳凉、眺望，并做短暂停留。

孤植树也可与道路、广场、建筑结合，透景窗、洞门外也可布置孤植树，成为框景的构图中心。

值得一提的是，孤植树最好选乡土树种，该树茂荫浓、健康生长、树龄长久。

②对植。对植分为对称和拟对称两种种植方式。

对称种植，主要用在规则式的园林中。构图的中轴线两侧，选择同一树种，大小、形体尽可能相近，与中轴线的垂直距离相等。例如，公园建筑入口两旁或主要道路两侧。

拟对称种植，主要用在自然式园林中，构图的中轴线两侧选择的树种相同，但形体大小可以不同，与中轴线的距离也就不同，求得感觉上的均衡，彼此要求动势集中。

对称并不一定是一侧一株，也可以是一侧一株大树，另一侧配一个树丛或树群。行列栽植植物成排成行栽植，并有一定的株行距用于栽植道路两旁绿地、林带等。

③行列栽植。植物成排成行栽植，并有一定的株行距用于栽植道路两旁绿地、林带等。其树种多选择分枝点较高，以达到形体和色彩上的丰富。

④丛植。丛植树丛由 2 ~ 10 株同种或异种，乔木或乔、灌木混栽所组成，树丛的功能以观赏为主或以庭荫为主兼供观赏，这一点与孤植树相似。所不同的是，除了考虑单株的个体美之外，更主要的是还要很好地处理株间、种间的关系。所谓株间关系，是指疏密、远近等因素；种间关系是指不同乔木以及乔、灌之间的搭配。在处理株间距时，要注意整体适当密植，局部疏密有致，使之成为有机的整体，在处理种间关系时，要尽量选择搭配关系有把握的树种，且要阳性与阴性、快长与慢长、乔木与灌木有机地组合。

树丛作为主景时，四周要空旷，可以布置在大草坪的中央、水边、河湾、山坡及山顶上，也可作为框景，布置在景窗或月洞门外，与山石组合是中国古典园林常见的手法。这样的组合方式也可布置在白墙前，走廊或房屋的角隅，组成一幅图画。日本庭园中，两丛竹、一些花草与山石、洗手盆等的结合，布置在房屋墙前组成一幅富有气魄且色彩丰富的窗前美景。

在游息园林中，树丛下面可布置一些休息坐凳，为游人提供停留的场地。在自然道路中的一段，路的一端是一条坐凳和一丛密闭性很强的树丛，使游人在此停留有一种安定感。另一端由三株常绿树和一株观赏树组成，具有很好的景观效果。

配置的基本形式有两株组合、三株组合、四株组合、五株组合。了解了两株到五株的组合形式，则可运用到多株树木的组合。

⑤群植。树群的树木数量较树丛多，所表现的是群体美。树群是构图上的主景，因此树群应布置在靠近林缘的大草坪上、宽广的林中空地、水中的小岛及小山坡上。树群属于多层结构，水平郁闭度大，因此种间及株间关系就成为保持树群稳定的主导。

树群分为单纯树群和混交树群两种。

单纯树群：由一种树木组成，观赏效果相对稳定，这样的树群布置在靠近园路或铺装场等地方，且选用大乔木，可解决游人的休息问题。利用相同的树种，采取自然群植方式，在大面积草坪中分出一个半封闭的空间，草坪汀步将人们从路的边缘引到这个空间。

混交树群：多种树木的组合。首先考虑生态要求，从观赏角度看自然界中的植物群落，林冠线要起伏错落，林缘线要曲折变化，树间距要有疏有密。

⑥园林风景林。风景林是公园内较大规模成带成片的树林，是多种大量植物组成的完整的人工群落。风景林除了注意树种选择、搭配美观之外，还要注意其具有防护功能。

a.疏林。疏林是园林中常见的一种形式，是模仿自然界的疏林草地而形成，是吸引游人的地方。疏林一般选择生长健壮的单一品种的乔木，具有较高的观赏价值。林下为经过人工选择配置的木本或草本地被植物；草坪应具有含水量少、耐践踏、易修剪、不污染衣服等特点。疏林应以乡土树种为宜，其布置形式或疏或密，或散或聚，形成一片淳朴、美丽、舒适、宜人的园林风景林。

b.密林。密林一般阳光很少进入林下，土壤湿度大，地被植物含水量高，经不起踩踏，因此以观赏为主，并可起到改变气候、保持水土等作用。密林可分为单纯密林和混交密林两种。单纯密林具有简洁壮观之美，但缺乏丰富的色彩、季相和层次的变化，因此栽植时要靠起伏变化的地形丰富林冠线与林缘线。林带边缘要适当配置观赏特性较突出的花灌木或花卉，林下可考虑点缀花、草为地被植物，增加景观的艺术效果。

混交密林是多种植物构成的郁闭群落，其种间关系复杂，大乔木、小乔木、大灌木、小灌木、地被植物各自根据自己的生态习性和互相的依存关系，形成不同层次。这样的树林季相丰富，林冠线、林缘线构图突出，但应做到疏密有致，使游人在林下享受特有的幽静深远之美。密林内部可以有道路通过，还可在局部留出空旷的草地，也可规划自然的林间溪流，并在适当的地方布置建筑作为点景。

⑦绿篱和绿墙。a.绿篱具有防护作用。规则式园林以绿篱作为分区界线和装饰图案，作为喷泉、即塑、花境的背景，用绿篱组成迷宫，作为屏障组织空间。

b.根据高度的不同可分为绿墙、高绿篱、中绿篱及矮绿篱。

绿墙：高度在 1.6 m 以上，完全遮挡游人视线的绿篱。

高绿篱：高度为 1.2 ～ 1.6 m,人的视线可通过，但其高度不能让一般人跳跃而过。

中绿篱：0.5 ～ 1.2 m 高度，具有很好的防护作用，在园林绿地中最常用。

矮绿篱：高度在 0.5 m 以下。

c.根据功能要求与观赏要求不同可分为常绿绿篱、落叶篱、花篱、彩叶篱、观果篱、刺篱、蔓篱、编篱。

常绿篱由常绿树构成，是园林中应用最普遍的。华北地区常用的有：桧柏、侧柏、大叶黄杨、朝鲜黄杨；华中地区：冬青、雀舌黄杨、女贞、珊瑚树；华南地区：茶树、蚊母树。

落叶篱一般不常用，只有在缺乏常绿树或常绿树生长缓慢的地区才采用。

花篱由观花植物组成，要求植物花盛，是园林中的精华。一般华南、华中有常绿且开花的可作绿篱的植物，如桂花、宝巾、六月雪；华中及华北大部分地区均为观叶花篱，如木槿、黄刺玫。

彩叶篱由具有色叶或花叶的植物构成，如紫叶小檗、斑叶大叶黄杨。

观果篱在果熟时具有很漂亮的果实，如紫珠、火棘。

刺篱选用带刺的植物如构橘、马蹄针。

蔓篱借助一些攀缘物栽植蔓性植物而形成，如凌霄、野蔷薇。

编篱是把植物枝条编结起来而形成的。常用的植物有紫穗槐、雪柳。

⑧树木整形。整形树木是为了使其有强烈几何体形的建筑与周围自然环境取得联系，园林中整形树木是建筑的组成部分，也是主要的栽植方式。

树木的整形大致有以下类型。

a.几何体形整形。把树木修剪成几何形体，用于花坛中心、强调轴线的主要道路两侧。日本庭院中还经常用于草坪上、枯山水园中，以沙代海，而以整形的植物代表海中的岛和山，这样的庭院别具一番情趣。

b.动物体形整形。把植物修剪成各种动物的形状，一般用于构景中心，也常用在动物居所的入口处，还可在儿童乐园内，用整形的动物、建筑、绿篱等构成一个童话世界。

c.建筑体形整形。园林中应用树木整形成绿门、绿墙、亭子、远景窗等，使人虽置身于绿色植物中，但可体会到建筑空间的感受。

d.树种的选择及栽植准备。用于整形的树木需要同生长结合，同时具有耐修剪、枝条易弯曲等特点，有些工序必须在苗圃中进行，待苗木长成一定的体形后再移植到园林中。

2.花卉的种植设计

花卉以其丰富的色彩装点园林，是园林中重要的组成部分。常布置花坛、花境、花台、花池及花丛。

（1）花坛

花坛一般布置于广场或道路的中央、两侧及周围等处，具有极强的装饰性。

①根据观赏期的长短分类。

a.永久性花坛。利用草、绿地、常绿木本植物以及其他材料组成的花坛，这种花坛具有长期的观赏价值。只需定期修剪、施肥即可保持其特色。

b.半永久性花坛。一类是以草坪为主、随季节变化，或点缀或镶边以应时花卉，另一类是以常绿木本植物组成一定的形状。在不同的季节，用不同色彩的花卉填充其空余地方，这样的花坛可保持一年中的新鲜感，具有很好的美化作用。

c.季节性花坛。主要由一年生草本植物组成。因此，季节性花坛要想保持其景观，必须依据草本植物观赏期拟定轮替计划。

d.节日临时花坛。节日期间在广场、街道、公园主要部位、公共建筑门前等地方临时布置的花坛，这类花坛主要靠盆花，也有临时移栽的，其栽植床、花架都是临时性的，其选得的植物是当时处于盛花期的植物，这样的花坛具有很大的灵活性和很强的装饰作用，能够突出烘托节日气氛。

②根据花坛的形式分类。

a.独立花坛。作为构图的主体出现，通常布置在公园广场的中央、公园入口、建筑前方、道路交叉口等地方。根据花坛内植物的栽植种类、形式及所表现的主题，可分为以下5种。

花丛花坛：以开花的色彩的整体效果为主，表现一种花或多种花搭配的绚丽色彩。在一个花坛内，要使色彩产生良好的艺术效果，宜选用花色鲜明艳丽、花开繁茂、盛花期几乎看不到枝叶的品种。

模纹花坛：应用不同色彩的观叶植物，组成美丽复杂的图案。植物通常修剪得十分整齐，其中的图案不具有明确的寓意及主题思想，完全是装饰性的。

标题式花坛：有明确的主题，通过一定的艺术形象表达思想，其中有文字花坛、肖像花坛、图案花坛。

装饰性花坛：通过一定的手段，结合花坛的布置，使花坛在美化环境的同时具有一定的实用价值，如日晷花坛、时钟花坛、日历花坛等。

混合花坛：采用多种材料，使花坛既具有花丛花坛的绚丽、模纹花坛的图案，又赋予其主题或功能。

b. 花坛群。由两个以上的单独花坛组合成一个构图，其周围的道路、场地可供人行走、停留，有时还可围合成一个休息空间，花坛壁可结合坐凳。其中心还可以用喷泉、水池、雕塑等装饰。

c. 带状花坛。凡长度在 1 m 以上，长轴是短轴的 4 倍以上的花坛为带状花坛，常布置于路中或路两侧、一般采用花丛式花坛。

（2）花境

花境是一种花卉半自然式的种植形式，以树丛、树群、绿篱、矮墙或建筑物作背景的花卉布置。花境的设计是把自然风景林中树木及野生花卉自然散布的生长规律同园林的艺术构成手法结合。

按选用植物材料的不同，花境分为灌木花境、多年生花卉花境、球根花卉花境、一年生花卉花境、单纯植物花境、混合花境。

按规划形式的不同，花境分为：单面观赏花境、两面观赏花境、主景花境、配景花境。

（3）花台和花池

花台和花池是一种高出地面，类似花坛而面积较小的花卉栽植台座。其位置一般在庭院中央或角隅，是古典园林中特有的形式，其栽植床一般为0.5 m ~ 0.8 m。在现代园林中，常用花台的组合构成新颖活泼的入口。

常用的植物材料花台的花卉因布置形式和环境风格而异，我国古典庭院中多与石结合布置成盆景式，如以松、竹、梅为主配以山石，重在其寓意及姿态风韵，而不追求色彩的华丽；以牡丹、芍药、杜鹃布置的花台，则重在色彩的艳丽，角隅布置的花台，则仿佛是在粉墙上所做的一幅图画。

（4）花丛

花丛是把自然风景中野生花卉的景观经过艺术加工在园林中应用，常布置在草坪周围、林缘、树丛、树群与草坪之间，以产生过渡的效果，也可布置在道路两侧。其植物的选择与搭配种类不宜多，但高矮不限，以茎干挺直不易倒伏、植株丰满、花朵繁多的植物为佳。

3. 攀缘植物的种植设计

（1）攀缘植物在绿化中的作用

我国城市园林绿地定额较低，故利用攀缘植物发展垂直绿化以便提高绿化质量。攀缘植物还可起到装饰、遮阴、防尘、分隔空间等作用。另外，我国大部分地区夏季炎热，因而多以攀缘植物用于园林建筑的外墙，既可提高美化水平，又可达到改善环境和保护环境之目的。

（2）攀缘植物的生长习性

植物按顺时针或逆时针方向旋转生长从而缠绕支撑物，如紫藤和木通，此为缠绕型攀缘植物；借助卷须和具有接触感应性的器官使茎蔓上升，此为卷须型攀缘植物，常见的有葡萄、牵牛、茑萝等；借助于茎蔓上的钩刺使自身上升，此为钩攀型攀缘植物。悬钩子类植物及蔓性蔷薇等，借助于吸盘或吸附根而攀缘于物体表面。

（3）攀缘植物的种植设计

住宅和公共建筑物的攀缘植物种植主要是在外墙部分，特别是西面的外墙及需要遮挡的不美观的地方，西面的墙受太阳辐射很严重，特别是夏季，室内温度很高。通过种植攀缘植物，可使室内温度明显降低、美观建筑立面。

攀缘植物的种植方式有以下 3 种：

①直接贴附墙面：这主要是采用吸附型攀缘植物。

②借助支架攀缘：这主要是应用钩攀型攀缘植物。

③引绳牵引：这主要是选用缠绕型和卷须型攀缘植物。

第六章　城市立体绿化

第一节　城市立体绿化概述

一、立体绿化的定义与类型

立体绿化是指利用城市地面以上各种不同条件，选择各类适宜植物，栽植于人工创造的环境，使绿色植物覆盖地面以上的各类建筑物、构筑物及其他空间结构的表面，利用植物向空间发展的绿化方式。主要包括立交桥、建筑墙面、坡面、河道堤岸、屋顶、门庭、花架、棚架、阳台、廊、柱、栅栏、枯树及各种假山与建筑设施上的绿化。

城市立体绿化是城市绿化的重要形式之一，是改善城市生态环境，丰富城市绿化景观重要而有效的方式。发展立体绿化，能丰富城区园林绿化的空间结构层次和城市立体景观艺术效果，有助于进一步增加城市绿置，减少热岛效应，减少噪声和有害气体，营造和改善城区生态环境。

目前广泛使用的形式有栅栏绿化、墙面绿化、桥体绿化、屋顶绿化等。

①栅栏绿化。是攀缘植物借助于篱笆和栅栏的各种构件生长、用以划分空间地域的绿化形式。主要起到分隔庭院和防护的作用。可使用观叶、观花攀缘植物间植绿化，也可利用悬挂花卉种植槽、花球装饰点缀。

②墙面绿化。墙面绿化是泛指用攀缘植物装饰建筑物外墙和各种围墙的一种立体绿化形式。包括攀缘类墙面绿化和设施类墙面绿化。攀缘类墙面绿化是利用攀缘类植物吸附、缠绕、卷须、钩刺等攀缘特性，使其在生长过程中依附于建筑物的垂直表面。攀缘类壁面绿化的问题在于不仅会对墙面造成一定破坏，而且需要很长时间才能布满整个墙壁，绿化速度慢，绿化高度也有限制。设施类墙面绿

化是近年来新兴的墙面绿化技术，在墙壁外表面建立构架支持容器模块，基质装入容器，形成垂直于水平面的种植土层，容器内植入合适的植物，完成墙面绿化。设施类墙面绿化不仅必须有构架支撑，而且多数需有配套的灌溉系统。

③城市桥体绿化。城市桥体绿化指对立交桥体表面的绿化，既可以从桥头上或桥侧面边缘挑台开槽，种植具有蔓性姿态的悬垂植物，也可以从桥底开设种植槽，利用牵引、胶黏等手段种植具有吸盘、卷须、钩刺类的攀缘植物。同时还可以利用攀缘植物、垂挂花卉种植槽和花球点缀进行立交桥柱绿化等。这种绿化形式属于低养护强度的空间形态，要求植物具有一定的耐旱和抗污染能力。

④屋顶绿化。屋顶绿化包括在各种城市建筑物、构筑物等的顶部以及天台、露台上的绿化。

二、立体绿化的作用与功能

（一）拓展绿色空间，提高城市绿化面积

在德国，开敞型屋顶绿化50%以上的面积会被计入绿地率，我国有些城市也规定了屋顶绿化绿地率的计算方法。例如，北京市在《北京市园林局北京市规划委员会关于北京市建设工程绿化用地面积比例实施办法补充规定》京园规字〔2002〕412号文中规定了屋顶绿化占绿地面积指标的计算方法："建设项目实施屋顶绿化，建设屋顶花园，在符合下述条件时，可按其实有面积的1/5计入该工程的绿化用地面积指标。①该建设工程用地范围内无地下设施的绿地面积已达到《北京市城市绿化条例》相应规定指标50%以上者；②实行绿化的屋顶（或构筑物顶板）高度在18米以下；③按屋顶绿化技术要求设计，实现永久绿化，发挥相应效益"。

（二）有效改善生态环境

1. 氧气制造厂

绿色植被能吸收空气中的二氧化碳并在阳光照射下释放出人们所需要的氧气。一片绿地就是一个氧气制造厂。氧气在空气中的含量就是空气质量的一个标志。充足的氧气会对人们的身心健康带来很多好处。

2. 吸附颗粒污染物

颗粒污染物在空中飘浮，人们在呼吸时吸入身体，会产生呼吸系统和肺部疾病，影响人们的身体健康。植被可以吸收空气中的颗粒污染物，因为植物的叶子表面有绒毛和许多皱褶，当灰尘飘过时，就被吸附下来了。当下雨时，又被雨水

冲刷下来随着地表水一同流走,等待下次再吸附。1 000 hm² 的绿色植物一年能吸附 2×10^5kg 的灰尘。

3. 调节空气干、湿度

植被能调节空气中的湿度。空气的干湿度是影响人们生活舒适度的一个重要指标。过干的空气使人口干舌燥,并且容易产生皮肤干裂,口鼻黏膜出血等。在冬天过于潮湿的空气又会使人们身体中的热量很快散失,使人们有十分寒冷的感觉。夏天空气湿度过大,使人们身体上的热量不能顺利经汗腺排泄而感觉十分闷热难受。绿色植被能调节空气的湿度,当空气过于干燥时,植被茎叶的水分蒸发量增大使周围空气水汽多而湿度变大,而在多雨天和绵绵细雨时,植被能把水分吸附起来,从而使空气不过于潮湿。

(三)减少噪声和光污染

城市的噪声和光污染是城市中的隐形杀手。轻者会使人心烦意乱,影响人们的生活,严重时会使人产生精神疾病,更有甚者还可能引发交通事故。绿色植被表面的绒毛和皱褶吸收城市产生的噪声和光的能量,并且植被表面的绿色本身反射光少,因而有植被时其光和声对人的影响小。另外,还由于光波、声波遇到植被后,虽然有部分要反射,但其方向是散乱的,不能形成集束声、光波,因而会减轻对人的影响。没有绿色植被的建筑物表面是光滑的,其反射声和光的能力极大,这就会产生极大的噪声和光的污染。

(四)节约能源

能源问题是摆在各个政府面前的一项重大事情,对于我国来说更是事关大局。因为我国是纯能源进口国,每年要进口 1/3 以上的原油。节约能源对我国具有战略意义。由于立体绿化能使房屋四周、阳台、屋顶都披上植被,有植被的房屋室内温度能降低 3 ~ 5℃。这 3 ~ 5℃的温差需要用大量的能源才能降得下来的,在夏季空调可以降低约 30% ~ 50% 的用电量。冬季由于有植被的保温作用,又可以使温度上升,空调加温也少用电。这是一个巨大的节能效应,对于我国现在倡导的节约型社会具有巨大的政治、经济、社会意义。

(五)缓解城市"热岛效应"

现代城市在其中心区存在着"热岛"效应。城市的中心区由于人口密集,所消耗的能量多,排出的热量多。在建筑物密集的中心区,空气的流通性差,热量不容易散发出去,温度要比城市外围区域高出几摄氏度形成"热岛"。在"热岛"区域不但人们工作、学习、生活不舒适，而且存在能源使用增加、设备损坏率增大等问题。有植被的地方在太阳的直接照射下，其温度要比没有植被时低 3 ～ 5℃。植被越多温度降低得越多。如果城市里的所有建筑都能进行立体绿化，那么这城市中的"热岛"效应就可以减轻甚至可以消除，城市人群的生活质量可以大大提升。加拿大的一项研究表明，如果多伦多市屋顶面积有 6% 被绿化，其直接的效益是热岛效应降低 1 ～ 2℃，温室气体排放每年减少 1.56×10^6 ～ 2.12×10^6 kg。

（六）节约土地资源

我国有 14 亿人口，人均耕地只有世界平均值的 1/7，因此，在城市的中心区域不可能有更多的绿地，那么替代它的唯有立体绿化。如果能把所有的建筑物都进行立体绿化，就相当于在不另外用地的情况下，增加了一倍的城市绿化，相当于增加许多美丽的空中花园。

（七）给人美的享受和调节人们的情绪

在高楼林立的城市中，到处都是楼房林立和钢筋混凝土，因此人们更希望见到更多绿色，在绿色中工作的人精神轻松愉快，工作效率高。如果实行立体绿化，千姿百态、万紫千红、花香四溢的植物就可以创造出绿色的、美丽的环境。

三、立体绿化的未来发展方向

（一）空间的向天性

在城市高速发展的今天，土地空间紧张和能源的巨大消耗，成为城市难以治愈的顽疾。如何在不影响现代化发展的道路上，为宜居生活开辟出一条绿色节能之路，正是城市、特别是大城市管理者最为关注的问题。立体绿化以其先天条件迅速流行，并在实践中成就了很多城市的生态需求。立体绿化具有缓解城市热岛效应、减轻太阳辐射、储蓄天然降水、吸附粉尘、可改善城市生态、美化城市景观、增加城市绿地数量和可视绿量等诸多益处，是城市传统绿化方式的重要补充。

（二）配置的规范性

立体绿化与地面绿化的最大区别在于绿化种植等园林工程建于建筑物、构筑物之上，种植土层不与大地自然土壤相连，技术含量高、难度大。由于经费、自然要求等问题，不少城市难以开展屋顶绿化工程。而现在发展较好的许多城市，屋顶绿化基本是以自发形式展开的。

立体绿化是比较消耗财力和人力的绿化方式，对于不少城市是个考验。以天台绿化为例，按最普通的绿化标准，每平方米天台绿化建设费用约为150元、防漏费用约50元，养护费用每平方米按最保守计约5元，所以花费是比较大的。政府应该统一绿化，并实行统一管理。通过把种子、种苗和肥料等下发给各个业主，并给予他们适当的经费补贴，提高市民对天台、屋顶绿化的积极性。既可以市政绿化，又可以进行规范化的管理，使自发与规范相结合。

（三）环境的生态性

生态性是现代立体绿化设计的核心理念。在现代立体绿化设计中，人居环境是景观设计师考虑的重要方面。人居环境包括自然环境和人文环境，其中自然环境的一个重要方面是绿化环境。实际上，许多城市开发现代立体绿化并没有自然环境，这就需要设计师创造一种接近于自然的环境，甚至是某种文化特质改善用地劣势，而立体绿化将是最行之有效的方法。立体绿化分地面、楼面以及屋顶三个部分改善人们的室外环境。地面绿化在现代绿化设计中都有全面的考虑，而且优秀实例很多。但如何将绿化带到楼面以及屋面，且确实起到改善立体绿化环境的作用将是立体绿化与环境磨合的重点。

近几年城市化的进程不断加快，一栋栋钢筋水泥的建筑挤满了周围每一寸土地，人们真正感受到生活的环境中最缺少的是绿色。解决好绿化面积与建筑用地的矛盾是不断进行的过程。立体绿化把绿化的概念扩充到空间构成，以便解决城市用地紧张，满足市民对公共绿地需求不断增大的愿望。人们未来的城市会更加美好。

相信随着立体绿化的观念不断深入人们的思想，立体绿化的效果不断显现，将有越来越多的城市接受和实施这一绿化方式，解决更多拥挤城区的绿化问题，最终达到人与环境的和谐统一。

第二节 栅栏绿化

一、栅栏的类型

栅栏是用来分隔空间的半透明景观设施，既可以围合空间保障安全，又不完全阻断内外的视觉联系，是私人庭院、居住小区、公路防护的必要设施。

栅栏绿化是指攀缘植物借助于栅栏的各种构件生长,用以划分空间地域的绿化形式。在庭院绿化中,它除了能划隔道路和庭院并具有绿篱的功能外,其开放性和通透性的造型富有装饰性。近年来上海、杭州等城市提出破墙透绿(即沿路围墙全部改为通透式围墙)就包括了栅栏绿化的内容。栅栏绿化可使用观叶、观花攀缘植物间植绿化,也可利用悬挂花卉种植槽、花球装饰点缀。随着城市园林事业的发展,栏杆和篱笆的绿化逐渐成为城市立体绿化的重要组成部分。

(一)竹木结构

用竹和木制作的竹篱笆、木栅栏。其材料来源丰富,加工方便,但也极易腐烂。竹木栅栏结构由栅栏板、横带板、栅栏柱三部分组成,一般高度在0.5~2 m。竹篱笆与木栅栏的制作方法很简单,只要在竹片与竹片、木条与木条的连接处用绳索绑扎,或者用竹片削成的榫头把它们嵌合固定起来,同时注意地下的固定,以防人为或自然破坏而变形及倒覆。

竹篱笆与木栅栏的造型,可做成网格状,也可做成条形,还可根据特殊爱好做成各种动物和几何图案。这首先要与绿地及建筑物的风格相吻合(见图6-1、图6-2)。

图6-1 竹结构栅栏

图6-2 木结构栅栏

（二）金属结构

用钢筋、钢管制成的铁栅栏。金属结构加工工艺简单，造型具有时代感，装饰性强且通透性好，但造价昂贵，经风吹雨淋后还会发生氧化反应变得斑斑锈蚀。因此，在铁栅栏、铁丝网篱笆表面必须刷上与周围环境相协调的彩色油漆，起到防腐蚀作用（见图6-3）。

图6-3　金属结构栅栏

（三）钢筋混凝土结构

由塑性的钢筋混凝土制作而成，常见的水泥栅栏就是一例，它给人的印象是粗犷、浑厚、朴素（见图6-4）。

图6-4　混凝土结构栅栏

二、栅栏的绿化设计

（一）栅栏的绿化形式

①自然式。指对已缠绕栅栏的植物，不加以修剪而任其自然生长，以便显出其自然姿态及风趣。

②几何形或动植物图形。不仅造型生动，富有立体绿化效果，而且具有防护作用，但是管理烦琐。

（二）栅栏绿化的配置

植物的多样性以及栏杆形式的可变性，使栏杆绿化具有相当多的可能性，并可结合植物的生态习性、观赏特性和栏杆的特点来配置。

1. 立地条件

选择绿化植物，首先进行光照、水分、温度、土壤等分析。凌霄、紫藤以及大多数一年生草本攀缘植物（丝瓜、葫芦等）都喜光，可用于阳光充足的环境中；绿萝、常春藤、南五味子等，适于在林下和建筑物的阴面等地方进行造景。在靠近道路与庭园边缘的地方，其土壤肥力较田园差、污染较多、行人有意无意地破坏等，无疑会对攀缘植物生长造成一定的影响。因此，在为栅栏配置植物时要充分考虑这些因素。

另外，还要考虑植物重置与支撑物的关系，植物的覆盖面积、可利用空间与种植密度的关系。在种植时正确估测植物的密度，关系到日后的整体景观效果。对于需要人工引导的攀缘植物，还要考虑引导的方向性，以达到预期的效果。

2. 栅栏用途与绿化配置

如果栏杆作为透景之用，应是透空的，能够内外相望。种植攀缘植物时选择枝叶细小、观赏价值高的种类，如牵牛、络石、铁线莲等，种植易稀疏，切忌因过密而封闭。如果栅栏有分隔空间或遮挡视线之用，则应选择枝叶茂密的木本种类，包括花朵繁茂、艳丽的种类，如凌霄、蔷薇、常春藤等，将栅栏完全遮蔽，形成绿墙或花墙。

3. 栅栏构建材料与配置

栅栏由于构筑材料不同，其材料也各不相同，配置绿化植物时也相应有所不同。例如，钢筋混凝土结构的栅栏，造型一般较粗糙、笨重、色彩暗淡，配置的攀缘植物宜选择枝条粗壮、色彩斑斓的种类，如藤本月季、南蛇藤、猕猴桃、木香等；铁栅栏、网眼铁篱笆由于所用的材料都比较细，表面光滑，以配置藤蔓纤细的牵牛花、茑萝、金银花、花叶蔓长春花等缠绕性藤本植物为宜，使植物与栅栏相协调。

4. 构建色彩与植物配置

植物依据观赏特性可分为观花、观果、观叶类型。藤本植物紫藤、凌霄、藤本月季等，草本蔓性花卉牵牛、茑萝、蔓性长春花等都具有鲜艳的色彩；五叶地锦为秋色叶植物（红色），常春藤则为春色叶植物（嫩绿）；山葡萄、南蛇藤、佛手瓜等的果子色彩鲜艳。还有的植物属于双色叶植物，如银边常春藤。

栅栏配置攀缘植物一定要根据构件的色彩进行选择。原则上白色的栅栏能和任何植物相配，如白色的栏杆搭配深绿浅绿，有细腻的阴影变化，质朴而典雅。而白花可配置红、黄色的栅栏。白色以外的其他颜色如茶色、红、黄等植物色彩应深于栅栏。若栅栏的色泽与造型别致，攀缘植物只是起点缀作用，那么选择植物时就要有反差，要配置一些色彩鲜艳的植物。

5. 绿化层次与植物配置

为了丰富栏杆旁的景观效果，常常进行多层次绿化处理。前景中主要是低矮的绿篱植物，修剪成适当的形状，沿栏杆排列，或形成装饰的模纹。常用的灌木有金边黄杨、紫叶小檗、金叶女贞等。也有的不经过修剪，如沙地柏、平直荀子、迎春花、棣棠等。中景配置一些分支点稍高，但株型较小的花灌木，如紫叶李、丁香、太平花、珍珠梅、碧桃、紫薇等。作为背景的花灌木形态更为高大，枝叶也更加茂密，如西府海棠、金银木等。在北方常常需要配有常绿植物作为背景，使冬季的栏杆不会因没有绿化而显得太过突兀。常用的常绿植物有杜松、侧柏、早园竹等（见图 6-5）。

图 6-5　栅栏旁有层次的植物配置

三、栅栏绿化应用

（一）交通防护绿化

1. 交通护栏的功能

（1）分隔功能

交通护栏将机动车、非机动车和行人交通分隔，将道路在断面上进行纵向分隔，使机动车、非机动车和行人分道行驶，提高了道路交通的安全性，改善了交通秩序。

（2）阻拦功能

交通护栏阻拦不良的交通行为，阻拦试图横穿马路的行人或自行车或机动车辆。它要求护栏有一定的高度、一定的密度（指竖栏），还要有一定的强度。

（3）警示功能

通过安装要使护栏上的轮廓简洁明快，警示驾驶员要注意护栏的存在、注意行人和非机动车等，从而达到预防交通事故的发生。

（4）美观功能

通过护栏的不同材质、不同的形式、不同的造型及不同的颜色，达到与道路环境的融洽和协调。

可见，城市交通护栏不仅是对道路的简单隔离，更关键的目的在于对人流、车流明示与传递城市交通信息，建立一种交通规则，维护交通秩序，使城市交通达到安全、快捷、有序、畅通、方便。

2. 交通防护绿化设计

（1）城市道路中间隔离带绿化

目前城市道路区域的界定与隔离多采用金属栏杆的形式，这种简单的做法往往由于工业感太强而缺乏人情味。如果采用合理的绿化对栏杆进行装饰，就可以在狭窄的地段起到绿化的效果，同时给人以亲切自然之感。

（2）过街天桥外侧隔离带绿化

为了过往人群的安全，过街天桥与外界之间需要设立隔离网，隔离网的合理绿化可以隔音、减噪、吸附灰尘、吸收二氧化碳，是经济、生态、环保的重要措施。

（3）立交桥护栏与外墙绿化

法规规定城市道路两侧应有一定宽度的绿化带，一方面起到隔离的作用，另一方面也为了缓解司机的疲劳，美化道路。但立交桥很难做到这一点，立交桥上的简单易行的绿化形式便是栏杆和外墙的立体绿化。这些地方往往土壤贫瘠，光照条件差，只适合适应性极强的耐阴耐寒耐贫瘠的植物种类。护栏上的吊盆也只适合耐旱、喜光、花期长的盆栽花卉。

（二）建筑用地外墙绿化

不相容的用地之间，往往需要隔离的屏障，但有时通透的、象征性的界限要比全封闭的围墙更亲切，并且不失其限定和保卫的作用。居住小区、学校、幼儿园、公园等用地周围的栏杆绿化要求安全，尤其是幼儿园与学校，尽量少使用带刺的植物，以免误伤儿童，但有时这类的植物可以起到保卫的作用。攀缘植物起装饰的作用，不宜太密，栏杆内外搭配的植物也要间隔排列，使内外仍然通透。方便人们的观察活动，不会形成死角，保证安全。

（三）私人空间绿化

私人空间的栏杆因风格不同可以有很多景观主题，如现代简约、欧式田园、乡村野趣等。植物材料也配合风格，不限于常用的园林植物，蔬菜、药材乃至枯树都可以成为景观绿化的材料。

第三节　墙面绿化

墙面绿化是泛指用攀缘植物装饰建筑物外墙和各种围墙的一种立体绿化形式。墙面绿化是改善城市生态环境的一种举措；是人们应对城市化加快、城市人口膨胀、土地供应紧张、城市热岛效应日益严重等一系列社会、环境问题而发展起来的一项技术。与传统的平面绿化相比，墙面绿化有更大的空间，让"混凝土森林"变成真正的绿色天然森林，是人们在绿化概念上从二维空间向三维空间的飞跃，将会成为未来绿化的新趋势。

一、墙面绿化概述

（一）墙面绿化的功能

墙面绿化可缓解城市热岛效应，使建筑物冬暖夏凉；显著吸收噪声，滞纳灰尘；可净化空气，增加绿量，显著改善城市生态环境。

1. 增加城市绿化面积

城市人口集中，建筑密度较大，可用于绿化的土地面积较小，发展墙面上的垂直绿化，可大大拓展城市狭小的绿地面积，增加绿量和绿化率，提高城市的整体绿化水平。据研究，6层高的建筑物占地面积与它的墙面面积之比可以达到1∶2。因此，墙面绿化作为立体绿化的一部分，是城市绿化中占地面积最小，而绿化面积最大的一种形式，是其他绿化形式所不及的。

2. 改善居住生态环境

太阳辐射使墙面温度升高，加热周围空气产生上升的气流，致使尘埃到处飞扬，影响环境卫生。实体建筑材料有很强的蓄热能力，它可以使城区的热量长时间保持不散，盛夏尤为明显。因此，有计划地进行墙面绿化，可以增加城市中的空气湿度，减少尘埃物，降低噪声，从而改善城市的小气候。

（1）降低墙面温度

墙面绿化可以遮挡太阳辐射和吸收热置。实测表明，墙面有了爬墙的植物，其外表面昼夜平均温度由 35.1 ℃降到 30.7 ℃，相差 4.4 ℃之多；而墙的内表面温度相应由 30.0 ℃降到 29.1 ℃，相差 0.9 ℃。由墙面附近的叶面蒸腾作用带来的降温效应，还使墙面温度略低于气温（约 1.6 ℃）。相比之下，外侧无绿化的墙面温度反而较气温高出约出 7.2 ℃，两者相差约 8.8 ℃。

（2）改善室内温度

在夏季，墙面绿化显著减少外墙和窗洞的传热量，降低室内外表面温度，改善室内舒适性或减少空调能耗；冬季落叶后，既不影响墙面得到太阳辐射热，同时附着在墙面的枝茎又成了一层保温层，会缩小冬夏两季的温差。同时，能够减弱噪音。当噪声声波通过浓密的藤叶时，约有 26% 的声波被吸收掉。

（3）净化空气

攀缘植物的叶片多有绒毛或凹凸的脉纹，能吸附大量的飘尘，起到过滤和净化空气的作用。由于植物吸收二氧化碳，释放氧气，因此有藤蔓覆盖的住宅内可获得更多的新鲜空气，形成良好的微气候环境。

（4）美化功能

墙面绿化不仅可以增强建筑的艺术效果，使呆板的墙面充满生机，而且能使各种建、构筑物具有自然清新、赏心悦目的绿化景观，增加人们的观赏情趣，提升城市绿化的艺术层次和水平。

（5）保护建筑作用

墙面绿化对所依附的建筑物还起着保护作用，原本裸露的建筑物墙体在繁枝密叶的覆盖下，犹如盖上一层绿色墙罩，极大地减少了日晒雨淋、风霜、冰雪的侵袭，延缓了建筑材料的龟裂渗漏。

（二）墙面绿化形式

1. 攀爬或垂吊式

在墙面种植攀爬或垂吊的藤本植物，如常春藤、凌霄、金银花、扶芳藤等。优点是造价低廉，但美中不足的是冬季落叶，降低了观赏性，且图案单一，造景受限制，铺绿用时长，很难四季常绿，多数无花，更换困难（见图 6-6、图 6-7）。

图 6-6　攀爬式墙体绿化

图 6-7　垂吊式墙体绿化

2. 种植槽种植

通常先紧贴墙面或离开墙面 5 ~ 10 cm 搭建平行于墙面的骨架，辅以滴灌或喷灌系统，再将事先绿化好的种植槽嵌入骨架空格中，其优点是植物选择灵活性较大，自动浇灌，更换植物方便，适用于临时植物花卉布景。缺点是需在墙外加骨架，厚度大于 20 cm，增大体量可能影响外观。因为骨架须固定在墙体上，在固定点处容易产生漏水隐患、骨架锈蚀等，影响系统整体使用寿命，滴灌容易被堵失灵而导致植物缺水死亡。

例如，世博会主题馆的东、西两个立面是以种植槽式墙面绿化技术建成的生态绿化墙面（见图6-8），总面积达5 000 m²，是目前世界上最大的墙面绿化墙，它还将绿化垃圾中的枯枝落叶等废弃物处理后作为植物生长的土壤和肥料。加拿大馆外墙也是将种植槽固定在墙面的龙骨架上做绿化，方法是先将种植槽内装入基质，然后用一层遮阴网覆盖，遮阴网外再用网格状的塑料条固定。植物材料选用的是金边大叶黄杨和海桐，以提前扦插的方式植入种植槽。这种种植方式，使植物材料长势基本一致，景观效果好，且安装方便快捷。但是，遮阴网对土壤的固定能力不足，且没有配备灌溉设备，人工补水容易造成种植土流失。阿尔萨斯馆墙面绿化与加拿大馆相似，也为种植槽式，但植物选择有所不同，它采用的植物种类比较丰富，有金边蔓长春、中华景天、胭脂红、景天等。

图6-8　上海世博会绿化墙

3. 模块式墙面绿化

利用模块化构件种植植物实现墙面绿化。将方块形、菱形、圆形等几何单体构件，通过合理搭接或绑缚固定在不锈钢或木质等骨架上，形成各种景观效果。模块式墙面绿化可以按模块中的植物和植物图预先栽培养护数月后进行安装，适用于大面积的、高难度的墙面绿化，特别对墙面景观营造效果最好。其优点是植物选择灵活性较大，自动浇灌，运输方便，现场安装时间短，系统寿命较长，不足是需在墙外加骨架，厚度大于20 cm，增大体量可能影响外观（见图6-9）。

图6-9　模块式墙面绿化

4.铺贴式墙面绿化

在墙面直接铺贴植物生长基质或模块，形成一个墙面种植平面系统。铺贴式墙面绿化具有如下特点：可以将植物在墙体上自由设计或进行图案组合，直接附加在墙面，无须另外做钢架，并通过自来水和雨水浇灌，降低建造成本；系统总厚度薄，只有10～15 cm，并且还具有防水阻根功能，有利于保护建筑物，延长其寿命；易施工，效果好等。

5.布袋式墙面绿化

在铺贴式墙面绿化系统基础上发展起来的一种工艺系统。首先，在做好防水处理的墙面上直接铺设软性植物生长载体，如毛毡、椰丝纤维、无纺布等；其次，在这些载体上缝制装填有植物生长及基材的布袋；最后，在布袋内种植植物实现墙面绿化。

6.板槽式墙面绿化

在墙面上按一定的距离安装V形板槽，在板槽内填装轻质的种植基质，再在基质上种植各种植物。

7.墙面贴植墙面绿化

墙面贴植技术主要是选择易造型的乔灌木，通过垂直面固定、修剪、整形等方法让其枝条沿垂直面生长。乔灌木的墙面贴植在国外有的叫"树墙"，也有的称为"树棚"，使用的植物主要有银杏、海棠、紫荆、紫薇、木槿、石榴、火棘、冬青、罗汉松、山茶花等。乔灌木的使用丰富了垂直绿化的植物种类，增加了多样的景观效果。在选择植物时，首先选择合适的外形，乔灌木的枝条要适宜平铺垂直面，要尽量减少树冠空档，扩大平铺面积；其次，注意色彩搭配和整体造型美；最后，考虑光照条件和植物习性。在上海，墙面贴植技术方面的研究较多，而且取得了较好的绿化效果和景观效果。

以上七种不同类型的墙面绿化可以满足建筑结构、气候环境、植物材料、功能需求、投资规模等不同建设条件要求，使墙面绿化更有针对性，这样不仅使墙面绿化在更大范围发挥生态效应，也能营造更为绚丽多姿的景观，让城市环境更优美。

二、墙面绿化配置和植物选择

（一）墙面绿化配置

墙面绿化配置和选择应根据所处的地理和气候等自然环境、建筑的使用功能要求，以及植物所依附的墙面的建筑材料、朝向和高度等不同，因地制宜地选用，特别是应该结合特定环境、建筑要求加以灵活运用。

1. 墙面材料

我国住宅建筑常见的墙面材料多为水泥墙面或拉毛、清水砖墙、石灰粉刷墙面及其他涂料墙面等。实践证明，墙面结构越粗糙越有利攀缘植物的蔓延与生长。为使植物能附着墙面，常用木架、金属丝网等辅助植物在墙面攀缘，经人工修剪，将枝条牵引到木架、金属丝网上，使墙面绿化。

2. 墙面朝向

墙面朝向不同，适宜采用的植物材料不同。一般来说，朝南和朝东的墙面光照较充足，而朝北和朝西的光照较少；有的住宅墙面之间距离较近，光照不足，因此要根据具体条件选择合适的植物材料。当选择爬墙植物时，宜在北向墙种植耐阴、抗寒树种，在西向墙面种植耐旱树种，东、南向墙面种植喜阳树种，因此，朝北的墙面可选择常春藤、薜荔、扶芳藤、络石等，朝西墙面可选择爬山虎等，朝南墙面可选择爬山虎、凌霄等。在不同地区，适于不同朝向墙面的植物材料不完全相同，要因地制宜选择植物材料。

3. 墙面高度

攀缘植物的攀缘能力不尽相同，应根据墙面高度选择适合的植物种类。高大多层的住宅建筑墙面可选择地锦等生长能力强的种类；低矮的墙面，可种植扶芳藤、薜荔、常春藤、络石、凌霄等。

①高度在 2 m 以上，可种植爬蔓月季、扶芳藤、铁线莲、常春藤、牵牛、茑萝、菜豆、猕猴桃等。

②高度在 5 m 左右，可种植葡萄、杠柳、葫芦、紫藤、丝瓜、瓜蒌、金银花、木香等。

③高度在 5 m 以上，可种植中国地锦、美国地锦、美国凌霄、山葡萄等。

4. 墙体的形式与色彩

每一座建筑物的墙面都有一定的色彩，因此墙面绿化设计除了要考虑空间大小，还要顾及建筑物色彩和周围环境色彩。一堵黑瓦红墙应该配置枝叶葱绿的爬山虎、常春藤、薜荔；白粉墙上采用爬山虎，可以充分显示爬山虎的枝蔓游姿与叶色的变化，夏季枝叶茂密，叶色翠绿，秋季红叶染墙，叶蔓摇曳墙头；橙黄色的墙面应选择叶色常绿、花白繁密的络石等植物加以绿化，这些植物配置都能带来较好的视觉效果。

5. 植物的季相

有些攀缘植物有一定的季相变化，在进行垂直绿化时需要考虑植物季相的变化，并利用这些季相变化合理搭配植物，充分发挥植物群体的美、变化的美。例如，在爬山虎中间种一些常春藤、薜荔等常绿或半常绿攀缘植物，就有好的季相变化效果。假如墙基花槽容积允许，可在攀缘植物外围或中间植雀舌黄杨、桃叶珊瑚、瓜子黄杨等常绿小灌木，或者用金丝桃、月季、山茶等花灌木，使墙面上的攀缘植物在形态和色彩上与之相对应，丰富建筑物的景观和色彩。

（二）墙面绿化的植物选择

墙面绿化一般应选择生命力强的茎节，有气生根或吸盘的吸附类植物，使其在各种垂直墙面上快速生长。例如，爬山虎属、崖爬藤属、常春藤属、络石属、凌霄属、榕属、球兰属及天南星科的许多种类。这些植物价廉物美，不需要任何支架和牵引材料，栽培管理简单，其绿化高度可达五六层楼房以上，且有一定观赏性，可作首选。

也可选用其他花草、植物垂吊墙面，如紫藤、葡萄、藤本月季、木香、金银花、木通、鸢萝、牵牛花等，或果蔬类如南瓜、丝瓜、佛手瓜等。

（三）攀缘类墙面绿化的种植方法

攀缘类墙面绿化是利用攀缘类植物吸附、缠绕、卷须、钩刺等攀缘特性，使其在生长过程中依附于建筑物的垂直表面。

一般采用地栽形式。在传统散水外侧砌 0.3 ～ 0.4 m 高砖垅墙，构成种植槽，内填土壤或轻质种植材料，种植带宽度 50 ～ 100 cm，根系距墙 15 cm，株距 50 ～ 100 cm 为宜。容器（种植槽或盆）栽植时，高度应为 60 cm，宽度为 50 cm，株距 50 ～ 200 cm 为宜，容器底部应有排水孔。

为防止地下室墙体潮湿，地基槽内一般都需要填入砂石，这对植物生长是不利的。基于这种原因，要求把植物栽植坑挖得大一些，栽上植物后应填熟土、腐殖质和泥煤。根据需要还应施加藻类粉、角质物质碎末、干鱼粉和骨粉等，这样植物就可以茁壮成长。如果栽植坑太小，植物的根系延伸受到限制，会造成植物营养严重缺乏，轻者脆弱，重者枯死。

对于需要设置辅助支撑架的，要设置如棚架、支竿、网格架、拉绳等，以利于植物生长。支架形式的选择，应以既能使植物茂盛生长，又能使它牢固地攀缘在支架上为原则。支架不仅要能承受植物的重量，还要经得起风吹雨打，特别是要能经得住建筑物角部常出现的旋风的冲击。不论是支架、棚架还是吊绳，都必须牢牢地紧固在建筑墙面上。混凝土墙板和其他建筑构件都应装上防锈螺栓和木榫，螺钉和地脚螺栓都应做防锈处理。如果使用塑料绳牵引，塑料绳应当耐紫外线辐射，因为塑料绳不可能长期被植物遮住，长此以往会变脆乃至断裂。

第四节　桥体绿化

城市桥体主要由城市立交桥、城市河流桥梁、过街天桥、高架路等一系列在城市中起到连接沟通作用的人工构筑物组成。随着道路建设的发展和交通的需要，平面交叉路口的车辆堵塞和拥挤现象日益普遍，因此许多大中城市的交通要道和高速公路上相继兴建了大批立交桥，用空间分隔的方法消除道路平面交叉车流的冲突，使两条交叉道路的直行车辆畅通无阻。

现代城市桥体大多都是裸露桥体，虽然起着重要的疏散作用，但是由于缺乏绿化，裸露桥体在景观上以及防眩光上都存在明显不足，因此做好桥体绿化对于城市形象的改善和交通环境的改善具有重要意义。城市桥体绿化，既是保护生态环境、保持生态平衡的要求，又是城市绿化、创造美好生活环境的要求，同时可减轻人们在高大建筑物前的空间压迫感。因此，城市桥体绿化美化，具有重要的生态效益和社会效益。

一、城市桥体绿化的形式

（一）高架路桥体绿化

高架路（桥）是指受地面因素影响，无法在原地面修建路（桥），而用一系列柱子架起来的空中道桥（路）（见图6-10）。一般出现在城市道路建设中，北京、上海、深圳、广州等很多大城市都有高架桥（路）的建设。

高架路需绿化的部位有立柱绿化、桥面绿化、中央隔离带的绿化和护栏的绿化。立柱是构成高架道路的承重部分，对于如此庞大的绿化载体，应该充分加以运用。护栏是桥梁中防护和分隔的部分，是整体不可分割的一部分，属于整个桥型又属于桥梁整体。中央隔离带和隔离栅绿化应以隔离保护、丰富路域景观为主要目的。

图 6-10 高架桥

（二）立交桥体的绿化

立交桥全称"立体交叉桥"，词典释义为：在城市重要交通交汇点建立的上下分层、多方向行驶、互不相扰的现代化陆地桥（见图 6-11）。随着道路建设的发展和交通的需要，城市人口的急剧增加使车辆日益增多，平面交叉的道口造成车辆堵塞和拥挤，许多大中城市的交通要道和高速公路上兴建了一大批立交桥，用空间分隔的方法消除道路平面交叉车流的冲突，使两条交叉道路的直行车辆畅通无阻。城市环线和高速公路网的连接也必须通过大型互通式立交桥进行分流和引导，保证交通的畅通。城市立交桥已成为现代化城市的重要标志。

图 6-11 立交桥

城市立交桥绿化是以立交桥为主体进行的绿化设计，它有吸附有害气体、滞尘降尘、削减噪声、美化景观和提高行车安全性等作用。立交桥绿化分为桥体绿化和立交桥附属绿地绿化。桥体绿化主要包括桥体墙面、桥体中央隔离带、桥体防护栏和桥柱四个部分的绿化；立交桥附属绿地绿化可分为边坡绿化和桥体周围普通绿化两种形式。

（三）其他形式绿化

过街天桥及城市河道上的桥梁也都属于城市桥体绿化的一部分，这类桥梁都不在自然的土壤之上，桥面通常是通透的，边缘不像立交桥体和高架路是实心的，一般没有预先留出种植植物的地方。因此，在绿化时采取各种措施增设种植池或者种植槽。

另外，高架路的边坡绿化也是非常重要的方面。桥体的护坡在绿化设计上应根据当地的实际情况进行设计，护坡的绿化也可以参照坡面绿化的方法。

二、城市桥体绿化植物的选择

桥体是道路交通要道，局部光线不足，噪声大，二氧化碳、二氧化硫等有害气体含量高，扬尘多，而且桥体一带的土壤相对贫瘠、干旱，因此对立交桥、高架桥等进行绿化的植物选择首先应以乡土树种为主，并且尽量选用具有较强抗逆性的植物。针对光照条件不足的环境特点，应选择耐阴、适应性强的物种；针对立交桥对立体绿化要求较高的特点，可选择易管理、生长性良好的藤本植物，如五叶地锦、常春藤和南蛇藤等，或选用爬山虎等吸附能力较强的植物。以北京市为例，可用于立交桥立体绿化的植物有：①藤本类。三叶地锦、五叶地锦、常春藤、凌霄、紫藤、扶芳藤、南蛇藤、藤本月季、迎春、连翘、木香、爬山虎等。②地被类。沙地柏、常夏石竹、早熟禾、高羊茅、野牛草、三叶草、马蔺、玉簪、萱草、鸢尾等。③垂挂类草花。牵牛花、旱金莲、吊兰、天竺葵等。

城市立交桥、高架桥桥体绿化内容分为桥体墙面绿化、桥体下方绿化、桥柱绿化、桥体防护栏绿化、中央隔离带绿化、桥体周围绿化、边坡绿化。

（一）桥体墙面绿化

桥体墙面的绿化类似于墙面的绿化，是城市立体绿化中占地面积较小、绿化面积较大的一种绿化形式，主要是利用藤本植物的攀爬特性或枝条下垂进行绿化，以增加绿地覆盖率，美化桥体，同时墙面绿化还可以对桥体起着保护的作用，减少了桥体被恶劣气候破坏的概率，增加建筑材料的使用寿命。由于川流不息的车辆排放出大量的废气，以及酷暑当头、寒风尽吹的恶劣土地条件给植物品种的选择增加了局限性。因此，桥体绿化的植物应具备以下特点。

第一，能适应贫瘠土壤、对土壤要求不高的浅根性适生植物。

第二，能耐寒、耐高温、耐湿、耐干旱的阳性品种。

第三，能抗污染、净化空气的绿色植物。

第四，能形成良好景观的开花小灌木、攀缘植物或藤本植物。

一般情况下，高度在 3 m 以下的桥体墙面采用爬山虎、蔷薇栽植于桥体道路边缘，较高的墙面则用美国地锦、凌霄攀缘覆盖。上海高架道路的桥体绿化选用黄馨、粉团蔷薇、日本无刺蔷薇三种植物作为高架道路垂直绿化的首选品种，它们既四季常青，又能开出黄花、粉红色花、白花，将高架道路装点成色彩缤纷的空中花境。

（二）桥体下方绿化

不同高架桥类型的桥体下方光照并不相同，同一高架桥体下方的不同位置，其光照也不同。根据植物对光照强度要求的不同，可将其分为在强光环境中生育健壮的阳生植物、适宜生长在荫蔽环境的阴生植物和中间类型的耐阴植物。这三类植物的需光度不同，阳生植物一般需光度为全日照 70% 以上的光强，阴生植物的需光度一般为全日照的 5% ～ 20%，耐阴植物一般需光度在阳生和阴生植物之间，对光的适应幅度较大。

不同类型高架桥体下方光照变化与道路上方高架桥数量、高架桥高度、桥面与桥体下方绿化带宽度之间有密切关系。晴天桥体下方光照显著优于阴天，四季之中夏季最好。道路上方有两条高架桥，中央段光照显著比旁边段差。桥面宽度若显著宽于桥体下方绿化带，将减弱桥体下方的光照。同一高架桥体下方光照也有明显差异，既存在植物生长的"死区"，又存在可对植物造成"强光伤害"的区域。因此，在进行桥体下方植物种植时，应充分了解其生存条件尤其是光照条件，在种植前应对光照进行测试，看其是否满足植物生长所需的光补偿点，并与全日照数值进行比较，选择合理的绿化布局。光照好的位置可栽种抗污性强的喜阳植物，如海桐、黄杨、鸢尾花等，但在阳光曝晒严重时应采取适当的遮阴措施，降低"强光伤害"的影响；光照适中位置可种植抗污性强的耐阴植物或阴生植物，如八角金盘、洒金桃叶珊瑚、常春藤、爬山虎、扶芳藤和麦冬等，可以降低高架区域污染，起到美化景观的作用。

（三）桥柱绿化

桥体上有各种立柱、支撑柱，这些立柱和支撑柱是高架道路的承重部分，它们为桥柱绿化提供了可以利用的载体。从一般意义上讲，吸附类的攀缘植物最适合桥柱垂直绿化，北京的高架路立柱目前主要选用五叶地锦、常青藤等。另外，也可选用木通、南蛇藤、山荞麦、金银花、蝙蝠葛、小叶扶芳藤等耐阴植物。进行桥柱绿化时，对攀附能力强的植物可以任其自由攀缘，而对吸附能力不强的藤本植物，应该在立柱上使用塑料网和铁丝网让植物沿网自由攀爬，对于桥柱下方阴暗处的绿化，可采用贴植模式，如南方城市选用女贞和罗汉松、八角金盘等。北方城市可选珍珠梅、金银木、麦冬一类耐阴植物，应该注意植物生长不能伸向道路方向，否则对交通会产生不良影响。

（四）桥体防护栏绿化

立交桥的防护栏绿化方式可分为两种方式：一种是让墙面垂直绿化攀缘植物顺势生长，同时绿化防护栏；另一种是在防护栏旁放置花钵或种植槽，在盆中种植观赏花卉或者灌木。在设计中，种植槽的形式和尺寸要与桥梁的结构形式及造型相协调，尽量减少桥梁的压力，保持两侧平衡。植物宜选择喜光、抗风、耐寒、耐贫瘠、抗污染的植物，与种植槽结合起来造景。

（五）中央隔离带绿化

中央隔离带是指双向互通式立交桥中，用来分割两条交通线的地带。中央隔离带的主要功能是防止夜间灯光炫目、诱导视线以及美化道路，提高车辆行驶的安全性和舒适性，缓和道路交通对周围环境的影响以及保护自然环境和沿线居民生活环境。在大型桥梁上通常建造有长条形的花坛或花槽，可以在上面栽种园林植物，如黄杨球，还可以间种美人蕉、藤本月季等作为点缀。或在中央隔离带上设置栏杆，种植藤本植物任其自由攀缘。隔离带的土层一般比较薄，所以绿化时应该采用浅根性的植物，同时植物应具备较强的抗旱、耐瘠薄能力。

（六）桥体周围绿化

由于受桥体的遮挡作用，立交桥周围多裸地和硬质铺装，立交桥桥体周围的绿化在植物的选择上应该按照这一前提合理选择植物品种。立交桥桥体周围的绿化配置方式可采用"乔＋草、灌＋草、乔＋灌＋草"三种方式，如北京四元桥立交桥桥体周围采用了"乔＋灌＋草"的方式（见图6-12），四元桥是一座特大的首蓿叶型加定向型的复合式立交桥，四层结构，占地面积24 hm²，绿化主体设计选择四龙四凤的图案，是中国民俗中吉祥如意的象征。龙的图案以黄杨做骨架，用红色的小檗和金色的金叶女贞构成龙珠、龙角、身子和龙尾各个细部，在碧绿的草地衬托下，四条巨龙似要腾空而飞。桥的四角则采用桧柏、黄扬、金叶女贞和红色的丰花月季组成四个飞翔的凤。龙的直径 10.5 m，凤长 11 m。四周的绿化做了整体化的处理手法，围绕龙的外围是油松的纯林，桥的外围匝道外是 30 m 宽的白杨林带。整个桥体掩映在高大林木之中，图案线条分明、色彩绚丽，体现了大手笔、大气势、大象征的设计意图。

图 6-12　北京四元桥立交桥桥体周围绿化

（七）边坡绿化

边坡绿化是用各种植物材料，对桥梁两侧落差坡面起到保护作用的一种绿化形式。边坡绿化应选择吸尘、防噪、抗污染的植物，而且要求不得影响行人与车辆安全。边坡绿化还要注意色彩与高度要适当。较常见的边坡植物有金叶薯、紫叶薯、沙地柏、地锦、波斯菊等。

第五节　屋顶绿化

一、屋顶绿化功能和作用

屋顶绿化是指在高出地面以上，周边不与自然土层相连接的各类建筑物、构筑物等顶部以及天台、露台上的绿化。

（一）从城市环境角度来看

①改善城市环境和气候，缓解城市的"热岛效应"。全球变暖，不断增加的土地被占用，居住区、工业区和交通所排放的额外热量导致城市中的温度不断上

升，在城市和周围乡村之间的温差表现就是城市热岛效应，在夏天，这个温差将近 10 ℃。热岛效应明显降低了生活质量和影响城市居民的健康。屋顶绿化通过吸收和湿化干燥的空气，从而减少城市热岛效应，这个过程使建筑物有了良好的局域环境。植物在湿化空气过程中要吸收周围的热量，从而起到降温作用，当屋顶绿化达到 50% 时，这种降温作用会使近 1/3 的城市降温达 2 ℃。

②绿化植物可以滞留空气中的尘埃，具有滞尘、杀菌和吸收低浓度污染物及增加空气中负离子的作用，具有很强的空气净化能力和清新能力，达到净化空气的效果。比如，1 000 m³ 屋顶绿地年滞留粉尘约 160 ～ 220 kg，降低环境大气含尘量的 25% 左右。

③缓解暴雨所造成的积水、洪涝及其他各种地质灾害以及缓和酸雨的危害。研究结果表明，花园式屋顶绿化可截留雨水 64.6%；简单式屋顶绿化可截留雨水 21.5%，种植屋面平均可截留雨水 43.1%。

④为鸟类、昆虫等创造适宜的生长环境，有利于生物多样性保护。

⑤具有很好的生态效益，即可改善城市的生态环境和增加城市整体美感，提高市民的生活和工作环境质量，达到与环境协调、共存、发展的目的；同时还可提高国土资源的利用率。

（二）从建筑角度来看

①改善建筑物的外观，遮盖影响视觉效果的屋顶或墙体等。

②缓解建筑物热胀冷缩而导致屋顶裂纹引起的损害，以及紫外线等导致防水层的老化和渗漏；据研究测定结果，裸露屋顶表面年最大温差达到 58.2 ℃，而绿化屋顶表面年最大温差仅为 29.2 ℃，绿化屋顶与裸露屋顶的年最大温差相差 29 ℃。

③有效地降低屋顶结构层表面的温度，可以有效降低夏季空调能耗，达到节约能源的目的。

④火灾发生时，起到保护建筑物和燃烧延迟的作用。

⑤对于商业性建筑物，可以达到改善环境、吸引客流的目的。

⑥对于办公写字楼和工厂厂房等建筑，可以最大限度地利用建筑空间，建成供员工小憩的"屋顶花园"。

3. 从使用者角度来看

①改善周围环境，起到视线遮挡，保护私密性的作用。

②可以减噪和防风，同时有效地减小建筑物墙体的日光反射。

③绿化环境可以缓解人们精神上和身体上的紧张和疲劳感。

④为人们提供进行栽培、园艺活动的场所，丰富人们的生活，怡情养性。

二、屋顶绿化的植物选择

（一）植物选择的原则

和传统的绿化相比，屋顶绿化具有特殊性：由于屋顶绿化与大地隔离，屋顶种植的植物所需水分完全依靠自然降水和人工浇灌；由于建筑结构的要求，屋顶供种植的土层厚度不能太厚；由于屋顶种植土层薄，土壤温度随周围的环境气候变化幅度大，植物生长的环境困难；同时，屋顶风力比较大，屋顶栽植的植物种类随着屋顶的高度不同受到不同程度的限制。因此，屋顶绿化植物选择必须从屋顶的环境出发，首先考虑到满足植物生长的基本要求，然后才能考虑到植物配置艺术。屋顶绿化植物材料选择的原则包括以下几点。

①遵循植物多样性原则。在条件允许的情况下，尽可能创造出多层次的园林景观。据调查，花园式屋顶绿化在减少太阳二次辐射、滞尘、截留雨水等方面都要远高于简单式园林绿化，其综合生态效益更高。

②遵循植物适应性原则。由于屋顶绿化是高空作业，光照、温度、湿度、风力等因素限制了植物材料的选择。根据各地气候情况，选择抗旱、抗寒、耐高温、抗强风、耐瘠薄等抗逆性、适应性较强的植物（如景天属植物）进行种植。

③选择低荷载植物，以小乔木、低矮灌木、草坪、地被植物和攀缘植物为主，减少大乔木的应用，以降低屋顶承重和防水，以及植物施工和养护的成本费用。

④选择易管理植物，降低屋顶绿化的建设维护成本。首先，选择须根发达的植物，避免选择直根系植物或根系穿刺性较强的植物，以防止植物根系穿透防水层；其次，选择易移植、耐修剪、生长缓慢的植物，避免植物长大后对建筑静荷载的影响；最后，应满足减少或防止屋顶渗漏，种植后最少有 10 年以上自然生长期的要求。

⑤选择环保型植物。选择抗污染性强，可耐受、吸收、滞留有害气体或污染物质的植物。

（二）屋顶绿化植物类型

根据生态景观要求和土壤基质厚度的差异，从植物应用的角度出发，可将屋顶绿化分为草地式和群落式两类。草地式屋顶绿化以栽植低矮的草本植物为主，形成近屋顶表面植被层的屋顶绿化形式；群落式屋顶绿化应用乔木、灌木、藤本、草本等两种以上的植物类型，形成种类多样、层次丰富的屋顶绿化类型。因此，在绿化植物选择上，应针对不同的屋顶绿化类型选择适宜的绿化植物。

不同类别的绿化植物根系分布深度大致为：草坪草约 10 cm、草本地被约 20 ～ 40 cm，小灌木约 30 ～ 50 cm，大灌木约 60 ～ 150 cm，小乔木约 100 ～ 150 cm，大乔木多在 150 cm 以上。因此，屋顶绿化应尽量采用低矮灌木、草坪、地被植物和攀缘植物，原则上不栽植大型乔木，有条件时可少量种植耐旱小乔木。这不仅有利于降低营造和维护成本，也是适应屋顶土壤基质厚度有限的特点。另外，不宜选用根系穿透性较强的植物，防止植物根系穿透建筑防水层，如竹类植物。

在楼房顶层的绿化中，一般没有休闲功能要求，也不对外开放，宜采用单纯绿化形式，采用草地式绿化，以发挥生态功能为主。适宜栽植的植物有佛甲草、垂盆草、凹叶景天、德国景天、大花马齿苋、金叶过路黄、画眉草、雀麦、葛藤等。

在裙楼、架空层、低层商业和单位楼房楼顶等屋顶绿化中，多将屋顶绿化与休闲、健身乃至商务活动相结合，屋顶绿化多采用花园式或组合式，植物应用也采用群落式，可选择的绿化植物比较多。根据屋顶绿化土壤基质厚度，选择不同的植物，合理配置。

在土层厚度小于 100 cm 的屋顶，宜选择小灌木和草本植物。

（1）灌木

通常指具有美丽芳香的花朵或有艳丽叶色和果实的灌木，还包括一些观叶的植物材料，常用的有以下各种。

色叶灌木：红叶石楠、金边黄杨、红花檵木、洒金桃叶珊瑚、红枫、金叶小檗、紫叶小檗、欧洲小檗、花叶胡颓子。

花灌木：月季、铁海棠、茶梅、山茶、紫薇、杜鹃、美国连翘、凤尾兰、棣棠、蜡梅、伞房决明、金雀花、溲疏、红瑞木、夹竹桃、金丝桃、石榴、大花醉鱼草、牡荆、大花六道木、金银忍冬、金钟、迎春、云南素馨、地中海荚蒾等。

观果植物：南天竹、火棘、枸子、番茄等。

（2）藤蔓类

可以攀缘或悬垂在各种支架上，是屋顶绿化中各种棚架、栅栏、女儿墙、宫门、山石和垂直绿化的材料，可以提高屋顶绿化质量，丰富屋顶的条观，美化建筑立面等，多用作屋顶上的垂直绿化。常用的有：金银花、黄馨、浓香探春、常春藤、花叶蔓长春花、葡萄、络石、紫藤、藤本月季、腺萼南蛇藤、扶芳藤、猕猴桃、凌霄、布朗忍冬、西番莲、茑萝、牵牛花、观赏瓜类等。

（3）常绿植物

罗汉松、五针松、铺地柏、大叶黄杨、瓜子黄杨、海桐、八角金盘、龟甲冬青、鹊梅、蚊母、阔叶十大功劳、湖北十大功劳、无刺枸骨、胡颓子、匍枝亮绿忍冬等。

（4）地被植物

指能够覆盖地面的低矮植物，其中草坪是较多应用的种类，宿根的地被植物具有低矮开展或者匍匐的特性，繁殖容易，生长迅速，能够适应各种不同的环境。常用的地被植物有如下几种。

①草本花卉：景天类、大花萱草、迷迭香、红花酢浆草、红甜菜、美人蕉、天竺葵、金盏菊、紫茉莉、石竹、旱金莲、千日红、大丽花等。

②草坪类：如狗牙根、天鹅绒、马尼拉、白三叶、马蹄金、野牛草、黑麦草等。

在土层厚度大于 100 cm 的屋顶，可适当选择大灌木和小乔木，但生长高度不宜超过 5 m，如桂花、日本晚樱、珊瑚、枇杷、红叶李、木槿、杨梅、石楠、木瓜、垂丝海棠等。

（三）植物种植

1.种植方式

（1）覆盖式绿化

根据建筑荷载较小的特点，利用耐旱草坪、地被、灌木或可匍匐的攀缘植物进行屋顶覆盖绿化。

（2）固定种植池绿化

根据建筑周边圈梁位置荷载较大的特点，在屋顶周边女儿墙一侧固定种植池，利用植物直立、悬垂或匍匐的特性，种植低矮灌木或攀缘植物。

（3）可移动容器

根据屋顶荷载和使用要求，以容器组合形式在屋顶上布置观赏植物，可根据季节不同随时变化组合。

2.种植基质的选择

植物种植基质的最小生存（繁育）厚度为：地被 15～30 cm，花卉和小灌木 30～45 cm，小乔木 60～90 cm，大乔木 90～150 cm，这个厚度是满足其生存和繁育期所需的最低土层厚度。因此，基质厚度一般应大于此最小值。

屋顶花园的静荷载中，以种植基质的荷重最大，因此，要在满足植物生长的情况下，尽量减轻基质重量，包括选择种植基质的厚度和材料，关键要选一些轻质材料如稻壳灰、锯木屑、蛭石、蚯蚓土、珍珠岩、炭渣、泥炭土、泡沫有机树脂制品等。在应用时要根据各种基质的特点，以及一定的要求与原则适当选择，合理搭配。

（1）稻壳灰

干重密度为 100 kg/m³，水饱和时密度为 230 kg/m³，含钾肥较多，通风透水性能较好，可与腐殖土混用。

（2）锯木屑

水饱和后密度为 584 kg/m³，重量轻，木屑表面粗糙孔隙多，有一定的保水、保肥能力，富含有机质和微量元素，价格便宜，取材易；不足是木屑轻、易被风卷走，且浇水后会发酵，产生有机酸和热量，对植物生长不利。应在夏季堆放浇水加入少量石灰发酵腐熟后再用。

（3）蛭石

水饱和时密度为 650 kg/m³，疏松透气，保水排水性好，有一定保肥能力，但易风化，本身缺肥力，只能与腐殖土混用。

（4）珍珠岩

水饱和时密度为 290 kg/m³，粒小而轻，结构稳定，不易破碎，颗粒间隙度大，故保水、排水性强，但本身肥力低，要与腐殖土混用。

（5）泥炭土

含有大置腐烂植物，肥力高，呈酸性，质地轻松，有团粒结构，保水力强；缺点是含水力强，水饱和密度大，不能单独在楼顶花园上使用，应和其他轻质材料如蛭石、珍珠岩等混用，才能形成理想的轻质材料。

第六节　立体花坛绿化

一、立体花坛概述

（一）立体花坛的定义

国际上立体花坛的兴起得益于 1998 年国际立体花坛国际委员会的成立和每三年举办一次的国际立体花坛大赛。立体花坛国际委员会将立体花坛定义为：立体花坛是指将一年生或多年生小灌木或草本植物种植在二维或三维的立体构架上，形成植物艺术造型的一种花卉布置技术。立体花坛通过各种不同的植物特性，以其独有的空间语言、材料和造型结构，神奇地表现和传达各种信息、形象，体现人类运用自然、超越自然的美感，让人们感受到它的形式美感和审美内涵，是集园艺、园林、工程、环境艺术等学科于一体的绿化装饰手法。

（二）立体花坛的分类

立体花坛的类型极为丰富，在应用中根据不同的目的选择合适的类型。

1. 按花材分类

（1）盛花花坛

盛花花坛是由观花草本植物组合在立体骨架上，表现盛花时群体色彩美的立体景观。可由不同花卉、不同品种或不同花色的群体组成。在做立体盛花花坛时，为了保证造型整齐，花期一致，质地统一，可使用四季海棠、黄帝菊、新几内亚凤仙、矮牵牛等低矮、多花、多色的花卉进行组合；在做山水花坛时，为了能够体现出山花烂漫的自然之美，往往选择不同品种、不同质地、不同株型、不同花色、不同大小的花卉，如小菊、悬崖菊、一串红、叶子花等进行艺术组合（见图6-13）。

（2）模纹花坛

模纹花坛是由矮生观叶植物密植在立体骨架表面，组成各种所要表现的纹理或图案。植物材料一般选用叶片或花朵细小茂密、耐修剪、观赏期长的低矮植物，如五色草、半枝莲、香雪球、彩叶草等。在造型施工中，为了明显突出纹理和图案，花坛往往做出凹凸的阴阳纹样（见图6-14）。

图6-13　盛花花坛

图6-14　模纹花坛

2.按坛面花纹图案分类

（1）造型花坛

依据主题思想和周围环境，采用生动活泼的手法，通过骨架和植物材料塑造出各种造型，从而收到极高的艺术效果和观赏效果。造型花坛包括花柱、花台、立体组字花坛、建筑、动物、人物等立体造型的花坛（见图6-15）。

图6-15　造型花坛

（2）造景花坛

造景花坛以一定主题的自然景观或生活场景为构图中心，由单个造型或多个造型花坛，结合骨架、植物材料和其他设备，形成表现各种主题的立体花坛。这类立体花坛形态较大，设计和施工较为复杂，常形成景观中心，一般设置在广场和交通要道。例如，2009年9月15日至11月23日在日本滨松举行的第四届立体花坛国际博览会上，中国沈阳市立体花坛作品《祈福门》获得最佳构成奖，《祈福门》是取材于清代建筑"沈阳故宫大政殿"的剪影和满族妇女对长辈《请安礼》的神韵所创作的生态型园林小品（见图6-16）。花坛采用轻型钢架、钢筋网做骨架，用钢筛网和培养土做基质，栽植近35万株五色草，配以近4000株地栽花卉，经修剪整形形成的姿态优美、纹理清新的生态型园林小品，让游客感受到作品内涵的趣味性与美好祝愿。在本次博览会上，蒙特利尔市的参赛作品《植树人》被授予大奖。《植树人》作品取材于弗雷德里克·巴克1988年荣获的第二个奥斯卡奖的动画片，再现了埃尔萨·布菲尔这位孤独的牧羊人一辈子每天边放羊边种树、独自使一片荒漠变成生机盎然的家园的过程。在作品中，碎石铺成的地面象征着荒漠，其中高达5m的人物埃尔萨·布菲尔正栽种着一棵枫树幼苗，牧羊狗正看护着羊群。埃尔萨·布菲尔身后逐渐长大的树木、鲜花盛开的草场以及自由奔跑的两匹马象征着生命。整个作品既气势宏大又形象细腻，如电影场景般摄人心魄（见图6-17）。

图6-16　造景花坛《祈福门》

图6-17　造景花坛《植树人》

3. 按组装形式分类

（1）独立式花坛

以单个立体花坛为主布置在绿地空间内。这种立体花坛一般造型精致独特、色彩醒目，单个花坛就能达到较好的装饰效果，有一定的艺术水平，在空间环境中有一花独放的效果，具有点睛的作用。

（2）组合式花坛

由大小或造型不同的多个花坛组合而成，形成一个比较大的景点，表达一个主题。这类立体花坛通常具有视觉宽阔、景观丰富多彩的艺术效果。

4. 按内部支撑结构分类

（1）梯架式花坛

在利用钢筋混凝土、金属材料加工而成的梯架上，分层放置一串红、天竺葵、秋海棠、垂盆草等花卉，鲜花绿叶簇拥在一起，繁花似锦、相互映衬，装饰效果十分显著；也可以将两个高低大小不同的花坛组合成层次丰富、高低错落、造型多样的立体花坛。

（2）立体式花坛

一般采用金属、木材、培养土、遮阳网等材料组成形状不同的立体骨架造型，并在其表面栽植各种花草。这种类型的立体花坛应用较多，常见的动物、建筑、人物等造型的立体花坛均为这种类型。

（3）格架式花坛

一般采用钢材或钢筋混凝土预制件组装成可放置各种盆花的架子，特点是空间利用灵活，观赏效果好。格架式立体花坛，造型新颖简洁、轻巧明快，不同季节可放置各种盆花。

（三）立体花坛的特点

1. 科学性

立体花坛的设计与制作处处体现科学性。例如，立体花坛设计时要考虑科学、恰当的固定方式；植物配置要根据植物特性，选择合适的植物进行搭配，注意色彩间的协调，使形象逼真动人；要科学地进行养护管理，以保证和延长观赏期。

2. 艺术性

立体花坛的审美功能是第一属性，其设计必须注意形式美的规律，在造型、色彩、比例、尺度等方面都应该符合协调统一和富有个性的原则。另外，立体花坛要根据园林艺术规则进行布置，因地制宜，起到点的作用。

3. 文化性

立体花坛的文化性体现在主题和时代性中。立体花坛因赋予了一定的主题，才使它成为一个有意义的活体，并通过本身的造型和色彩向人们展示其形象特征，表达某种情感，激起人们心灵的深刻感受。例如，2006年国庆期间，上海世纪公园内的立体花坛作品《海纳百川》，选用红绿草、四季海棠、花叶常春藤等植物材料，制作了中国传统民族乐器——琵琶和中式传统花窗两个造型，勾画了一幅和谐、富有浓郁华夏风情的立体画面（见图6-18）。琵琶是在汉朝时期，由波斯、阿拉伯等地传入我国的一种乐器，经过长期使用和沿革，已成为备受人们喜爱的民族乐器。花窗是中华民族特有的建筑风格。将琵琶置于一个花窗内，体现了上海市对外开放、喜迎四方宾客的胸襟和"海纳百川、追求卓越"的城市精神（见图6-18）。

4. 经济性

立体花坛美化了城市环境，形成了优美的城市景观，有利于丰富城市园林景观、提升城市形象，并以此带动旅游业和花卉产业的良性发展。

图6-18　立体花坛作品《海纳百川》

（四）立体花坛的作用

立体花坛在短期内能够创造出绚丽而富有生机的景观，给人以强大的视觉冲击力和感染力，在城市绿化中有着重要的作用。

1. 美化、装饰城市环境

立体花坛以其绚丽协调的色彩、美观独特的造型、灵活机动的布置形式，拉近了人与自然的距离，给人以艺术的享受，这一绿化形式，可以放置在街头绿地、广场、公园、游乐场所、滨河绿地、庭院及建筑物前，再加上与水、声、光、电配合，成为城市中一道亮丽的风景。不但扩展了植物的丰富表现力，也为城市增色添彩，既丰富了城市景观、美化了城市环境，又营造出较高的文化品位，在城市建设中具有独特的美化装饰作用。

2. 增加节庆欢乐气氛

各种各样的立体花坛是装饰盛大节日和喜庆场面不可缺少的，在广场、绿地等人流较大的地方，可以起到烘托节日气氛、美化周边环境的作用。特别是在节日期间增设的花坛，能使城市面貌焕然一新，增加节日气氛。每年国庆节都在北京天安门广场上布置大型的立体花坛，烘托出浓浓的节日气氛，成为新的节日景点，吸引了众多游客。

3. 宣传作用

立体花坛美丽、醒目，常常是人们视线的焦点，在美化环境的同时又通过生动的造型和鲜明的主题思想寓教于乐，在民族文化、环境保护等方面起到一定的宣传作用。

4. 在特定环境中起到分隔空间的作用

立体花坛可设置在交叉路口、干道两侧或街旁较开阔的广场上，在美化环境的同时起到分隔空间、组织交通的作用。

二、立体花坛造景对植物材料的选择

立体花坛造景以造型为基础，一般运用钢材作为造型骨架，然后在填充了栽培土的造型上种植植物，通过植物不同的形态和本身的色彩，形成独特的植物造型艺术。因此，植物就是作品的具体表现者，它的选择是否准确对整个作品的成功与否起着决定性的作用。

（一）立体花坛造景对植物材料选择的要求

一般要求为一年生或多年生的小灌木或草本植物。在整个制作过程中不允许采用植物生长到一定年份时修剪出形状的方法即单株植物造景，但可以作为花坛的补充部分。植物的高度、形状、色彩、质感对纹样的表现有密切关系，是选择材料的主要依据。

1. 以枝叶细小，植株紧密，耐修剪的观叶植物为主，通过修剪可使图案纹样清晰，并维持较长的观赏期。枝叶粗大的材料不易形成精美纹样，在小面积造景中尤其不适合使用。

2. 以生长缓慢的多年生植物为主，如金边过路黄、半柱花、矮麦冬等都是优良的立面造景材料。一二年生草花生长速度不同，容易造成图案不稳定，一般不作为主体造景，但可选植株低矮、花小而密的花卉作图案的点缀，如四季海棠、孔雀草等。

3. 要求植株的叶形细腻，色彩丰富，富有表现力，如暗紫色的小叶红草、玫红色的玫红草、银灰色的芙蓉菊、黄色的金叶景天等，都是表现力极佳的植物品种。

4. 要求植株适应性强。由于立体花坛造景是改变植物原有的生长环境，在短时间内达到最佳的观赏效果，所以就要求所选择的植物材料抗性强，容易繁殖，病虫害少。例如朝雾草、红绿草等都是抗性好的植物品种。

（二）立体花坛造景中植物配置的原则

植物在景观表现上具有很强的自然属性和因季相交替呈现的时空序列变化的特征。在作为造型与植物合二为一的立体花坛造景中一般要遵循三个配置原则。

1. 适地选择植物品种

将植物种植在适宜的环境条件下。根据植物的生物学特性、土壤及气候条件等因素，确定可以选择的植物品种范围，并在应用时注意要符合植物生态特性。有些植物品种要求全光照才能体现色彩美，一旦处于光照不足的半阴或全阴条件下则恢复绿色，失去彩化效果，如佛甲草；有些植物则要求半阴的条件，一旦光线直射，就会引起生长不良，甚至死亡，如银瀑马蹄金。

2. 适时选择植物品种

每一种植物都有生长旺盛期，在选择植物时要充分了解植物生态习性，根据季节合理选择配置植物花卉。例如，红绿草容易繁殖，生长较快，耐修剪，色彩较丰富，有小叶红、小叶黄、玫红、大叶紫等十几个品种，有利于表现各种造型，但缺点是不耐寒。因此，在冬季可栽培其他植物品种，如景天科植物、矮麦冬等。另外，植物在不同季节叶色随时间、地点、条件的不同而变化，应有前瞻性地选择合适的植物品种。例如，细叶针茅花色最初由粉红色后转为红色，秋季转为银白色。

3. 艺术选择植物材料

在选择植物材料时要根据植物材料的肌理，将植物材料的质感、纹理与作品所要表现的整体效果结合起来。立体花坛的每一个作品都是有灵魂的，要求园艺师在"雕塑"作品时能充分理解设计师的艺术构图思想，选择配置最具有表现力的植物材料，实现生硬的钢制雕塑与柔软园艺的完美结合。例如，醋菊叶圆形、银灰色、耐修剪，可用于立面流水造型、人的眼泪等；朝雾草叶质柔软顺滑，株形紧凑，可作流水效果或动物的身体；波缘半柱花叶色纯正、华丽、适用于人物造型的衣着等精品作品；细茎针茅等可作鸟的尾巴；苔草等可作屋顶用；红绿草可作纹样边缘，使图案清晰，充分展示图案的线条和艺术效果；五彩鱼腥草、血草等适合做立体花坛造景的配景材料。

第七章　城市绿化工程构建

第一节　中心城区绿化工程

一、中心城区生态园林绿地系统人工植物群落的构建

城市是一个规模庞大、关系复杂的动态生态系统，由社会、经济、自然子系统复合而成，具有开放性、依赖性、脆弱性等特点，极易受到环境条件变动的干扰。在城市生态系统中，既有自然的组成要素，又有高度人工化的组成要素，园林绿地系统是其中唯一具有自净功能的组成成分，在改善环境质量、维护城市生态平衡、美化景观等方面起着十分重要的作用。随着世界范围内城市化进程不断加快，环境问题加剧，人们已越来越认识到走生态园林道路，以绿地系统改善城市环境质量的重要性，许多国家已将其作为城市现代化水平和文明程度的重要衡量标准之一。

生态园林继承和发展了传统园林的经验，遵循生态学的原理，在科学的基础上建设多层次、多结构、多功能的植物群落。建立人类、动物、植物相联系的新秩序，达到生态美、科学美、文化美和艺术美。以经济学为指导，强调直接经济效益间接经济效益并重，应用系统工程发展园林，使生态、社会和经济效益同步发展，实现良性循环，为人类创造清洁、优美、文明的生态环境。生态园林是依靠植物来营造环境、保护环境、利用环境和美化环境，并非单纯模仿自然及群落，更加注重人、景观、生态紧密结合。

生态园林主要是指以生态学原理为指导（如互惠共生、生态位、物种多样性、竞争、化学互感作用等）建设的园林绿地系统。在这个系统中，乔木、灌木、草本和藤本植物被因地制宜地配置在一个群落中，种群间相互协调，有复合的层次

和相宜的季相色彩。具有不同生态特性的植物能各得其所，能够充分利用阳光、空气、土地空间、养分、水分等，从而构成一个和谐有序的、稳定的群落。它是城市园林绿化工作最高层次的体现，是人类物质和精神文明发展的必然结果。随着工业化的高度发展和城市化进程的加剧，给人类带来了生存环境的危机。这一严峻的现实，迫使人们保护自然生态环境、仿造自然环境，以谋求优良的生存环境，把园林绿化作为主要手段，因势利导地利用对城市生态环境有重大影响的有利因素和改造不利因素。从整治国土、促进生态平衡的高度上，全面绿化人类的生存环境，将园林绿化事业推向生态园林的新阶段。

（一）城市人工植物群落的建立与生态环境的关系

共同生活在一起的植物以多种多样的方式彼此发生作用，形成一种有规律的特殊系统，这种多植物物种的系统叫作植物群落。城市园林本身也是一个生态系统，是在园林空间范围内，绿色植物、人类、昆虫、鸟类、兽类、土壤生物、微生物等生物成分与水、气、土、光、热、路面、园林建筑等非生物成分以能量流动和物质循环为纽带构成的相互依存、相互作用的功能单元。在这一功能单元中，植物群落是基础，它具有自我调节能力，这种自我调节能力产生于植物种间的内稳定机制，内稳定机制对环境因子的干扰可以通过自身调节达到新的稳定与平衡。这就是我们提倡建立城市人工植物群落的主要依据。

城市环境中的水、气、土、光、热、路面等非生物成分，对形成人工植物群落关系密切，它既是形成人工植物群落的依托条件，又是限制人工植物群落形成的因子。由于植物有自我调节的能力，所以绝大多数园林植物对城市中的水、气、土、光、热、路面建筑能够适应。但不能忽视城市这个再造环境中某些非生物因子对园林植物生长的影响，如城市污染、道路铺装、地下管网、挖埋修建、交通等均能造成园林植物生长不良、甚至死亡。

在园林绿地建设中，我们应该重视以生态学原理为指导的园林设计和自然生物群落的建立。创造人工植物群落，要求在植物配置上按照不同配置类型组成功能不同、景观各异的空间，使植物的景色和季相千变万化、主调鲜明、丰富多彩。

（二）城市人工植物群落构建技术

1.遵循因地制宜、适地适树的原则，建设稳定的人工植物群落

城市生态园林人工植物群落的构建，应以生态学和植物学理论为指导，保护和恢复本地区地带性植被；以维护生态系统的平衡为宗旨，按照植被动态演替规律，通过适地适树途径，模拟顶极群落，设计既合乎植物群落发展的自然规律，

又富于季相变化的人工植物群落和人工诱导的复合植物群落。首先，要遵循"适地适树"的生态学原理，选择适应性强的树种。所选的树种不仅是本地带分布多或经过引种取得成功的树种，同时还应是适应种植立地条件的树种。其次，对树种求全责备是不恰当的，对于已经适应在本市生长的树种不应该轻易否定。适生树种不是全能冠军，应取其长避其短。植物种群由于受地域的限制，有它一定的生态幅度，同一地域的植物种类在生态习性上相近，对当地的环境适应性强，尤其是选择单调的乡土树种建立人工植物群落，适应当地环境能力更强、成活率高、绿化效果快。然而，同一树种在同一城市范围内不同地域，因各种环境因子不同，其表现有时相差甚远，如红皮云杉和冷杉是北方的乡土树种，四季常绿、树姿优美，深受群众喜爱，但它们要求冷凉湿润的气候，忌强阳光直晒，喜半阴及微酸性土壤，因此，虽作为庭院树生长良好，但栽到大街上或人流多、土壤板结、干旱而炎热的地段上则长势会变弱，绿化效果很差。某一区域或地段应选用什么样的树种，应考虑具体的实际情况。要选取在当地易于成活、生长良好，具有适应环境、抗病虫害等特点的植物，充分发挥其绿化、美化的功能。为此，我们在进行树种选择时，必须掌握各树种的生物学特性及其与环境因子（气候、土壤、地形、生物等）的相互关系，尽量选用各地区的乡土树种或适生树种，这样才能取得事半功倍的道路绿化效果。

2. 以乡土树种为主，与外来树种相结合，实现生物多样化和种群稳定性

乡土树种是经过长期自然选择留存的植物，反映了区域植被的历史，对本地区各种自然环境条件的适应能力强、易于成活、生长良好、种源多、繁殖快，通常具有较好的适应性，还能体现地方植物特色。乡土树种是构成地方性植物景观的主角，是反映地区性自然生态特征的基调树种，也是生物多样性的就地保存的内容之一。因此，无论从景观因素还是从生态因素上考虑，绿化树种选择都必须优先用乡土树种。但为了适应城市复杂的生态环境和各种功能要求，如仅限于采用当地树种，就难免有单调不足之感。一些外来树种经过引种驯化后，特别是其原产地的环境与本地区近似的树种，确认其适应性较强的优良树种，也可以引进作为绿化树种，以丰富树种的选择。应在绿化中根据城市生态环境和气候特点，不同街道及绿地的立地条件（光、水、土、空间等）、绿化带的性质（分车、人行、路侧防护等），合理地选择和种植与之相适应的乡土树种和外来树种，尽可能增强城市生态系统的自我调节能力，实现生物多样化和种群稳定性。

一个健康群落的关键如英国生态学家查理爱尔登所说的要"保持多样性"。多种多样的树木带来的多重营养结构和食物链能有效地控制害虫数量。

3. 以乔木树种为主，乔、灌、花、草、藤并举，建立稳定而多样化的复层结构的人工植物群落

城市绿地是由乔木、灌木和地被植物组织构成的。乔木是园林树木的骨干，它具有良好的改善气候和调节环境的功能。但在树木配植上应考虑形态与空间的组合，使各种不同树木的形态、色调、组织搭配得疏密相间、高低有度，使层次与空间富有变化。因此，在树木配置上，灌木要多于乔木。多层次的林荫道和装饰型绿化街道上，种植灌木也要多于乔木（不包括绿篱）。朱行认为街头绿地景观绿荫效果好的乔灌比为 1：1 ～ 1：1.5 较为合适。城市绿地中乔灌木的比例以 1：4 ～ 1：6 较为适宜。

生态学原理指出：营养结构越复杂，生态系统越稳定。植物种类多样性导致稳定性，食物链结构越复杂则越稳定。这就要求在绿化建设上向多结构、多层次发展，具有合理的时空结构。在建设人工植物群落时要设计多种植物种类、多结构、多层次布局，要求在层次要素之间的地位和等级差别，在时间和空间位置上互不影响，各取所需，各得其所，又互为联系。

城市园林绿化的空间是城市中的自然空间。园林植被通过其生理活动所产生的生态效益，是城市园林绿化改善城市生态环境综合功能中的主要功能之一。有研究者通过对北京市园林植被大量的测定表明，由乔木、灌木、草坪组成的植物群落，其综合生态效益（释氧固碳、蒸腾吸热、减尘滞尘、减菌、杀菌及减污等）为单一草坪的 4 ～ 5 倍。

为此，在绿化配置时要搭配适当的灌木、藤本、花卉及草坪植物。孙如竹等提出扬州绿地的乔木：灌木：草坪：地被植物总量 =1：1.5：4：4；北京现有的绿地中乔木：灌木：草坪地被植物：绿地为 1：4.8：6.05：29.56。城市适宜的比例应为乔木：灌木：草坪地被植物：绿地 =1：6：15：30。

当然植物配置的比例也不是一成不变的，在栽植中可根据实际情况适当增减，但总的原则是植物的配置要按照生态学的原理规划设计多层结构，在物种丰富的乔木下栽植耐荫的灌木和地被植物，构成复层混交人工植物群落，做到阴性、阳性植物，常绿、落叶，速生、慢生树木相结合。

根据具体区域功能要求，建议选择适宜的种类进行配置。在上下之间要把强阳性的高大乔木和半阴性低矮灌木植物及耐荫的草本植物进行合理配置。上层乔木要选择阳性树种；中层小乔木或灌木选择较耐荫的种类，下层地被和草坪选择耐荫性强的种类，使植物上中下各部位都能接受到阳光，各自都占有一定的空间而使植物生态功能良好发挥。乔木、灌木、草本和地被植物，常绿和落叶树种，喜光和耐荫植物，速生和慢生植物，深根和浅根植物等组成合理的结构，以便在时间和空

间上能充分利用光照、水分和肥料的合理配置而不发生竞争。总之，复层结构要求植物种类要多，能够形成多结构、多层次、多品种、多色调的人工植物群落。

现代城市各类绿地中，花灌木是不可缺少的，而且比例也在逐渐加大。它们花期较长，有些萌芽早，易繁殖栽培，花姿千姿百态，花期各不相同，且有许多香花植物。在绿化上可根据不同观赏特点和栽培条件适当增加花灌木树种数量与种类。

4. 在人工群落中要合理安排各类树种及比例

①落叶树与常绿树相应搭配。北方城市绿化最基本的要求是"四季常青，三季有花"，这就要从常绿树种与落叶树种比例着手，进行调整。落叶树种能在春夏两季内充分发挥其绿化、观赏效益，而到了秋季开始落叶，冬季成光枝干杈。常绿树种"四季常青"，使冬季不乏绿色，增添春意。因此，从绿化事业的发展上看，应当增加常绿树种和数量。这对冬季漫长的北方地区尤为重要。北方城市地处高纬度，冬季较长，入冬之后树叶尽脱，市区环境显得分外萧瑟。为了丰富城市景观，栽植一些常绿树种，与白雪辉映，更能体现出北国风光的壮丽之美。在配置时，常绿树最好栽植在公园、绿地、机关、庭院、林荫路等公共绿地，不宜做行道树使用。

②速生树与长寿树种兼顾发展。随着现代化建设的高速发展，不仅城市街道马路拓宽改造日新月异，乡镇公路网络也四通八达。国道、省县道路在不断增加，不断拓宽。因此，道路系统绿化任务也在不断增加，并提出新的功能要求。新开辟的道路急待栽植行道树进行绿化点缀；许多老的道路，由于拓宽后清除了原来的行道树，也需重新栽植设计。

新开辟道路往往希望早日绿树成荫，可采用速生树种，如刺槐、柳树、杨树、臭椿等，但这些树种长到一定时期后，易于衰退，树冠不整、病虫滋生，砍伐后形成一段时期绿化的空白。为此，在道路绿化的问题上，就要采用近期与远期结合，速生树种与慢生树种结合的策略措施。在尽快达到夹道绿荫效果的同时，也要考虑长远绿化的要求。例如，在选用行道树时，在速生树种中间植银杏、国槐、紫椴等长寿树种，在速生树种淘汰后，慢生长寿树种刚好长大，可继续发挥绿荫效果，避免脱节。

城市绿化是百年大计，应有长远打算，新中国建立初期为了加速实现城市的普遍绿化，大量栽植速生树种是完全适宜的。如今进入改造、提高阶段，则应考虑种植珍贵的长寿树种（即慢生树），以提高绿化的效益。主要干道、风景点、公园和永久性绿地、公共建筑庭院等都应栽植较多的长寿、珍贵树木，速生、慢生树种的繁殖比例可确定为 $2:1 \sim 3:1$，种植时应根据不同的立地环境，因地制宜。

5. 突出市花市树，反映城市地方特色风貌

一个城市的"市树""市花"最能代表城市风貌。在城市中"市树""市花"要作为基调树种和园林的特色。在城市主要街道、广场、庭院等处应大面积栽植"市花""市树"，扩大其栽培应用的数量和范围，充分体现突出"市树""市花"的特色位置和地位，形成城市独特的风光和景观。

另外，应以反映地带性植被为特点的、适应力强的阔叶常绿乔木树种和花期长、花色丰富、鲜艳的花卉作为绿化骨干树种。这些树种，不但是乡土适生树种，也是特色树种，能够显示城市地方园林风格和特色。

6. 注意特色表现

树种的生长特性不同，绿化效益也不同。它们以自己特有的姿态、叶、花、果、枝、干、皮等给人以美的享受。绿化中，也可适当加种具有特殊观赏效果的树种，如龙桑、龙爪槐、垂柳等。这些树枝干扭曲，自成曲线，打破了直线条的常规，姿态独特。又如，卫矛的叶、枝奇特；丝棉木的果给人以新奇的感觉。应用好这些有特色的树木，能起到锦上添花的效果。

7. 高大荫浓与美化、香化相结合

根据适地适树的原则，有的地方要栽高大荫浓的乔木；有条件的要栽植观花为主的亚乔木或灌木。有条件的居民区及公共绿地，要考虑香化，栽植一定比例花味浓香的树种，如玫瑰、黄刺玫、丁香类等。各种浓荫、观花、香化树种要搭配适当，在造景或美化市容上，必能相得益彰，各尽其美。在中小街路可集中栽植某一种观花乔木，形成一街一树、一街一景，间栽长寿树种，改变杨柳一统天下的老格局。使整个市区内既有绿荫覆郁地段，也有花繁似锦、色香俱全的绿化效果。

8. 注意人工群落内种间、种群关系，趋利抑弊，合理搭配

要选择适宜植物种群的生态环境，要求植物种群出生率大于死亡率，或者是出生率虽低些，但活的年限长、生长长久的树种。选择这样的植物种类建立人工植物群落存活率高、死亡率少，个体增殖快，保持长久，容易形成群落，能达到良好的绿化效果。

注意种群间的协调和稳定，发挥互利作用，如上层乔木落叶腐烂后可成为下层植物的养分；松树和真菌共生形成菌根等。有一些植物生长在一起有互相促进作用，而另一些植物生长在一起，则有相互抑制作用。因此，在植物配置时要做到趋利抑弊，合理搭配。尽量将相互有补益的树种栽植在一起，如松与赤杨，锦鸡儿与松树、杨树植在一起均有良好的作用等。

特别要避免相克作用，如松树和钻天杨树不能与接骨木生长在一起，因为接骨木对松树、杨树的生长有强烈的抑制作用，甚至使落入接骨木林下的松籽完全死亡；榆树的分泌物能使栎树发育不良；白桦、栎树能排挤掉松树；胡桃树皮和根系内均有胡桃醌，这种物质浓度在 6～10 mg/kg 时，能引起其他植物细胞的质壁分离，致使许多植物不能在胡桃树荫下生长；白蜡树和松树相距在 5 m 以内时，对松树有抑制作用；葡萄园的周围不宜栽种小叶榆树，因它对葡萄有显著的抑制作用，榆树林带可使数米内的葡萄几乎完全死亡；苹果树周围一定要把冰草、苜蓿、燕麦等除掉，这些植物根系的分泌物对苹果树有害。有些花卉也会相克，如果在丁香花旁插一枝盛开的铃兰，丁香很快便会凋谢；不要把铃兰放在水仙花旁；不能把薄荷与豌豆同种，因薄荷会抑制豌豆的生长。

9. 尽量选择经济价值较高的树种

城市绿化树种的生态功能诸如覆荫、净化空气、调节温湿度、吸附尘埃及有害物质、隔离噪音以及美化观赏等，都是构建人工植物群落树种选择时应考虑的重要因素之一。在符合上述条件的前提下，树种本身经济价值的高低，也是选择时应当考虑的。最理想的是选择能在发挥生态效益、观赏效果的前提下，提供优良用材或果实、油料、药材、香料、淀粉、纤维以及饲料、肥料等有用财富的树种，尤其是市郊郊县的行道树种线长、量多，更应考虑经济效益。

在构建人工植物群落时，要运用城市生态学理论、风景园林理论、系统工程方法等为手段，以改善和维护良好的城市生态环境为目标，合理规划布局城市绿地系统，通过绿地点、线、面、垂、嵌、环相结合，建立城市生态绿色网络。通过完善的城市绿地系统的建设，以良好的生态环境质量提高城市的整体形象。在建设绿地系统的同时需要考虑与之相关的其他系统的配置，包括公路网、水网等的匹配。绿化植物的种植需依照生态学原理，全面考虑水体、土壤、地形、地质、气候、污染等因素，选择植物种类，以乡土树种为主、外来树种为辅；以乔木树种为主，乔灌花草藤相结合，建立复层结构的各种类型（观赏型、环保型、保健型、科普知识型、生产型、文化环境型）的稳定植物群落。

"四季常绿，三季有花"的绿地格局是城市绿地的最佳形态，事实上，每种植物都有优缺点，植物本身无所谓低劣好坏，关键在于植物配置的合理性、科学性和艺术性以及栽培和养护管理的技术和水平。

二、城市街道绿化

街道是城市绿化水平的形象代表，它密如蛛网，纵横交错贯穿全市，直接使全市人民受益。它是城市绿化总体规划的"线"，是连接市区内大、中、小公园绿化"点"和机关、厂矿、学校、医疗卫生、居民区"面"的绿化的纽带。它能集中体现出城市园林的地方特色。街道绿化主要包括市区内一类、二类、三类街道两旁绿化和中间分车带的绿化。其目的是给城市居民创造安全、愉快、舒适、优美和卫生的生活环境。道路绿化可以保护路面，使其免遭烈日暴晒，延长道路使用寿命；组织交通，保证行驶安全；美化街景，烘托城市建筑的艺术效果，同时也可利用街道绿化隐蔽有碍观瞻的地段和建筑，使城市面貌显得更加整洁生动、活泼优美。

（一）绿化布局

1. 不同组成部分的布局形式

道路植物群落包括行道树、分车带、中心环岛和林荫带四个组成部分。为充分体现城市的美观大方，不同道路或同一条道路的不同地段要各有特色。绿化规划与周围环境协调的同时，四个组成部分的布局和植物品种的选择应密切配合，做到景色的相对统一。

①行道树。以冠大荫浓的乔木为主，侧重落叶类，夏季可遮阴，冬季可为行人提供天然日光浴。间距5～8m，在有架空线地段，应选择耐修剪的中等株形树种。

②分车带。是道路绿化的重点。应结合自身宽度、所处车道性质及有无地下管线进行规划。位于快车道之间的分车带，以草坪和宿根花卉为主，可适当配以小型花灌木。位于快、慢车道之间的分车带，宽度为2m以下或有地下管网的，可采用灌草相结合的方式，做灵活多样的大色块规划设计；宽度为4m以上且无地下管网的，除灌草结合外，还可配以小型乔木。

③中心环岛。地处道路交叉点，目的是疏导交通，为使司机和行人能准确地观察到周围环境的变化，要求绿化高度在0.7m以下。可采用小乔木和灌木、花、草结合的方式，进行各种几何图案或变形设计。

④林荫带。以方便居民步行或游憩为前提，参照公园、游园、街头绿地进行乔、灌、草、花的合理优化配置。同时，可布置少量的园林设施，如园路、花架、花坛、圆桌、圆凳、宣传栏等。

2. 不同道路断面布局形式

道路绿化断面布局形式与道路横断面组成密切相关。城市现有道路断面，多数为一块板、二块板、少数为三块板的基本形式。因此街道的绿化布局形式有一板二带、二板三带、三板四带等布局形式。

（1）一板二带

这是最常见的绿化类型。中间为机动车道，两侧种植行道树。其优点是简单整齐，用地经济，管理方便。但是当行车道过宽时，遮阴、滞尘、隔噪效果都差，景观也比较单调，这种类型多用在机动车较少的狭窄街道布局上。

（2）二板三带

就是除在街道两侧人行道上种植行道树外，中间用一条绿化带分隔，把车道分成单向行驶的两条车道。这种布局类型，既可减少一板二带类型机动车碰撞现象，同时对绿化、照明、管线铺设也较为有利，滞尘、消减噪声效果也高于前种，但仍解决不了机动与非机动车辆混合行驶相互干扰的矛盾，这种类型适合用在市区二级街道，机动车流量不太大的情况下。

（3）三板四带

用两条分车绿带把行车道分成三块板，中间为机动车道。两条分车绿带外侧为非机动车道。中间两条分车绿带连同道路两侧的行道树共有四条绿带阻隔，可减少噪声、灰尘对两侧住户的影响。人行道两侧行植乔木，其遮阴效果较好，在夏季能使行人感到凉爽、舒适，免受日晒。三板四带往往直通郊外，由于道路宽敞，有利于把郊外的新鲜湿气流带到市内，起到疏通气流的作用，减弱市中心热岛效应。这种断面布局合理，适用于市区主要街道，同时有利于各种绿化材料的应用及美化街景。

（二）植物配置

1. 一板二带的植物配置

目前国内一板二带绿化树木栽植形式多为两侧各栽一行乔木。由于街道狭窄，行道树下通常作为人行道，故而乔木下不栽植花灌木，一般不挖长条树池，而是围绕树的根迹挖成圆形或方形树池。

一板二带在市内三级街道居多，和生活区接近，为了美化市容，净化环境，增强防护效益，一板二带的植物配置应考虑行人和行车的遮阴要求，还不要影响交通和路灯照明。这类街道一般人、车混用，由于街道狭窄、光线不足，要选择半耐荫树种，以形成和谐相称的绿色通道。在两株乔木间，可适当配置耐荫花木或宿根花卉，不经常通机动车的街道可设置花境，以丰富道路景观。住宅小区的街道两侧，可选用开花或叶色富于变化的亚乔木，为街道增色。城市小巷最好栽植落叶树种，以免在葱郁的树冠覆盖下，冬天得不到阳光照射，积雪不化，给行路造成困难，一般只宜在南北向街道上适当配置常绿树种。临街围墙和围栅要适当栽植些爬藤植物。

2. 二板三带的绿化植物配置

在二板三带绿化的条件下，一般路面比较宽，且人行道一般是在两侧绿带中，因此边带绿化多为栽植双行乔木，两行树间有 2～3 m 的人行道。例如，南北走向道路边带靠近马路一侧可选择观花、观果或观叶的亚乔木，靠近两边建筑物的一侧可栽植高大荫浓的乔木。这样，站在马路中间观看两侧绿化带，给人有层次感。在亚乔木间（即靠近路边的一行树间）可间栽花灌木或剪形的灌木，外侧一行可间栽常绿针叶树，以增强冬季的防护效果。东西向马路南侧，边行树要尽量选择较耐荫的树种。为了不影响南侧靠近路边的一行树的生长，两行树木应插空交错栽植。为了美化市容，丰富街景，上层林冠乔木树种要栽得稀疏些，尽量配置成乔、灌、草复合形式，在绿化带较宽的条件下，尽量配植绿篱，显得街道绿化规整、有层次，对消减噪声、滞尘和吸收有害气体均为有利。

中间分车绿带尽量栽植叶大荫浓的树种。要尽量选择树形整齐的，如桧柏、云杉、冷杉等，间栽灌木、剪形灌木或花丛，以免影响交通视线，为减弱噪声和吸滞灰尘，还要适当配置绿篱。

3. 三板四带的绿化植物配置

三板四带的街道都比较宽敞，中间板即两条分车绿带间是机动车上下行的路线，以分车绿带与外侧的非机动车道分开。分车绿带宽 4.5 m，植物配置时不必考虑快慢车碰撞问题，但在接近交叉路口时需要考虑避免视线阻挡。可以用常绿树和落叶乔、灌木相间配置，但落叶乔木尽量采用观花、观果或观叶的亚乔木。其灌木最好选用不同花期、不同花色的花灌木相间栽植。分车绿带 3～4 m 宽时可在靠近非机动车道一侧栽植绿篱，而靠近机动车道一侧设置低围栅栏。分车绿带大于 4 m 宽时可在两侧都栽绿篱，这对防尘、消减噪声、保护绿篱内的花灌木和草本花卉正常生长都有好处。在绿篱内空地上适当栽植些草本宿根花卉和草坪植物，整个分车绿带将形成乔、灌、草相配置的形式，既丰富了街道景观，又利于滞尘、消减噪声、吸滞有毒有害气体。在分车绿带较窄的情况下可在围栅或绿篱中间栽植适于剪形的灌木，给人以整齐美观感，又起到交通分车线作用。在剪形灌木中间适当栽植草本花卉，可使街面富于生气。

三板四带街道两侧边带绿化，可采用双行或多行栽植，绿带中间设人行道。在靠近车道一侧最好栽植一行观花或观叶的亚乔木；在靠建筑物的一侧栽植单行、双行或多行乔木。如栽两行以上乔木，最好交错栽植。在树种选择上要尽量选择树形美、寿命长、落叶整齐的树种，树下最好间栽耐荫的花灌木。这样利于滞尘、吸毒、消减交通噪声，使路两侧的居民免受环境污染，如道路是东西走向的，其南侧边带最好选用耐荫树种。

在有条件的地方，三板四带的两侧绿带可建成带状绿地，可借用为功能分区的隔离林带。其树种应尽量选择抗污染、滞尘、吸毒、防噪声能力高的。

（三）植物配置原则与要点

①在树种搭配上，最好做到深根系树种和浅根系树种各尽其用。深根系树种比浅根系树种耐旱，在土壤保水力差的地方要多栽耐旱、根系发育旺盛的深根系树种。在土壤保水力比较好的地方或近河岸、湖旁地方可栽浅根系喜湿树种。

②喜光树种和较耐荫树种相结合，上层林冠为喜光树种，下层林冠为庇荫树种。例如，东西走向街道的南侧，南北走向街道的西侧和街道林带的第二层林冠的亚乔木，第三层的花灌木，应选择下部侧枝生长茂盛、叶色浓绿、叶厚、质密、较耐荫的树种。反之，东西走向街道的北侧，南北走向街道的东侧及行道树上层林冠树种，应尽量选择喜光、耐热、耐干旱的树种。

③街道绿带在双行或多行栽植情况下，最好是针叶树和阔叶树相结合，常绿树和落叶树相结合，其优点是减少病虫害，增加绿化、美化、净化环境的功能。

④木本植物和草本植物相结合，本地植物与外来引进植物（实践证明在本地可安家的树种）相结合，借用所长，补其所短，这样就可避免各树种之间争肥、争光、争水等各种弊病。

⑤要充分考虑各种绿化树种生长发育的自然规律。一般每个树种都要经历或长或短的幼龄、成龄和老龄等几个发育时期，不同树种每个时期长短有很大差异，而且每个树种不同生长发育时期对水、肥、气、热等各生长要素的竞争能力和对环境的适应能力以及自身的形态表现、习性等都不尽相同。一般树木定植后，要求尽可能相对稳定，在配置时对树木生长过程中各个时期种间、株间可能产生的矛盾和优势，要加以考虑，顺其自然，合理搭配，使其达到理想效果。

⑥掌握各树种的观赏特性，选择观赏价值高的用以街道绿化，创造不同的街道景观。树木的冠、干、枝形状，皮色、叶色，果色、果形、果的大小，花期长短，花色、花的大小，以及观花期、观果期树木的整体姿态，随着时间的推移、季相变换都会有千变万化，如配置得当便可组成奇妙的植物景观。利用不同树种，采用不同的结构配置方式可提供丰富多彩的观赏效果。

随着城市建设发展，城市绿化向着净化、美化、香化发展，对于街道上栽植观花、观果树种的需求更是日益迫切。有的城市提出三季、四季观花，一季观果，一季观叶的目标。这就要求今后街道树的配置要做到精心设计，不同环境创造不同景观。例如，同一花期不同花色树种配置在一起，可构成繁花似锦；还可把花期不同的树种配置起来，获得从春到秋开花连绵不断的效果。

⑦根据所处的环境条件、污染物质种类，选择相应的滞尘、吸毒、消减噪声能力强的树种，以求提高街道净化林的净化效果。在交通频繁的街道或靠近焦化

厂、炼钢厂、水泥厂的街道边带绿化要尽量选择叶面多皱纹的（如榆树），叶面粗糙的（如荚莲），叶表面多绒毛和叶片稠密的（如杨树、柳树），叶面较大的（如黄金树、梓树等）树种，对滞尘会有较好的效果。通过实际测定，旱柳滞尘 18.14t/a·hm²，榆树可滞尘 16.llt/a·hm²，桑树可滞尘 12.lt/a·hm²。其次如加拿大杨、刺槐、山桃、枫杨、花曲柳、皂角、美青杨等都有较高的滞尘能力。

凡是冠幅大、枝叶繁茂、分枝点距地面低的树种对噪声消减效果均好。旱柳、美青杨、榆树、桑树、复叶槭、梓树、刺槐、山桃、桧柏、皂角对噪声均有较好的消声效果。在交通频繁的街道，近钢铁生产厂区或近大型机械厂要特别重视选择对噪声消减能力强的树种。在植物配置上最好以乔木、亚乔木、灌木和草坪植物相配置。针、阔混交配置形式冬夏均起到较好的防声效果。绿带两侧最好设置绿篱更有利于防声。

交通干道如果是在污染区与居民区之间穿过，可借用该道绿化起到卫生隔离林带作用。在树种选择上应根据污染区放出的主要有害气体类型，选栽相应抗该种有害气体能力强且对该种有害气体有较大吸滞能力的树种。

⑧街道树配置株行距问题。街道绿化，一般多采用规则式、行植。其株距与行距的大小，应视树木种类、冠幅大小和需要遮阴郁闭程度而定。在市区一般高大乔木株距为 5～8 m，其行距要视邻行树种大小而定。如果两行都是同一树种，行距一般不小于株距。如两行插空栽植，行距可适当变窄些。中、小乔木的株行距为 3～5 m，大灌木为 2～3 m，小灌木为 1～2 m。具体情况要根据街道宽窄、绿带植物配置及整体布局灵活掌握。

北方城市街道绿化的格局应该是：以乔木为主，乔木、灌木、草坪和花卉相结合，垂直绿化、主体绿化相辅助，多品种、多色调、多层次，三季有花，四季有绿，真正达到点上成景、线上成荫、面上成林、环上成带的景观效果。建立具有绿化特点的景观街路，形成新颖的绿化格局。对改造后的街路广场，在绿化美化上也要形成特色。植物景观要与建筑相协调，建议利用植物的观赏特性（观花、观叶、观形、观色、观果等），在某一街道集中栽植某一树种，形成一街一树、一街一景，这种格局在中小街路上的景观效果会更突出；在新建、扩建街路建设树、花、草复层结构，建造生态园林景观。

三、行道树选择

（一）行道树选择的重要性

城市行道树种是城市绿地系统的重要组成部分，是城市绿化的骨架。由行道树组成的林荫道，作为城市绿地系统的一大类型，以"线"的形式将城市绿化的"点""面"联结起来而形成绿色网络，对保护和改善城市生态环境、防污除尘、遮阴护路、净化空气、减少噪音、调节气候、美化市容等均有重要作用。因此，如何合理选择行道树种，加强栽培管理，对提高城市绿化水平，并增强其功能均具有重要意义。行道树的选择，能集中反映一个城市的地方园林特色。

近十几年来，城市建设和城市园林绿化发展较快，城市行道树种不断丰富和发展。城市行道树由先前的十余种发展到了目前的二十余种，形成了城市街道绿化的基本格调。但是，就目前城市行道树的应用现状来看，仍普遍存在着部分种类观赏性降低，绿化单一，病虫害较为严重，树木不断死亡，飞絮等方面的问题，在一定程度上影响了城市园林绿化的进一步发展。因此，选择应用观赏价值高、适应性强、病虫害少的行道树种，以丰富城市的街道绿化景观，提高城市的园林绿化水平，已成为目前城市园林绿化工作中的重要研究课题之一。

（二）行道树选择的原则

大工业城市，人多、车多、灰尘大、污染重，选择树种时应侧重考虑抗逆性、适应性强，能更好地发挥绿化功能的树种，在栽植形式上建议根据自然植物群落形成的原理，采用树种混交及乔、灌、草等复层结构，有条件的地方要营造多行绿化带，绿化观赏效果好。多年的实践经验表明，定向种植以乔灌木为主的多层次结构的植物群落，既可增强绿化效果，又可从根本上控制病虫害的发生和蔓延。在植物种类的选择上应尽可能遵循因地制宜的原则。

城市道路绿化除了考虑吸尘、净化空气、减弱噪声等功能外，最主要的是要解决两个问题：一是遮阴，降低夏季高温，改善环境小气候；二是美化市容，有利于观瞻。城市行道树的规划不但要符合常规园林绿化的要求和标准，还要满足不同区域不同条件下人们对行道树的需要，也就是说要根据不同功能区的特点对行道树进行区域性选择。

根据上述功能，城市道路绿化行道树树种选择原则是：①应以成荫快、树冠大的树种为主。②在绿化带中应选择兼有观赏和遮阴功能的树种。③城市出入口和广场应选择能体现地方特色的树种，它是展示城市绿化、美化水平的一个非常重要的窗口，关系到我们的城市形象，所以必须给它们确立一个鲜明而富有特色的主题。④乔灌草结合的原则。

（三）行道树选择的标准

行道树是为了美化、遮阴和防护等在道旁栽植的乔木。行道树是城市街道、乡镇公路、各类园路特定环境栽植的树种，生态条件十分复杂，功能要求也各有差异。行道树种的选择，关系到道路绿化的成败、绿化效果的快慢及绿化效应是否充分发挥等问题。由于城市街道的环境条件十分严酷，如土壤条件差、空气污染严重、车辆频繁、灰尘大、人为干扰多、空中缆线和地下管道障碍等，使得行道树的生存越来越困难。然而，随着人们生活水平的日益提高，人们对生活环境的质量提出了更高的要求。行道树的选择和规划不仅要考虑到人们感观上的需要，还要考虑其是否在改善城市环境污染方面起到积极的作用。因此，现代化城市的行道树树种的选择要兼有观赏价值、生态学价值和经济价值。选择树种时要对各种不同因素进行综合考虑。根据城市街道特定环境对行道树的一般功能要求，确定以下一些标准。

1. 树种自身形态特征条件

①行道树特别是一、二级街道上层林冠树种，要求树势高大、体形优美、树冠整齐、枝繁叶茂、冠大荫浓、叶色富于季相变化。下层树种要求花朵艳丽、芳香郁馥、秋色丰富，可以美化环境，庇荫行人。

②树木干净，不污染环境。花果无毒，树身清洁，无黏液、无臭气、无毒性、无棘刺，无飞絮，少飞粉，不招惹蚊蝇，落花落果不易伤人，不污染路面，不致造成行车事故。

③树干通直挺拔，木材最好可用，生长迅速，寿命长，树姿端正，主干端直，分枝点高（一般要求 2.8 m 或 3.5 m 以上），不妨碍车辆安全行驶。最好是从乡土树种或者常用树种中选择成活容易的树种。

④基本选用落叶树种，根据气候和道路宽度也可选择一些常绿针叶树种。

2. 生态适应性和生态功能

①适应性强。在城市恶劣的气候和土壤条件下能生长，对土壤酸碱度范围要求较宽，耐旱、耐寒、耐瘠薄、耐修剪、病虫害少、对管理要求不高。

②抗性强。对烟尘、风害、地下管网漏气，房屋、铺装道路较强辐射热，土壤透气性不良等有较强的抗性或吸尘效应高的树种。

③萌生性强，愈伤能力强。树木受伤后，能够较快或较好地愈合，耐修剪整形，适于剪成各种形状，可控制其高生长，以免影响空中电缆。

④具有乡土特色。要从乡土树种或常用树种中选择繁殖容易和移栽易于成活的树种。

⑤根际无萌蘖和盘根。老根不致凸出地面破坏人行道的地面铺装。

⑥种苗来源丰富，大苗移植易于成活，养护抚育容易，管理费用低。

⑦绿化效果好。应选择放叶或开花早、落叶晚、绿化效果高、落叶时间集中、

便于清扫的树种。

（四）行道树树种的运用对策

1. 突出城市的基调树种，形成独特的城市绿化风格

行道树是一个城市园林的基本组成部分，是城市绿化的通道。行道树一旦种下，为保持整齐性，调整时需整条进行改造。因此，行道树树种的选择需慎之又慎，在遵从行道树树种选择原则的前提下，应对行道树的树形、抗性及观赏价值进行综合分析，制定行道树种运用的指导性规划，逐步更换一些不适合做行道树的树种，择优选择基调树种和骨干树种，突出风格，形成具有当地风光和特色的城市园林景观。

为了使行道树达到美化和香化的效果，还需要进一步发掘一些大花乔木和香花乔木树种。

2. 树种运用必须符合城市园林的可持续发展原则

为尽快体现行道树的作用和功能，要求行道树生长较快，而在选择树种生长速度的同时又必须考虑树种的寿命。因为速生树种虽然生长迅速，绿化效果快，但速生树种寿命比较短，易衰老。慢生树虽然生长缓慢，但寿命长，能实现绿化的长效性。只有选择长寿的树种，才可让明天有参天大树。因此要综合考虑生长速度和长寿两个因子，以实现城市园林绿化的可持续发展。

3. 注重景观效果，形成多姿多彩的园林绿化景观

随着时代和经济的发展，人们不再满足于只有树荫，而要求树形美观、花果漂亮。行道树的功能主要是为行人蔽荫，同时美化街景。所以行道树的运用必须注重其树形、花果、季相的观赏价值，利用植物不同的树形、线条和色彩，形成多姿多彩的园林绿化景观，以达到四季有景、富于变化的效果。

4. 尽量减少行道树的迁移，提倡在新建区或改造区路段植小树

在市政建设尤其是道路改造过程中迁移的树木，大多是生长茂盛的大树。而大树在移植过程中会造成根系的伤害和树皮的损伤，且大树本身重量大，重新种植后恢复慢，抗风能力差。俗话说"十年树木"，树木生长需要一个较长的时间，故应尽量减少行道树的迁移，迫不得已时，也应严格按移植的规范程序操作。

5. 完善配套设施，改变行道树的生长环境

行道树的生长条件相对较差，除了尽量避免各种电线、管道，选择抗瘠薄、耐修剪的行道树种外，还应完善配套设施，努力改善行道树的生长环境。

6. 建立行道树备用苗基地，按标准进行补植

备用苗基地中的树木与行道树基本同龄，这样就为补植提供了保障。一方面

可以提高种植苗成活率，另一方面又可避免因没有合适的苗木而补植其他树种或规格相差很远的树苗。

（五）行道树种选择的方案

原则上应根据上述条件选择行道树树种，但不可能要求每一个树种都具备上述所有条件。因此需根据环境条件存在的主要矛盾，相应地选择适应该地条件的绿化树种。根据综合评价其综合效能的高低，以沈阳市为例，行道树选择方案如下。

1. 基调树种（代表沈阳市街道绿化风格的普及树种）

油松、柳树（旱柳和绦柳）、银中杨、山杏和山桃。

2. 骨干树种（在沈阳市街道绿化中发挥骨干作用、普遍应用的优异树种）

①针叶树种：红皮云杉、杉松冷杉、桧柏、丹东桧柏、青扦云杉、白扦云杉、沈阳桧柏、紫杉。

②阔叶树种：榆树、绒毛白蜡、小叶杨、刺槐、臭椿、桑树、小叶朴、山皂角、色木槭、小叶白蜡、元宝槭、美国白蜡、沙枣、新疆杨、大叶朴、黄檗、花曲柳、梓树。

③灌木树种：金银忍冬、黄刺玫、卫矛、紫丁香、欧丁香、大花溲疏、珍珠梅、暴马丁香、鸡树条荚莲、鸾枝、茶条槭、京山梅花、东北山梅花、小桃红、玫瑰、野蔷薇、伞花蔷薇、文冠果、卵叶连翘、接骨木、锦带花、早花锦带、猬实、紫穗槐、大花水桠木。

④藤本植物：北五味子、地锦、忍冬、南蛇藤。

3. 建议发展树种

①针叶乔木：红松、长白落叶松（适于东北地区）、白皮松、侧柏。

②阔叶乔木：火炬树、桃叶卫矛、槲树、辽东栎、蒙古栎、垂榆、国槐、银白杨、水榆、山槐、紫椴、核桃楸、栾树、水曲柳、华北卫矛、小青杨、青楷槭、枣树、山桃稠李、银杏、加幸大杨、垂柳、复叶槭、毛赤杨、山杨、刺榆、糠椴、花楸、槲栎、春榆、黄榆、东北杏、美青杨、山楂、毛叶黄栌、美国木豆树、黄金树、毛白杨、白桦、刺楸。

③针叶灌木：爬地柏、矮紫杉、砂地柏。

④阔叶灌木：金老梅、光萼溲疏、李叶溲疏、毛樱桃、山刺梅、柳叶绣线菊、鼠李、东北连翘、辽东丁香、东北扁核木、绢毛绣线菊、土庄绣线菊、珍珠绣线菊、三裂绣线菊、水蜡、什锦丁香、鞑靼忍冬、野珠兰、日本绣线菊、东陵绣球、天女木兰、多季玫瑰、沙棘、小檗、紫叶小檗、风箱果、榆叶梅、东北鼠李、连

翘、长白忍冬、省沽油、树锦鸡儿、美丽忍冬、美丽锦带花、叶底珠、红瑞木、兴安杜鹃、迎红杜鹃、金钟连翘、百里香。

⑤藤本植物：紫藤、山葡萄、软枣猕猴桃、狗枣猕猴桃、葛枣猕猴桃、七角白蔹、三叶白蔹、花蓼、五叶地锦、葛藤、杠柳。

（六）行道树的设计

行道树是街道绿化的组成部分，沿道路种植一行或几行乔木，是街道绿化最普遍的形式。

1. 行道树种植带的宽度

为了保证树木正常生长，在道路设计时应留出 1.5 m 以上的种植带，如用地紧张至少也应留出 1.0 ～ 1.2 m 的绿化带。

行道树种植带可以是条形，也可以是方形。条形树池施工方便，对树木生长有好处，但裸露土地多，不利于街道卫生。方形树池可在树池间的裸土上种植草皮或草花。方形树池多用在行人往来频繁地段，方池大小一般采用 1.5 m×1.5 m，也有用 1.2 m×1.2 m、1.75 m×1.75 m 的；在道路较宽地段也有用 2 m×2 m 的。

树池的边石一般高出人行道地面 10 ～ 15 cm，也有和人行道等高的，前者对树木有保护作用，后者行人走路方便。

2. 确定合理的株距

行道树的株距要根据该树种的树冠大小、生长速度和苗木规格来决定。此外还要考虑远近期的结合，如在一些次要街道开始以小的株距种植，几年后间移，培养出一批大规格苗木，这样既可充分利用土地，又能在近期获得较好的绿化效果。

行道树的株距，我国各大城市略有不同，就目前趋势看，由于多采用大规格苗木，逐渐趋向于加大株距，采用定植株距。常用株距有 4m、5m、6m、8m 等。

3. 行道树与管线

行道树是沿车行道种植的，沿车行道有各种管线，在设计行道树时一定要处理好与它们的关系，才能达到理想的效果。

行道树种选择是关系到城市绿化水平和绿化速度的重要因素，主要应从树种的形态功能及生态学观点考虑，通过行道树栽培现状调查和试验研究的途径，根据"因地制宜，适地适树"的原则进行。

在中心城区内，进行道路、公园、游园广场、社区等的绿化布局，调整街道绿化树种结构，新建、扩建街心绿地，建设花园式庭院，使整个绿化结构合理、布局均匀、系统完整。同时，在绿化手法上，在面上求"野"（即自然）、在线上求"层"（即多层次）、在点上求"精"，从而，满足人们游览、观赏、旅游、生态等多功能的要求。同时注重以文化古迹为中心的绿化体系建设，注意敏感区和风景旅游区的保护，最终形成道路、水系、绿化带相互配套、城乡连接、外楔于内开放型、网络式、辐射状的生态绿地系统和绿色空间体系。

第二节　社区绿化工程

一、居住区绿化

（一）目前城市居住区绿化中存在的问题

随着城市现代化进程的加快，居住区的规划建设进入新的阶段，居住区的绿化工作也面临着新的课题，出现了一些新的问题。

1. 居住区绿地水平低，未达到国家规定的标准

建设部颁布的行业标准《居住区规划设计规范》中规定，新建居住区中绿地率不低于 30%，旧区改造中不低于 25%，居住小区公共绿地应不少于 1 m²/ 人，居住区应不少于 1.5 m²/ 人。建设部提出的小康住宅十条新标准中，第十条规定：有宜人的绿化及景观建设，人均绿化面积 0.8 ～ 1 m²。

目前城市人口密集、土地短缺，居住区绿化覆盖率很低，未改造地区住房条件紧张，房屋前后搭接临时建筑，几乎没有绿化条件。在居民住宅小区缺乏较大的绿地斑块及带状廊道；新建居民住区楼房建筑形式多为行列式，空间小；因此绝大多数小区没有按国家规定 1 ～ 2 m²/ 人预留绿地，即使比较好的居住小区规划的绿地面积也只有 0.5 m²/ 人，楼距之间又被车库、托儿所、锅炉房、居委会占据，实际几乎没有绿地，未能达到《城市居住区规划设计规范》所要求的"新区建设绿地率不应低于 30%"的水平。

另外，由于城市化进程的加速，居住区用地紧张，高层住宅区越来越多，极大地改变了居住区中传统的宅间绿地、组团绿地的布局，点式高层住宅的增加使绿地的归属性降低。在绿地总量不变的条件下，虽增大了公共绿地的面积，却使人均绿地面积降低了，造成了居住环境的恶化。

2. 部分居住区绿化不够完善

一些居住区绿化中存在树种单调，结构简单，层次感不强，物种丰富度不足，群落稳定性较差，绿地配置形式呆板，绿化效果不佳，建筑小品过多等问题。且

小区的小品追求装饰性、豪华性、异域性，缺少实用性及同居民需求的结合。

3.居住绿化建设未能"因地制宜"，绿化设计缺乏特色

居住环境绿化设计缺乏地方和文化特色。虽然有些住宅区建筑设计在挖掘传统文化、体现地方风格和特色等方面都做了尝试，但对环境绿化设计的特色重视不够，没有或进行深入研究得不够，未能做到"因地制宜"。

环境绿化是对住宅建筑自然生态的恢复，是对城市人工环境中自然氛围的补充。然而，在目前城市住宅的规划建设中，存在一种人工植树、铺草就是高水准、现代化的认识倾向。因此，无论原地自然条件如何，一律首先填沟推山、搞平基地再行规划设计，既抹掉了原有的自然地貌意趣，又给设计者带来创新的难度，造成了新建的住宅区千篇一律，一个模式，缺乏特色。

4.过分强调草坪绿化

过分强调绿化的美化作用，同过去以"绿"为主的方针形成鲜明的对比。以草代木现象严重。大草坪＋草花或大草坪＋点景树的种植模式在住宅小区大量地应用。许多城市新建的住宅区，特别是一些高档住宅区，把草坪多、林木少看作是"洋化""设计新""水平高"的典范，大加推崇。

草坪对环境的保护远不如乔灌草混合型的。而且以草坪为主的住宅区绿地，实际的绿化养护费是一般乔灌草混合型的 3～5 倍；其所发挥的生态效益则是同样面积乔灌草复合群落的1/4。随着居住时间的加长，居民对林木种类、数量缺乏带来景象单调、室外暴晒、活动不便等弊病会有越来越深的体验，高额的绿化养护费也会给物业管理部门及住户带来不合理的经济负担。区域绿化植物种类的贫乏，还会给植物病虫害的爆发和蔓延提供便利。

5.居住区环境绿地利用率低

居住区绿化为城市居民创造自然的环境，也为久居城市的居民提供最便捷的活动空间。为此，《居住区设计规范》将绿地作为技术指标，在居住区、居住小区、组团不同的层次，做出明确的规定，以保证居住环境绿地游憩功能的发挥。一个城市内较大的居住区内的环境绿化区，都应配有供休息、游憩的活动设施。但居民对园林设计者精心规划设计的游园、组团绿地以及设施利用率并不很高，仅在 60% 左右，大部分偏于儿童活动设施。更多的场地、休息设施落于荒废。与此同时，住宅区内的道路却成为居民休憩散步、活动交往的主要场所。由于目前多数住宅区机动车可进入，而停车场匮乏，现有的道路一半用作停车场，从而产生人车争地的现象，最终仍导致小区总体绿量的减少，使绿地环境效益降低。而且，居住区内汽车来往或乱停放既不安全也不利于居民身心健康。

6. 未能针对环境功能开展绿化

许多居住区绿化未针对所处的环境功能进行绿化，导致部分绿地功能欠缺，如医院住院区、工业区的居住区等。许多厂矿行政领导总喜欢照搬市区环境绿化较好的居住区做样板来效仿，而工矿区的宿舍污染严重，花草树木长不好，绿化对改善环境作用不大，结果是年年栽花花不开，栽树长不大。

（二）居住区绿化植物的选择与配置

由于居民每天大部分时间在居住区中度过，所以居住区绿化的功能、植物配置等不同于其他公共绿地。居住区的绿化要把生态环境效果放在第一位，最大限度地发挥植物改善和美化环境的功能，植物配置力求科学合理规范。居住区的绿地功能要以老人和儿童为主体。

有的学者提出了居住区植物种植丰实度的概念，即在不同地带一定面积的小区内木本植物种类应达到一定数量；在乔木、灌木、草本、藤本等植物类型的植物配置上应有一定的搭配组合，尽可能做到立体群落种植，以最大限度地发挥植物的生态效益；在植物配置上，应体现出季相的变化，至少做到三季有花；在植物种类上有一定的新优植物的应用。下面以北方城市为例，进行分析。

近年来，人们对居住区绿化树种的要求越来越高，原有的杨、柳、榆、槐等乡土树种已远远不能适应现代小区绿化美化的需要。应对其他病虫害少、无毒无刺的乡土树种和适应性强的外来树种进行合理的选择、配置，适地适树，使之在小区绿化中发挥最佳的生态效益，达到绿化、美化的最佳效果。

1. 以乡土树种为主，突出地方特色

居住区绿化应强调植物造景为主，植物选择以乡土树种为主，外来树种为辅，着重突出地方特色。

为保证居住区绿化的覆盖率，增加绿季，居住区植物选择应以乡土树种为主，外来树种为辅。选用阔叶乔木、适当配置常绿树、落叶树及花灌木，并根据速生树与慢生树相结合的原则，积极发展草坪、攀缘植物和地被植物，提高绿化覆盖率。各楼间特点突出、风格各异，但又总体协调统一。只有突出地方特色，居住区环境的魅力才能经久不衰。

适合北方城市居住区的绿化树种，针叶乔木类有油松、红松、白皮松、赤松、杉松、冷杉、红皮云杉、青扦云杉、白扦云杉、侧柏、桧柏、杜松等。

阔叶乔木类主要有杨树（银中杨、加拿大杨、小叶杨）、柳树（旱柳、馒头柳、垂柳雄株）、榆树（榆树、春榆）、白桦、黑桦、核桃揪、糖槭、茶条槭、色木槭、糠锻、紫椴、臭椿、刺槐、槐树、银杏、绒毛白蜡、小叶白蜡等。

花灌木类主要有丁香、榆叶梅、连翘、东北珍珠梅、绣线菊、玫瑰、红瑞木、黄刺玫、水蜡树、东北扁核木、金缕梅、金银木、紫叶李、丰花月季、西府海棠等。

草坪及地被植物有早熟禾、北国绿、肥皂草、铃兰、紫萼玉簪、野草莓、马蔺、萱草、射干、鸢尾、牡丹、芍药、荷兰菊、堇菜、百里香等。

在居民区等地往往追求树种的遮阴性、美化性、多样性和珍贵性，因此这些区域是引种珍贵树种和濒危树种的良好场所。

在居住区附近的商贸区，由于各种商业活动，造成了行人密度大、车辆多、污染严重，因此行道树应选择抗性和杀菌能力强的树种，如刺槐、栾树、旱柳、女贞、千头椿和槭树科树种等。

根据绿地的功能性质选择合适的苗木，同时使其能生长旺盛，比如，对位于厂、矿、医院等处的居住区环境绿化，应多从乔、灌、草的功能作用分别配置抗逆性能强以及适应地理环境与防污染等功能强的植物。

2. 发挥良好的生态效益

全面满足居住区绿化功能要求，绿地布局合理，发挥良好的生态效益。

居住区绿化的功能是多方面的，其中环境优美、整洁、舒适方便和追求生态效益，满足居民游憩、健身、观景和交流的需要仍然是最本质的功能。居住区是人居环境中最为直接的室外空间，居住区绿化应以人为本，以创造出舒适、卫生、宁静的生态环境为目的。

在植物品种的布局上，要充分考虑园林的医疗保健作用。在植物造景的前提下，适当多用松柏类植物、香料植物、香花类植物，如松类、柏类、樟科、芸香科类植物及香花植物。这些植物的叶片或花可分泌一些芳香类物质，不但对空气中的细菌有杀伤作用，而且人呼吸这类芳香物质后，有提神醒脑、沁心健身的作用。

居住区绿地是构成整个城市点、线、面结合的绿地系统中分布最广的"面"，而面需要有合理的绿地布局，不能只靠某一种绿地来实现。要将公共绿地、道路绿地、楼间绿地相结合。合理配置树种，使居住区绿化具有保健型、知识型以及防尘、减噪、避震等多种功能。在人们密集活动区和安静休息区应有必要的隔离绿带，结合景区划分，实行功能分区。

3. 考虑季相和景观的变化，乔、灌、草有机结合

在居住区，人们生活在一个相对固定的室外空间，每天面对相对固定的环境。因而增强居住区四季景观序列显得尤为重要，目的是使人们生活在一个随季节变化的环境中，享受大自然的生机与美丽。因此，应采用常绿树与落叶树、乔木和灌木、速生树和慢长树、重点与一般相结合的配植方式，使不同树形、色彩的树

种相搭配；种植绿篱、花卉、草皮、地被植物，使乔、灌、花、篱、草相结合，丰富、美化居住环境。

对于北方城市居住区的绿化，要注意常绿树的比例，才不致在冬季没有一丝绿色。速生树与慢长树结合，可以尽快达到绿化效果，又能保持长远稳定的绿化效果。

另外，要注意地被和草坪的应用，以增大绿地率和增强景观效果。

好的居住区环境绿化，除了应种植一定数量的植物种类以外，还应有植物类型和组成层次的多样性作为基础，特别应在植物配置上运用一定量的花卉植物来体现季相的变化。

春夏两季可采用的乔木有柳树、糖槭；花灌木有丁香、榆叶梅、小桃红、黄刺玫、珍珠梅、连翘、月季、玫瑰、绣线菊、茶蔗子、胡枝子等；宿根花卉有牡丹、芍药、萱草、玉簪、大丽花、百合、荷包牡丹、唐菖蒲、美人蕉等。在进行园林绿化设计时，应充分考虑到植物开花先后，花期长短，使之衔接、配置得当，花朵竞相开放，延长花期，即可形成一个百花争艳、万紫千红的绿化、彩化环境。

秋季植物的景观变化主要体现在植物的叶色同周围环境的衬托，如加拿大杨、白蜡树、复叶槭、元宝槭、卫矛等。

冬季用红皮云杉、红瑞木相配置，可以观赏到茎干美丽的色彩；其他如五针松、白皮松、黑松、柞树、白扦云杉、樟子松等都是有色彩的树种。冬季还可以考虑与雪景相衬托的配置方案，如茶条槭红色的叶子与白雪相映，红白分明，以体现冬季的美。

除色彩外，还可利用树姿来创造美。例如，杜松的圆锥状树形、油松的高雅气质、锦鸡儿的绿色树皮、暴马丁香落叶后的树姿都有美的信息可以捕捉和利用。

4. 以乔木为主，种植形式多样且灵活

园林生态效益主要取决于植物的质与量，建筑、山石、非植物材料铺装地面的生态效益是负数。绿量指标是衡量绿化效果的重要因素。在相同的绿地面积上，植物构成不同，所发挥的生态效益相差甚远。不同植物材料的绿量和生态效益也不尽相同，乔木大于灌木，更大于草坪。据测定，一株大乔木的绿景相当于 $50 \sim 70 \, \text{m}^2$ 草坪的绿量。居住区绿化的重要一点是改善生态条件。因此，绿化不管采用什么形式布置，植物选择上都应多考虑使用乔、灌木，以增大绿量。特别是在常有人休息的地方，如座椅附近，要种上遮阴的大乔木国槐、红花刺槐、臭椿、云杉等。由于乔木的多少影响周围的环境气候，所以乔木所占的比例最好不少于80%，其中阔叶树以不少于整个乔木的85%为宜。至少落叶树种配置比例不低于50%。

树木、花草的种植形式要多种多样。一些道路两侧需要以行列式种植，其他可采用孤植、丛植、群植等手法，以植物种植的多种形式来丰富空间变化。

高大乔木宜选为背景林和广场的遮阴观赏林，以组团种植为主，尽可能减少行列式种植。道路两侧一般可成行栽植树冠宽阔、遮阴效果好的树木，也可采用丛植、群植等手法，以打破成行成列的单调和呆板，以植树布置的多种形式来丰富空间的变化，并结合道路的方向、建筑、门洞等形成对景、框景、借景等，创造良好的景观效果，同时注意普遍绿化，尽量增加绿量，不要黄土露天，影响绿地面貌和环境。

对于那些有电线、电话线、热力、煤气管道经过，不适合种乔木的地方，为了减少尘土，调节温度，要种植草花、草坪等地被植物。

5. 选择易管理的植物

由于大部分居住区的绿化管理相对落后，同时考虑到资金的因素，宜选择生长健壮、管理粗放、少病虫害、有地方特色的优良植物种类。还可栽植些有经济价值的植物，特别是在庭院内、专用绿地内可多栽既经济又有较好观赏价值的植物，如核桃、樱桃、葡萄、玫瑰、连翘等。

花卉的布置可以使居住区增色添景，可考虑大量种植宿根花卉及自播繁衍能力强的花卉，以省工节资，获得良好的观赏效果，如美人蕉、蜀葵、玉簪、芍药等。

6. 提倡发展垂直绿化

宜使用多种攀缘植物来绿化建筑物墙面、各种围栏、矮墙，以提高居住区立体绿化的效果，提高绿视率，使人们生活在一个绿色的环境里。同时，可用攀缘植物遮挡丑陋之物。垂直绿化是一种早已被人们接受和广泛采用的扩大绿色空间的办法。对于小区内的围墙、无窗的住宅山墙，都可以采用这种种植方式。利用爬藤植物的攀缘性向空间要绿色。这样，既扩大了绿色范围，又由于植物的季相变换丰富和补充了建筑的立面效果，使那些给人以生硬感的景观转化为具有生命力和柔和、亲切感的软质景观。

主要攀缘植物有地锦、五叶地锦、金银花、蔓性月季、南蛇藤、紫藤等。

7. 注意安全卫生

在居住区宜选择无飞絮、无毒、无刺激性和无污染的植物。特别是在居住区内的幼儿园及儿童游戏场地忌用有毒、带刺、带尖以及易引起过敏的植物，避免伤害儿童，如夹竹桃、玫瑰、桧柏、黄刺枚、漆树。在运动场、活动场地不宜栽植大量飞毛、落果的树木，如杨树雌株、柳树雌株、银杏雌株、悬铃木。

8.注意建筑物的通风、采光，并与建筑物地下管网保留适当的距离

如果植物种植距建筑物太近，则会影响其生长和破坏地下管网。宅旁绿地一般尽量集中在向阳一侧，因为住宅楼朝南一侧往往形成良好的小气候条件，光照条件好，有利于植物的生长，可采用丰富的植物种类。但种植乔木不要离建筑距离太近（一般乔木距建筑物 5 m 左右），以免影响一层室内采光和通风。乔木距地下管网应有 2 m 左右；灌木距建筑物和地下管网 1 ～ 1.5 m。在窗口下也不要种植大灌木。住宅北侧日光不足不利于植物生长，可将道路、埋置管线布置在这里。绿化时，应采用耐荫植物种类。另外，在东西两侧可种植高大乔木遮挡夏日的骄阳，在西北侧可种植高大乔木以阻挡冬季的寒风。

9.注意植物生长的生态环境，适地适树

由于居住区建筑往往占据光照条件好的方位，绿地常常受挡而处于阴影之中。在阴面应考虑阴生植物的选用，如珍珠梅、金银木、桧柏等。对于一些引种树种要慎重，以免"水土不服"，生长不良。同时，可以从生态功能出发，建立有益身心健康的保健、香花种类或有益招引鸟类的植物群落。

总之，在居住区园林绿化中，植物的配置既要注意遮阴，又要注意采光和美化，做到乔、灌、草相结合，四季常青，三季有花，使居住环境空间清新、舒适、优雅，将居住区的环境提高到一个新境界。

（三）居住区的绿化规划与设计

居住区在城市中占地面积比例较大，因此居住区的绿化是城市绿化系统的主要组成部分。居住区内的绿化对保护居民身体健康，创造安静、舒适、卫生和美观的环境起着十分重要的作用。环境质量的核心为功能质量，包括保护大气环境的功能、审美的功能、休闲和社会交往等功能。因此，居住环境设计不应仅是绿化，还要满足居住环境多功能的要求。除了按国家规定留出必需的空地外，还要尽量做到见缝插针栽植绿色植物，才能提高市区绿化覆盖率。为保证居住区的空气新鲜、阳光充沛，形成局部宜人的小气候，居住区中的绿地面积应不少于居住区面积的 30% ～ 40%。

根据住宅区的功能分区和居民生活上的需求，居住区的绿化，要采取集中与分散相结合；重点与一般相结合；点、线、面相结合的原则，从而形成功能分布合理的居住区绿化组团系统，做到局部特色与整体效果的统一，并与城市整体绿化体系相协调。

居民区绿化在于发挥绿地多种效益，因环境污染不太严重，可种植多种树种，绿化形式亦可多种多样，街心花园、小型花园、小块林地、草坪等都是理想形式。

1. 居住区园林绿地规划

居住区园林绿地规划一般分为：道路绿化、小型公共绿地规划及住宅楼间绿地规划。

（1）居住区道路绿化

居住区内根据功能要求和居住规模的大小，道路一般分为三级。主要道路、次要道路和小路。在主要道路两侧留有 2 ～ 3 m 的绿化种植带，绿化应考虑行人遮阴又不妨碍交通。次要道路是联系居住区各部分之间的道路，一般留有 1 ～ 2 m 的种植带。当道路与居住建筑物的距离较近时，要注意防尘隔声。居住小区的小路是联系住宅群之间的道路，其绿化布置与建筑物更为密切，可丰富建筑的景观效果。居住区道路绿化应采用不同的植物种类，色彩、形态不同的植物配置。

（2）居住区公共绿地规划

公共绿地是居住区绿地的重要组成部分，最好设在居民经常来往的地方或商业服务中心附近。公共绿地应结合自然地形和绿化现状，采用自然式和规则式，或以两者相结合的园林布局形式，其用地大小应与全区总用地、居民总人数相适应。集中的公共绿地是居民休息、观赏、游乐的重要场所，应考虑对老人、青少年及儿童的文娱、体育、游戏、观赏等活动设施的布置，注意使用方便和避免相互间干扰。需要考虑功能的分区、动与静的分区，并设有石桌、凳椅、简易亭、花架和一定的活动场地。植物的配置，在便于管理的条件下，以乔、灌、草相结合，形成一个优美的生态景观。

（3）住宅楼间的绿地规划

开放式绿化规划。开放式绿地，居民可以进入绿地内活动、休息，不用绿篱或栏杆与周围分隔。通常是在楼间距大于 l0 m 的情况下设置的。可设置一定面积的广场、亭、台、花架等小巧的建筑小品，还可设置一定面积的水、花池、座椅等和一些儿童游乐设施。并针对不同季节配置不同的花木，使每个季节都有一个新感觉，景观绚丽多彩。开放式的绿地规划更方便群众使用，因此利用率最高。

封闭式绿地规划。在居住区有集中公共绿地的情况下，楼间绿地可做成封闭式绿地规划，以绿篱或栏杆与周围分隔。以草坪为主，乔、灌、草相搭配，根据不同季节种植不同时期开花的植物，以供群众观赏。居民不能进入绿地内，绿地中也没有活动、休息场所。

半封闭式绿地规划。介于以上两者之间的绿地规划。是用绿篱或栏杆与周围分隔，但留有若干出入口，并提供了较大面积的活动场所，可设有不同形状、不同组合的花池、桌凳以及一些小型的儿童活动设施、器械，如滑梯、转椅、秋千等，为人们活动开辟了空间场地，增加了室外活动的时间与活动量。适用于人口密度不太高的小区。

2. 居住区绿化设计

居住区绿化的好坏直接关系到居住区内的温度、湿度、空气含氧量等指标。因此，要利用树木花草形成良好的生态结构，努力提高绿地率，达到新居住区绿地率不低于30%，旧居住区改造不宜低于25%的指标，创造良好的生态环境。然而，居住区绿化不能只是简单地种些树木，应该从改善居住区的环境质量、增加景观效果、提高生态效益及卫生保健等方面统筹考虑，满足居民生理和心理上的需求。

居住区绿化在充分满足采光、遮阴等各种功能需要的前提下，要有创新、有特色，要与居住区地形、地貌结合。根据绿地各自不同的功能特点，精心布置宅前屋后、山墙部位、道路、公共绿地和外围周边绿地的绿化。把这些绿地有机结合起来，合理布局。充分利用各种植物的生物学特性，以构建保健型群落为主，辅以观赏型及环保型群落。以植物造景为主，发挥植物在生态平衡中的最大效益。用艺术规律、技术规则和国内外园林建设的先进经验，创造出新颖、奇特、符合现代化特点的居住区绿化形式，达到经济、美观、实用，满足不同年龄段人员的需求。在居住区中还应大力提倡立体绿化。立体绿化以楼墙外壁和其他建筑设施为附体，种植各种攀缘植物，不但能以青藤、绿蔓装饰建筑物外表，扩展绿化层次、增大绿视率，还能发挥其生态效益。

植物配置方面应注意多样性，特别在植物组合上，乔木、灌木、地被、草坪的合理组合，常绿树与落叶树的比例搭配等，都要充分注重生物的多样性。只有保证物种的多样性，才能保持生态的良性循环。为了充分发挥生态效益，尽早实现环境美，应进行适当密植，并依照季节变化，考虑树种搭配，做到常绿与落叶相结合、乔木与灌木相结合、木本与草本相结合、观花与观叶相结合，形成三季有花、四季常青的植物景观。

二、工业区绿化

（一）厂区绿化植物的选择

工厂绿化植物的选择，除与一般城市绿化植物有共同的要求外，又有其特殊要求。要根据工厂具体情况，科学地选择树种，选择具有抵抗各种不良环境条件能力（如抗病虫害、抗污染物、抗涝、抗旱、抗盐碱等）的植物，这是绿化成败的关键。无论是乡土树种，还是外来树种，在污染的工厂环境中，都有一个能否适应的问题。即使是乡土树种，未经试用，也不能大量移入厂区。不同性质的工矿区，排放物不同，污染程度不同；就是在同一工厂内，车间工种不同，对绿化植物的选择要求亦有差异。为取得较好的绿化效果，要根据企业生产特点和地理位置，选择抗污染、防火、降低噪音与粉尘或吸收有害气体、抗逆性强的植物。

工业区是城市的主要污染源，工厂绿化的首要任务是针对污染物的性质，采取一定的绿化方式。它因工厂的类型、企业的性质而不同。例如，钢铁厂主要是防烟尘和二氧化硫等有害气体；化工厂主要是种植隔离带、能适当吸收有害气体的防护带，以及由防火树种组成的防火林带；轻工业如棉纺厂等的绿化主要是为了调节湿度与温度以及小气候的改善；精密仪器工业工厂的绿化目的主要是限制地面和空中固体微粒污染物的飞扬和二次扬起，要有较好的草坪和地被植物的种植，不裸露地面，要有滞留、吸收和过滤尘埃的树带……有些工厂在生产过程中产生噪声超标较大，人们长期在噪声环境中工作会感到情绪烦躁，精神不振，影响效率。如能在车间外围设置多行树带让工人在树带外休息，就可听不到噪声，绿色环境让人安宁。总之，工厂绿化首要功能是保护和改善环境。

1. 选择较强的、抗大气污染的树种及绿化材料

在工厂的大气污染区搞好绿化，首先必须选择抗性强的树种及其他植物，使其在污染区正常生长。由于目前一般工厂有多种有害气体，造成复合污染，最好选用兼抗多种污染物的树种及绿化材料，以达到预期目的。

（1）满足绿化的主要功能要求

不同的工厂对绿化功能的要求各有侧重，有的工厂以防护隔离为主，有的以绿化装饰为主。在大的工矿企业，不同部位对绿化亦有区别。在选择植物材料时，应考虑绿地的主要功能，同时兼顾其他功能的要求。绿化树种选择要因厂因地制宜。确保工厂的树木及其他绿化材料能良好地生长，以达到改善环境、保护环境的目的。

①重工业工厂一般材料多，车辆往来、机器等噪声大，排放的污染物种类多，成分复杂，要求抗性很强，并有防噪防火能力的乔木和灌木。

化工厂、钢铁厂地下地上管线多，原材料堆放场地多，噪声大，排放污染物多种多样，成分复杂，要求具有抗性很强的灌木。

在塑料厂、炼镁厂等工厂，排放出大量的氯气和氯化氢，应栽抗氯性强的树种，如刺槐、紫穗槐、杨树、红柳、臭椿、榆树、山桃、山杏、糖槭等。

在炼油、炼铁、炼焦等工厂，排放出大量的二氧化硫，应栽些吸收二氧化硫的树，如加拿大杨、花曲柳、臭椿、黄柳、刺槐、卫矛、丁香，也可栽些榆树、柳树、合欢等。

橡胶厂、铝厂、玻璃厂、陶瓷厂、磷肥厂和砖瓦厂，在生产中有大量的氟和氟化氢排放出来，应栽些抗氟性强的臭椿、柳树、桑树、枣树、榆树等。

水泥厂和工矿地区的沿路灰尘多，应栽些降尘效果比较好的树种，如构树、松树、刺槐、臭椿、榆树、桑树、沙枣等。

在生产铜、醚、醇的化工厂，应栽植桧柏、柳杉、冷杉、雪松、桦树、桉树、梧桐等杀菌树种。

在北方的煤化工厂、化肥生产区内，空气中含有二氧化硫、一氧化碳、酚、苯类的混合气体，首选树种为榆树、糖槭。适应生长的树种有丁香、锦鸡儿、枸杞。不适合栽植的树种有杨树、垂柳、龙须柳、绣线菊、梓树。在北方的煤化工厂厂区内，焦炉的下风方向不适合栽植红皮云杉。

除此之外，有些工厂因机器隆响、噪音严重，应营造乔木、灌木组成的阻声消声林带。产生强烈噪声的车间如高炉锻压、破碎等车间，在进行绿化布置时，要选择叶面大、枝叶茂密、减噪能力强的树种。从配置方式来看，自然式种植的树林较行列式种植减噪效果好，矮树冠比高树冠减噪效果好，灌木减噪效果好。所以在噪声强烈的车间周围，可用常绿或落叶阔叶树，以乔灌木组成复层混交林，也可利用枝叶密集的绿篱、绿墙进行减噪。对于高架的噪声源，可在其周围种植高大而树冠浓密的乔木。

②纺织、食品等轻工业工厂，一般产品要求一定的温、湿度，特别要防止尘埃、杂菌的污染，因此选择耐阴、滞尘、杀菌力强的植物更为适宜。棉纺厂某些车间对温度、湿度有严格要求，细纱车间夏季不超过 32℃，冬季不低于 22℃，相对湿度要在 53% ～ 56%，布机车间相对湿度要求 72% ～ 75%，这就要求周围密植树大荫浓的乔木，以改善小气候。精密仪表、光学仪器及电子器件厂、刺绣等特殊工厂，为提高产品质量，不仅需要具有抗滞尘能力的植物，而且要求有开阔的绿色空间，大量草坪、地被植物，减少裸露和铺装地面。因产品对于空气质量的要求很高，空气中的尘埃、绒毛、飞絮直接影响产品的正品率。所以，要栽植滞尘能力强、不散发绒毛、飞絮、种毛的树种。最好是多层乔灌木混交，阻挡粉尘，地面种植草坪及地被植物，墙面进行垂直绿化，增强滞尘能力。树木种植要距厂房 10 m 之外，保证室内有足够的自然采光。

③精密仪器厂或电子管厂，要求周围空气干净，应在厂周围密植 30 ～ 50 m 宽的防风林带，厂内植树、种草皮，树种应选择生长迅速、树形高大、枝叶繁茂、树冠比较紧凑、吸尘能力强、寿命相对较长、生长稳定、能更快更好地起防护作用，又能长期具有防护效能的。以园林植物的滞尘作用为主要指标，结合植物吸收二氧化碳、降温增湿作用等指标，选择适于减尘型绿地的园林植物。

常绿乔木类首选：桧柏、侧柏、洒金柏。亦可选用油松、华山松、雪松、白皮松。

落叶乔木类首选：榆树、槐树、元宝枫、银杏、绒毛白蜡、刺槐、臭椿、栾树。

常绿灌木类首选：矮紫杉、沙地柏、朝鲜黄杨、小叶黄杨。

落叶灌木类首选：榆叶梅、紫丁香、天目琼花、锦带花。亦可选用金银木、珍珠梅、丰花月季、太平花。

草坪及地被植物首选：早熟禾、苔草、麦冬、野牛草。

（2）按不同种类污染物的浓度选择绿化植物

一般有毒气体和尘埃对植物有不同影响，而植物对其也有不同反应。必须对长期适应在污染区生长的植物，加以就地取材，灵活应用，以便满足工厂绿化的要求。

①大气以二氧化硫为主的污染区：首选树种为加拿大杨、花曲柳、臭椿、刺槐、卫矛、丁香、旱柳、槐树、毛白杨、白蜡树、榆树、核桃、白皮松、桧柏、朝鲜忍冬等。

②大气以氯气污染为主的污染区：首选树种为山桃、山杏、糖槭等。

③大气以氟化氢污染为主的污染区：首选树种为枣树、榆树、桑树、臭椿、白蜡树、紫穗槐等。

④大气以铅污染为主的污染区：首选树种为赤杨、沙枣、臭椿、皂角等。

⑤大气以镉污染为主的污染区：首选树种为沙枣、山杏、赤杨、山桃等。

⑥大气以铜污染为主的污染区：首选树种为沙枣、赤杨、栾树、臭椿等。

⑦大气以锌污染为主的污染区：首选树种为山杏、栾树、赤杨、茶条槭等。

⑧大气以芳烃污染为主的污染区：首选树种为毛白杨、榆树、山桃、臭椿等。

⑨大气以烯烃污染为主的污染区：首选树种为垂柳、山桃、臭椿、核桃等。

⑩大气以粉尘污染为主的污染区：首选树种为榆树、沙枣等。

对于土壤重金属污染区，生态工程树种首选为：治理镉污染以旱柳、加拿大杨、北京杨为主，治理汞污染以加拿大杨、晚花杨、旱柳为主；治理砷污染以旱柳、加拿大杨、梓树、紫穗槐为主。

2.适地适树，满足植物生态要求，选择抗逆性强的植物

要求植物起防护作用，首先要使植物能正常生长。树种选择时首先要做到"适地适树"，即栽植的植物生态习性要能适应当地的自然条件。选择对环境适应性强，即对土质、气候、干湿度等条件适应能力强的植物。

工厂厂区的环境对植物生长来讲一般比较恶劣。由于多数工厂在生产过程中或多或少产生有害物质，因而，除了大气污染外，工厂区的空气、水、土壤等条件常比其他地区差，有许多不利于植物生长的因素。例如，干旱、气温低、土壤

贫瘠，或土壤中由于其他因素造成含其他有害物质及土壤酸碱度过重等。同时工厂区地上地下管线多，影响植物的正常生长。所以，选择具有适应不良环境条件的植物十分重要。因此，工厂绿化在选用乡土树种的同时还要考虑具有较强的抗污能力。

3. 要筛选具有空气净化能力的树种

绿色植物都有吸收有害气体、积滞粉尘的能力。要从中选择净化吸收有害气体效果好的树种及绿化材料。

4. 选择病虫害较少、容易栽培管理的树种

工厂因环境受到不同程度的污染，影响到植物的生长发育。植物生长受抑制时，抗病虫害的能力就有所削弱，于是就易感染各种病虫害。所以应选择那些生长良好、发病率低、管理粗放、容易发根、愈合能力强、受有毒气体伤害后萌发力强的绿化材料。

5. 选择有较好绿化效果的植物

工厂的防污绿化要选择速生而寿命长，枝叶茂密，防蔽率高的树种。同时要考虑姿态优美、有色有香、美化效果好的树种及绿化材料。

由于厂矿企业大都有不同程度的环境污染，立地条件较差，垂直绿化面临的困难较多，适宜生存的攀缘植物必须具有抗性强的特点，如抗二氧化硫较强的攀缘植物有地锦、五叶地锦、金银花等；紫藤抗氯气和氯化氢的能力较强；金银花、南蛇藤、葡萄等对氯气的抗性弱。应根据各厂矿企业污染状况的不同及立地条件的具体情况，选择适宜生长的攀缘植物，大面积垂直绿化，充分发挥绿化植物抗污、防尘、降温、增湿的作用，改善厂矿的环境状况。

6. 适当选择一些适用的经济树种

可选择适应性强，又便于管理，较粗放的果树，如核桃、杏。这样既可供观赏，又可得到实惠的经济效果。

7. 选择不妨碍卫生的树种

具有恶臭、异味、飞花的树种不要选用，以免造成精密仪表的失灵及净化水表面布满落叶、飞花不卫生的状况。

（二）厂区绿化布局

依据厂区内的功能分区，合理布局绿地，形成网络化的绿地系统。工厂绿地在建设过程中应贯彻生态性和系统性原则，构建绿色生态网络。合理规划，充分利用厂区内的道路、河流、输电线路，形成绿色廊道和网络状的系统格局，增加各个绿地间的连通性。为物种的迁移、昆虫及野生动物提供绿色通道，保护物种

的多样性，以利于绿地网络生态系统的形成。

工厂在规划设计时，一般都有较为明显的功能分区，如原料堆场、生产加工区、行政办公及生活区。各功能区环境质量及污染类型均有所不同。另外，在生产流程的各个环节上，不同车间排放的污染物种类也有差异。因此，必须根据厂区内的功能分区，合理地布局绿地，以满足不同的功能要求。例如，在生产车间周围，污染物相对集中，绿地应以吸污能力强的乔木为主，建造层次丰富、有一定面积的片林。办公楼和生活区污染程度较轻，在绿地规划时，应以满足人群对景观美感和接近自然的愿望为主，配置树群、草坪、花坛、绿篱，营造季相色彩丰富、富有节奏和韵律感的绿地景观，为职工在紧张枯燥的工作之余，提供一处清静幽雅的休闲之地，有利于身心健康。

1. 厂区周围绿化

厂区周围绿化，在厂区绿化工作中是很重要的。由于厂区所处的位置不同、生产产品不同、排放的污染物种类有别、近邻状况不同，在绿化布局上应有很大差异。在一般的大气污染环境中，应建立封闭式环网化结构。在夏季下风向处应多配置夏绿阔叶树，在冬季的下风向处应多植绿针叶树，以形成冬夏两季进风口。通过风口，外界气流进入并带动污染气体在各种环网状小区内流动，使污染物在林网中得到净化。对重污染区，应采取开放输导式结构。在冬夏两季主风向的垂直面上，应疏植低矮灌木，同时，沿顺风方向，以乔木林带区域加以分隔。

例如，金属冶炼厂、化工厂、制药厂等，每天要向环境中排放大量的二氧化硫、氯气、氟化氢及其他酸碱性有害气体。这样，厂区周围绿化要栽植抗污染、耐盐碱、吸滞有害气体能力强的树种。厂区面向主导风向的上风方位，要栽成开口式，目的是让厂外新鲜空气吹进厂内，而主导风向的下风方位，可根据具体情况，设计两种不同形式。

①当下风方向接近野外，无居住区、又无邻接工厂时，可搞开口式，以利于风穿过，借此疏导厂内污染气流，降低厂内有害气体浓度，减轻厂内空气污染。

②当厂区的下风方向邻接居住和无污染厂区，或文化区、商业区时，则厂区周围绿化除主导风向一面搞成开口式让新鲜空气进入厂内外，其余方位均应为封闭式，密栽叶大荫浓的高大乔木，让风从上风方向开口处进入。使进入厂内的新鲜气流将厂内污染的热气抬起、上升向高空扩散，减轻三面近邻单位的受害。在条件允许的情况下，可在厂区周围密植多行乔木，无条件时可栽 2～3 行乔木，并配置亚乔木和花灌木及草坪植物，以减少污染气流向邻近单位的扩散污染。

2. 厂前区绿化

厂前区一般面向街道，是厂内外联系的要道，又是工厂行政、技术管理中心，是内外联系工作必经之路，是厂容、厂貌的集中表现。有的厂前区临街，因此厂前区绿化又是市容的组成部分。该区的绿化以防治污染、创造安静整洁、优美舒适的工作环境为目的。厂前区绿化首先要符合功能要求，既达到净化环境、美化环境，又要做到节约用地。

厂前区的绿化，要根据建筑物的规模安排适当的绿化用地，用适宜的绿化树种做衬托，要尽量做到和谐、匀称。花坛、树坛的布局多采用几何图形，一般为两侧对称，显得庄重有气魄感。边缘地带和临近专用道路部分要配置高篱，并适当栽植乔木，隔绝外部干扰。建筑物前，通向街道的两侧，可设置带状树坛，宜行植或丛植花灌木和常绿树。楼前窗下可设置与楼平行的带状树坛或花坛，配置树木要与楼房相称。高树要设在两窗间墙垛处，不影响室内采光。在窗下可植栽花灌木和草本花卉。厂区前的核心位置或重点地段，在可能条件下可设置花坛，种植宿根花卉或一年生草花，或设置花架摆放盆花。盆花要随季节更换，从色彩上增加全区美感。除道路或活动场外，一切裸露地面应用草坪覆盖。要注意树木与地下各种管线和建筑墙面必须保持一定距离，凡设置花坛要选择不同花期植物，可得到季季有花赏。要注意在厂前区适当配置观叶植物和冬季看青植物，以调节冬季景观。

3. 生产区的绿化

生产区的绿化包括车间周围绿化、辅助设置、道路、广场、边角空地绿化。生产区绿化对改善生产环境、补充生产条件、保障工人身体健康有着直接关系。

①厂区道路绿化，是厂区净化林的主体，对厂区空气净化、环境美化、遮阴、调节空气温度、湿度都有着重要意义。道路绿化方式是多样的，主要根据其与厂房间保留绿化用地的宽度而定。

a. 在道路狭窄无法栽种绿化带的情况下，可在建筑物墙基周围，用砖砌成带状花坛、树坛，栽植爬墙植物和草本花卉，或栽修剪成球状的灌木等。也可在道路两侧围绕建筑物栽植绿篱，修剪成整齐的树墙。总之，既要达到绿化、净化、美化环境效果，又要不影响室内光照或道路交通给人以宽阔之感。

b. 除了 3～5 m 宽的交通路面，两侧还有 2～5 m 的适宜绿化用地时，可在路边石外栽成 60～80 cm 高的绿篱，绿篱中按 3～5 m 株距栽植观花亚乔木，绿篱内侧栽草花或草坪，配置开花灌木丛。但配置植物从里向路面要有坡降层次，尽量选择不同开花期的植物，达到长期有花赏的效果。

c. 除了 5～8 m 宽的交通路面外，两侧还有 5～10 m 的绿化用地时，可有几种不同的栽植形式，这类多半为厂区的主要干道，也可以说是主要送风道。

路面需要遮阴条件的，可在快车道两侧抬高路面 15～20 cm，铺成 2～3 m

宽的人行路面，在近快车道一侧，每隔 3～5 m 留出 80～100 cm 的方形树坛，栽植叶大荫浓的乔木或亚乔木，在铺装人行道的外侧，栽植整齐的绿篱，绿篱里侧栽植草坪或草花，或栽植观花、观果的灌木及桧柏、云杉、冷杉等。如路的两侧是墙面，没有光照要求，近墙可栽植高大乔木或爬墙藤本植物。

路面不需要有遮阴条件的，可在近路边栽植 80～60 cm 高的绿篱，里侧布置花丛和树丛，也可不栽绿篱，在两侧用砖石水泥建成不同的带状或各种几何状树坛、花坛，栽植观花、观果和常绿针叶树，可在适当位置造山石景配置相宜的植物。

d.如果厂区道路宽阔，可在路面中央建分车绿带，栽植草坪、草花，间栽整形球状灌木。在车道与人行道间，建带状绿地，栽植观花、观果植物。近人行道一侧可栽植矮绿篱；在人行道靠近建筑物一侧，可建各种花坛、树坛或盆式造型。造型要简单、大方，用美术家粗线条的笔墨，给观者以象形猜想的意趣，不要搞得太复杂烦琐、造价高，反而不美。两侧的花坛、树坛要围成一个一个小区，栽植观花、观果植物。组成自然式树丛，构成不同景观，显得粗犷、有野趣，如处在污染厂区，必须注意选择抗污树种，只有树木成活才能达到绿化、净化的效益。

②对防尘有特殊要求的车间厂房周围绿化。在精密仪器厂、晶体管厂、电子管厂、手表厂、胶片厂车间区的绿化，要着重解决防尘问题，如污染尘源在厂区外围，宜栽植适应性强、枝叶茂密、叶面粗糙、叶片挺拔密集、风吹不易抖动的多毛、滞尘能力强的落叶乔木和灌木。在选择树种时，既要考虑树木单位面积的滞尘能力，又要考虑全树的总面积。一些低矮的小乔木和灌木，如木槿、黄杨等，尽管单位面积的滞尘能力较强，但总面积小，不能起很大作用，只能作为防尘林下层的陪衬植物。需要在尘源方向栽成防护林，林带行列采取垂直于尘源方向，以阻挡含尘气流的侵袭，并起到过滤尘粒作用。

在远离尘源的工厂，应在主导风向的上风方位设置与风向垂直结构的林带，其行数根据地力情况而定，有条件的可植多行，无条件的可植 2 行，最好搞成乔、灌、草相结合的立体配置，以加强防护效果。不管哪种形式，在车间周围除必须通道外，尽量用绿篱圈围，墙面利用攀缘植物覆盖，裸露地面铺植草坪，人行道要铺设方砖、水泥或柏油路面。有条件可设置喷水池群，尽量减少一切起尘。植物选择一定忌用飞絮、飞花树木和花草。

③对防毒、防菌有特殊要求的车间环境绿化。制药厂、食品加工厂、自来水贮存池等单位，车间环境绿化的主要问题是要解决多方面的防护作用。首先从厂址的选择来说应远离污染源，并应在污染的上风方位，尽量避免设在闹市。即使设在合适地点也要注意防风沙、防烟尘、防止地表水质污染。在进行绿化布置时，

要多层次密植乔灌木，适当布置小水池、喷泉等，以增加空气湿度。

a.厂外要设置封闭式防护林。最好选择树干高大，枝叶繁茂的乔木，常绿针叶树应占三分之一。应尽量配置成乔木、亚乔木、灌木、草坪的多层次结构，带宽要在 12 m 以上，绿带愈窄愈要密植。

b.车间周围绿化尽量用绿篱将绿化小区与道路分隔开，绿化小区内栽植草坪，草坪上要丛植观叶、观果的亚乔木或灌木丛。经常活动的空地中，在不影响室内光照条件下，要栽植叶大、荫浓、干直的庭荫树，尽量配植些有释放杀菌素能力的树种，忌用有毒、有异臭气味的树种。

④排污厂区、车间周围环境绿化。在金属冶炼高炉旁，化工厂液体氯、氨、酸、碱生产车间周围，在农药厂合成车间周围，往往有大量的二氧化硫、氯气、盐酸气、硫酸酸雾、氟化氢、苯、酚、氨等有害气体及铅、镉等重金属粉尘排放，使空气、土壤、水质均受到严重污染，不但危害人的身体健康，而且使绿化植物难以成活。

污染严重的车间周围，绿化以达到吸收污染、有利于污染物扩散为目的。在这些地段绿化首先是根据排放有害物质种类，选择相应的具抗污能力树种（抗污树）。根据树种抗污性能强中弱分别栽在污染严重、中度、较轻等各个地段。在土壤污染严重地段和地表水严重污染地段要进行换土，加隔离层或搞成树坛式栽植。为了确保绿化植物成活，要经常喷水洗尘，加强养护管理及病虫害等防治工作。为了充分发挥绿化植物的净化功能，在绿化布局和植物配置上，要因地制宜做到合理。一般按净化方式的不同，大体上有两种布局形式。

a.把污染物托向高空再疏散。这种布局方式在车间或厂区外邻接居住区域或商业区、文化区的情况下适用。首先是在厂区外围设置环状绿地。要在冬、夏季主导风向留出通风道口，并用绿带把风引向污染源中心。夏季送风道向污染源的引风绿带绿树疏植，该送风绿带夏季为送风道，冬季为挡风墙。这样既可改善污染区厂内环境，又可减少近邻受污染伤害。

b.对残余污染物就地净化式绿化布局。在中度污染情况下，近邻是居住区或无污染厂，且厂内有较好的绿化条件的，对残余污染物应采取就地净化绿化布局。因为各种绿化植物对各种污染物有一定的净化能力，但不同树种对不同的有害气体的净化能力有一定差异，应尽量选择净化能力较高的树种栽植。

为了达到就地净化的目的，需要在污染源（生产车间）的下风方位，配置多层以污染源为中心的弧形绿带或垂直于盛行风向的林带。要间断成段，作为透风道口，透风道口要内外交错，从内向外分别为透风层、半透风层和不透风层三种吸滞净化绿带。

上风位置配置放射式或平行于风向的绿带，并组成隔离式通风道。这样每年在绝大多数时间中，上风绿带能起到引导风流作用，把污染物送向下风林带，使污染物逐步被树木或地被植物吸收或滞留。当较短时间的风与常年盛行风向相反或呈一定夹角时，气流仍可通过间断成段的林带，比较缓慢地将空间污染气流推向放射状林带或平行林带。虽然放射状林带或平行带对污染物质吸收或滞留的作用较差，但由于气流速度较缓慢，含污染物的空气在林间持续时间较长，所以也可起到吸收和滞留作用。这种类型的车间必须搞好综合治理，尽量做好消烟除尘、减少有害物质的跑、冒、滴、漏。

一般来说，污染厂区日间尽量促成污染气流上升，把污染物托向高空扩散。当晚间出现逆温层时，污染气流上升比较困难，可发挥就地吸收净化功能，来降解污染物质。北方城市常年盛行风向是南风或西南风，冬季短期为北风或西北风。这种布局适合新建污染厂区绿化规划布局，把各个生产车间安排在绿带间，在绿带中设厂区的纵横道路，建成与主导风向垂直的线带。

有研究表明：距林带边缘 l m、10 m、50 m、100 m 处林带的净化率分别达到 18%、33%、47%、57%。不同林带结构以疏透结构的最好，绿篱的净化效率平均可达 43%，而且绿篱的高度越高，影响的距离越远。散生结构的净化率因树种而异，影响净化率的主要因子是叶量和叶面积。

在排放有害气体的车间附近，常会出现跑、冒、滴、漏等排放造成的局部污染，为使污染物尽快扩散稀释，不应布置成片、过密、过高的林木。在可能泄漏可燃气体的装置周围，不能种植茂密的灌木及绿篱，以免妨碍空气的流通，可以稀疏地布置一些树木并铺设一些草坪。在距污染源较近的地方，必须选择对有害气体抗性强、吸收能力强的树种。

⑤易燃易爆车间、厂房周围环境绿化。在炼油厂、石油化工厂、军工火药厂等车间厂房环境中的绿化布局，应重点考虑防火问题。因为这些厂房、车间一旦发生爆炸就会酿成巨大火灾。

防火树种，要求叶片含水量多、叶片厚。因为含水多，叶子受热时温度不易增高；叶片厚，水分散失需要时间长，相应就延长了起火时间。一般阔叶树比针叶树耐火性强，因而最好是叶片密生的阔叶树，树冠空间越小，隔热和防火的效果越大。柞树类树木不易燃烧，是首选的防火树种，有绿叶的银杏的防火性非常高，要忌用含油脂多的易燃树种。

另据研究测定，乔木树种发热量与油脂含量间的关系呈曲线上升。灰分越多，林火蔓延越迟缓，燃烧越不完全，火强度越小。树皮厚度结构不同，易燃性能也不同。易燃性的排序：针叶树为樟子松—油松—云杉—杜松；阔叶树为糖槭—白桦—绦柳；灌木为白丁香—紫丁香—南蛇藤—红瑞木—连翘。据研究，地面以上枝干部分烧焦而仍然能发芽的有：梧桐、石榴、香椿、垂柳、八角金盘、斑叶正木、葡萄、夹竹桃、无花果、紫藤等。一时枯凋而又发芽的有：银杏、朴树、杜鹃、丁香、黄杨、紫丁香、三角枫等。其他防火树种有：珊瑚树、女贞、臭椿等。

车间、厂房的防火，最好是在周围栽植2行或数行交错的乔木、亚乔木和灌木。绿带间要留有6 m以上的空地。空地最好用水泥方砖铺砌或设喷水池阻隔，忌铺草坪。乔木栽植密度可栽成株距4～5 m，乔木前要栽灌木。

在防火绿带布局上应采用环境封闭式绿化布局，以便更好地阻隔外来气流进入，以免出现风助火势。环状封闭式绿化布局，可使内部燃烧缺氧，降低火势，隔断邻接车间的连锁反应。但必须留出消防车道，以备一旦起火时急救。

⑥噪声源周围的环境绿化。在噪声源（如鼓风机房、排风机室、泵站等）周围，宜选用树冠矮、分枝低、枝叶茂密的乔、灌木，高、低搭配，组成连续、密集的声障林带，以减小噪声的强度。沈阳市南化公司催化剂厂在锅炉房附近采用悬铃木、女贞为主的树木，间栽龙柏、黄杨构成林带，并在靠近车间处设置花坛、草地，收到了较好的效果。

⑦污染监测植物的配置。在距污染源的适当地点，有针对性地种植一些敏感植物，以监测大气中有害气体的浓度，便于早期发现不正常排放。监测植物必须具有较强的再生能力，一般采用便于培育、移植、成本低的草本和灌木。

4.仓库区的环境绿化

工厂的仓库，一般用于贮存材料和成品，需要防火、防尘，防酸、碱侵蚀污染。仓库周围绿化主要是阻隔粉尘和有害气体侵入，同时也具有防火功能和掩避作用。

仓库区的绿化布局，是在仓库周围设置防护隔离林带，最好是常绿树和落叶树混交，冬夏都能起到防护效果。仓库区和外界最好是用较高的绿篱隔开，凡是裸露地面均应铺上草坪以防止起尘。为了使仓库贮存物资免受夏季烈日曝晒和辐射热的影响，在仓库周围要栽植些树冠高大、枝叶浓密的乔木，还要注意通风口不受树冠阻挡，方能使库内通风良好，以免贮存物资受潮霉烂，同时有利于运输通行。要预留出足够的道路宽度和转角空间，一旦发生火灾，消防车可畅通无阻。

仓库区周围的绿化树种应选择叶大、质厚、含水量高的树种，并且要选择吸收水分和散失水分能力强的树种，还应选择抗污染、吸收有害物质能力高的树种。

5.已污染土地的绿化

对于土地污染，人工林结构设计除应保证树木有较高生长量外，还应适量增加密植，缩小株行间距。据测定，在城市郊区污染严重的土地上，以加拿大杨、北京杨等为主，采取 1.5 m × l m 的林木结构，在 5 ～ 7 年间，表层土壤中镉的年平均消减量约为 0.65 ug/g。

（三）厂区绿化植物配置原则

1. 制定科学的绿地定额指标，努力提高绿化面积

国内外大量的研究材料证明，30% ～ 50% 的绿化覆盖率是维持生态平衡的临界幅度。对于有污染的工厂企业来说，绿地指标（面积或覆盖率）应综合考虑用地条件、碳氧平衡和污染净化的需要。我国建设部制定的《城市绿化规划建设指标》规定：到 2010 年，城市绿地率要达到 30%。工厂企业绿地应以该指标为基础，深挖潜力，努力提高绿化面积。1990 年《北京市城市绿化条例》中对绿化用地占建设用地比例做出规定："产生有毒、有害气体污染的工厂等单位，不低于 40%。"并要求按有关规定营造卫生防护林带。

2. 选择抗逆性强的树种

因为工矿企业的环境一般比较差，有许多不利于植物生长的因素，如酸、碱、旱、涝、多砂石、土壤板结、烟尘、废水、废渣以及有害气体等，为取得较好的绿化效果，就要选择抗逆性强的树种进行培植，以适应环境。

3. 适地适树，合理配置，构建生态稳定的复层群落

自然界中的植物都是以群落的形式存在的，生态园林的建设就是通过模拟自然界的植物群落，借鉴地带性植被的种类组成、结构特点和演替规律，开发利用绿地空间资源，根据不同植物的生态习性，合理配置乔、灌、藤、草，丰富林下植物，形成物种丰富、层次复杂的复层群落结构。一方面可提高绿地的三维绿量和生态效益，另一方面增加了群落的稳定性和自我调节的能力，降低了人工维护成本。绿化植物群落组合及层次结构是提高绿化水平及效益的关键。

在绿色植物配置比例上，以乔木为主，与灌木结合，以花卉做重点地区点缀，地面栽铺草坪和地被植物，增加绿色覆盖面积。一般乔、灌、花、草配置比例乔木占 60%，灌木占 20%，草坪占 15%，花卉占 5%。乔木中又以阔叶树为主，和常绿树保持合适比例，一般为 3 : 1。北方冬季长，常绿树多些，保持绿色常青，增加生机；夏季阔叶树遮阴效果和调节小气候效果明显。其中以速生快长为主，使绿化效果提早实现，一般速生树约占 40% 左右。另外，创造条件搞垂直绿化，加大绿化功能和作用。关于落叶与常绿树种配置比例不宜机械套用，工业现代化水平和工艺条件不同，配置比例也不同。就世界园林来看，日本园林是以常绿为主。从中华人民共和国成立以后城市园林建设中落叶与常绿树种配置比例多为 3 : 1，近几年来，在树种选择上，常绿树种比例明显增加，特别是在污染小、工艺条件

精、现代化水平高的工厂，凭着适地适树原则，能绿则绿，这样一年四季都可以显示树木绿色的生命力。目前有些工矿企业在落叶与常绿树种配置比例上，可以由原来的 3∶1 变为 1∶1 或落叶树再少些。也就是说，在树种配置比例方面，既要遵循科学规律，同时也要在实践中不断探讨，以适应园林事业发展。

植物物种的生态多样性决定了群落和绿地类型的多样性。工厂的绿地可构建以下几种类型：①环保型绿地；②观赏型绿地；③保健型绿地。

另外，根据工厂的实际情况，也可利用具有经济价值的物种建造生产型绿地，在满足环境要求的同时，取得一定的经济效益。

三、城市防污绿化工程的构建

以沈阳市为例进行分析。

①沈阳市重污染区基本在中长铁路以西，铁路以东污染较轻。为了使铁路以东空气污染减轻，可沿着铁路两侧栽植防污隔离带，以减轻污染气流向路东扩散。

②沈阳市夏季多为南风和西南风。为了不影响有害气体的扩散稀释速度，应尽量提高绿化、净化效果，多建南北或西南东北向的防污林带。

③重视街道、公园、三角地、厂区庭院绿化，市区内要多建绿地，以利于净化空气和减少起尘。东南西北向防污林带不宜建得过密，以免造成有害气体堆积，从而加重局部危害。

④在重污染区应尽量多栽适合当地条件的乡土抗污染树种，如加拿大杨、旱柳、榆树、刺槐、皂角、花曲柳、沙枣、梓树、桑树等。还可栽植刺槐、垂柳、白榆、银杏、黄檗、山桃、卫予、美青杨、糖槭、臭椿、紫丁香、叶底珠、紫穗槐、接骨木、柽柳等树种。另外，在严重污染区绿化要配置抗性强的花灌木水蜡、忍冬等，并宜栽大苗，尽量少栽和不栽小苗。

在中度污染区除可栽抗性较强的两类树种外，还可栽植国槐、枫杨、三角枫、五角枫、稠李、小叶朴、美国木豆树、桧柏、冷杉、暴马丁香、柳叶绣线菊、山刺梅、山梅花等抗性中等树种。

在轻度污染区绿化，凡是城市现有的绿化树种和花灌木都可以栽植。

⑤沈阳章士开发区是镉污染较严重的区域，可栽植吸滞能力较强的美青杨、桑树、旱柳、梓树、榆树、刺槐、稠李、枫杨、皂角、黄金树、东北赤杨、花曲柳、枸杞、柳叶绣线菊、桃叶卫矛等。

为了解决绿化用地不足的问题，应重视藤本植物栽植。凡是能上架的植物都可用来绿化厂区和庭院，如葡萄、地锦、南蛇藤、蛇白蔹、五味子等都可用来做绿化材料。

工业区绿化应根据工厂的性质和排放污染物的类型选择相应的树种。植物配置以常绿树与落叶树种相结合；速生树与慢生树种相结合；以构建环保型群落为主，辅以观赏型及保健型群落。

第三节　市、县郊绿化工程

一、市郊绿化工程

国内外城市园林绿化建设的实践和有关的研究已经表明，城市中心区域的绿化在改善城区环境质量方面的作用固然重要，但就一个城市整体而言，相对独立、封闭、有限的城区绿化已不足以形成改变城市整体环境质量的效益。必须越出城区界限，向与城郊连成一体的大环境绿地方向迈进。特别是大面积绿量的城郊，尤其是城郊森林的保护、建设及拓展，对城市的生态环境必定会产生积极的影响。只有实现城郊一体大规模的园林绿化建设，才能有助于整个城市环境质量的改善。因此在城市中心区公共绿地建设的同时，发展城郊绿化，规划安排城郊经济林和防护林的结合，可确保生态效应的发挥和景观的稳定性，为市民郊游、植物观赏等活动提供条件。既可以在城内公共绿地生态效益有限时，让城郊绿化生态效益来补充，同时也可充分利用市郊的风景资源，开发各种类型的旅游区，为提高城市居民的生活质量和发展城市经济服务。所以，郊区绿化作为建设城市生态园林的有机整体，必须依据城市生态功能的需要，与中心城市建设同步规划，同步实施，同步发展。

和城区绿地相比，城郊绿地一般面积较大，植物群落结构相对合理，单位面积的绿量也较大，绿量总量是市区的几倍至几十倍。其生态效益比市区森林大得多，且城周森林的防风固沙、涵养水源等方面的效益是市区森林无法比拟的。城郊森林式绿化覆盖对改善城区内部的环境有着积极的促进作用，这已被国内外大量实例所证实，据科学院情报所有关资料证明：当城市周围的森林覆盖率为5%时，要求市内绿地率要达到30%；当城市周围的森林覆盖率提高到16～20%时，市内的绿地率可降到15%～16%。这些相关数据清楚地说明了市内绿化面积与市郊绿化覆盖率互为影响、相辅相成的密切关系，只有把市内绿化与市郊绿化连成一体，形成绿色环境包围城市的绿化大环境才能对城市生态环境起到改善与调控作用。

生态园林的城市大环境绿化建设，需处理好城市中心区域园林绿化网与城郊景观的配置和连通，以整体优化为原则，在空间的连续视觉场中，各类景观及景观要素和谐共存，融洽地交流，构成连续的整体。城郊景观处于过渡区域，为生态脆弱带，既有自然景观又不断产生人为干扰景观，是人与自然接触的枢纽。在进行城市环境绿化规划时，要尽量保持其自然景观，加强城郊景观与城市园林绿化网络的连通，再进一步加强城市景观与自然景观的连通，这是城市大环境绿化的要求。另外，城郊地形丰富、自然条件较优越，同时，城郊之间有大片的过渡地带，纵横交错的河渠、道路和众多的湖塘，可充分利用这些有利条件建设自然风景区、森林公园、自然保护区、防护林带、环城绿化带、林荫大道、森林大道等，使之与城市绿化网络贯穿，加强两者之间的交流，缩短人与自然的距离。世界上许多名城，如巴黎、莫斯科、华盛顿等，对城郊接合部森林绿地系统的建设均投入了很大的力量。人们常将城市近郊风景和城市中保留下来的自然景观相结合形成的整体城市面貌，看作是该市最具特色的景观。我国不少城市已开始了城郊结合、森林园林结合，扩大城市绿地面积，走生态大园林道路的探索。例如，长春市环城 17 个乡镇建宽 50 m 以上，森林覆盖率 20% 的防护林带；佛山市郊区 20 km 半径内山林、河岛辟作城市绿色屏障用地及保护区，同时营造 4 公顷阔叶林以建成生态型森林公园。

城市生态园林建设可以控制城市规模过快扩展，促进老城区改造和第三产业的发展。发展城市生态园林特别是在城乡接合部大力发展生态园林，营造城市防护林带、隔离片林，以及发展生产用地建设苗圃、花圃、鲜切花基地等，能有效地控制城区的快速扩大，促进旧城改造，减少土地资源浪费。同时，生态园林发展会带动第三产业的壮大，如家庭养花、阳台绿化、鲜花的生产与消费；森林旅游、森林文化等兴起，会促进社会稳定和经济繁荣。

郊区绿地可由中心城外围菜地、农田以及城市规划区内的大型风景区和海域构成。以农业和林业为基础，包括农田、海岸和河岸防护林网，荒滩林地，风景名胜区等组成大地绿地系统，它是保障大环境生态平衡的基础。可结合环城林带和风景区建设，形成城郊城市防护林生态体系。

（一）环城林带

城市气候的基本特征之一是具有"热岛效应"。为了改善城区炎热的气候环境，可在整个城区周围和各组团周围营造大片林地或数千米或数十千米宽的环城森林带，使城区成为茫茫林海中的"岛屿"，则可产生城区与郊区间的局地热力环流（乡村风）。城区气温较高，空气膨胀上升，周围绿地气温较低，空气收缩下沉，因而在周围郊区近地面的凉风向市区微微吹去，给城区带来凉爽的空气。

环城林带主要分布于城市外环线和郊区城镇的环线。从生态学而言，这是城区与农村两大生态系统直接发生作用的界面。主要生态功能是阻滞灰尘，吸收和净化工业废气与汽车废气，遏制城外污染空气对城内的侵害，也能将城内的工业废气、汽车排放的气体，如二氧化碳、二氧化硫、氟化氢等吸收转化。故环城林带可起到空气过滤与净化的作用。因而环城林带应注意选择具有抗二氧化硫、氟化氢、一氧化氮和烟尘功能的树种。

环城林带的形状和面积具有特殊性，环境效应虽逊于森林，但它与城市浑然一体，改变了城市景观，自然森林的基本功能同样可以得到发挥。许多人的研究成果说明了这种功能的巨大作用。环城林带与自然林一样对调节气候、净化空气、康体保健、降低噪音等具有显著作用，是发展旅游、户外娱乐、提高生活质量的理想基地。

上海市宽阔的外环路外侧是百米宽的外环林带，高大的香樟、女贞、意杨连成一片郁郁葱葱的树林，这就是上海市目前最大的人造森林。因是开放式的，市民可以随意去观光、休憩，所以又称为都市森林。上海已开始实施外环线环城绿带建设工程，在外环线建成 500 m 宽、97 km 长的外环线绿带和 10 个大型主题公园构成的环绕市区的"长藤结瓜"式的大型绿化圈；南京利用近郊 30 km 半径内的水体、山林、防护林及其他植被构成城市生态防护网；合肥已建成长 87 km，规划总用地面积达 136.6 hm² 的环城公园；西安沿绕城高速公路拟建 100～300 m 宽、67.5 km 长的林带；沈阳大二环沿线建成了景观生态林带，在外三环沿绕城高速公路，两侧外延各 100 m，建成了以改善沈阳生态环境为主要功能的生态防护林带。英国的伦敦，其环城绿带平均宽度为 8 000 m，最宽处达 30 000 m。大面积的绿地有效地起到冷却空气和推动空气运动的作用，充分发挥了环城林带的生态效应，从而改善了城市地区的小气候状况。

所有这些都说明环城林带、城市森林建设正成为绿化规划的趋势之一，被越来越多的城市规划采用。

环城绿化带的建设以生态防护建设为主。是以改善城市生态环境为主要功能的生态防护林带。其环城林带是一项大规模的系统工程，与绿地、农田、水域、城市建筑浑然一体，相映生辉，增强了城市边缘效应，成为生物多样性保护基地。搞好这一地区的绿化，不但将减少城市地区的风沙危害，而且会提高整个大环境的质量。

市郊必须在国道和市级干道、铁路与河道两侧开辟 10～100 m 不等的绿化带。在一般公路、郊区铁路和河道两侧开辟 10～20 m 宽的林带，在高速公路、国道和三环线两侧的林带要达到 50～100 m 以上的宽度。在河流两侧要营造

50 ～ 100 m 宽的绿化带。县级河道要有 10 ～ 30 m 宽的林带。这些郊区绿化系统可以直接与市中心区绿化系统联结起来，将郊区的自然生机带进市区，对改善市区生态环境发挥重要作用。

（二）市郊风景区及森林公园

增加城市绿色植物的数量将有益于改善城市景观的生态质量已为大家所认同。这种生态效益还有赖于植被的高度、类型和数量。目前，政府已越来越重视环城林带或城郊森林对城市环境的生态效应。

森林公园的建设是城市林业的主要组成部分，在城市近郊兴建若干森林公园，能改善城市的生态环境，维持生态平衡，调节空气的湿度、温度和风速，净化空气，使清新的空气输向城区，提高城市的环境质量，增进人民的身体健康。

在大环境防护林体系基础上，进一步提高绿化美化的档次。重点区域景区以及相应的功能区，要创造不同景区景观特色。因此树种选择力求丰富，力求各景区重点突出。群落景观特征明显，要与大环境绿化互为补充，相得益彰。乔木重点选择大花树种和季相显著的种类，侧重花灌木、草花、地被选择。

重点建设观赏型、环保型、文化环境型、生产型的人工植物群落。

在郊区道路树种的选择与配置上，应栽植一些喜光、抗旱、易成活、易管理、吸附能力强的树种，起到净化城区空气、改善城区环境质量、防风固沙的作用。并为市民提供游憩和休息场所。为了满足人民生活需要，在郊区可以发展各种果木林和一些经济树种等，构成城市森林的重要组成部分。同时环城路和郊区的行道树绿化区可对市区起到一种天然屏障的作用。

现代城市的园林建设，并不局限于市区，而是扩展到近郊区乃至远郊区，甚至把市区园林同郊区园林构成一个有机的整体。市区同郊区，既有其各自特色，又有总体上的协调。市区园林建设要反映城市园林景观的特点，并且塑建若干山、川、湖泊的人工景观。郊区园林建设应以当地自然景观为主体，建造一些反映我国传统园林特色的亭台楼阁，使市区园林和郊区园林在总体设计和布局上形成观光、游览、欣赏、修养的场所。

（三）郊区绿地和隔离绿地

在近郊与各中心副城、组团之间建立较宽的绿化隔离带，避免副城对城市环境造成的负面影响，避免城市"摊大饼"式发展，形成市郊的绿色生态环，成为向城市输送新鲜空气的基地。

市郊绿化工程应用的园林植物应是抗性强、养护管理粗放、具有较强的抗污染和吸收污染能力，同时有一定经济应用价值的乡土植物。有条件的地段，在作为群落上层的乔木类中，适当注意用材、经济植物的应用；中层灌木类植物中，可选用药用植物、经济植物；群落下层宜选用乡土地被植物。这样既可丰富群落的物种、丰富景观，造成乡村野趣，也可以降低绿化造价和养护管理的投入。

城市片林多分布在城乡接合部，具有城市防护、改善城市生态环境、提供游人郊野游玩场所等多种功能。同时，应配合有一定的经济林成分，以便步入自养自足的良性循环。因此，城市隔离片林复层结构种植模式设计，力求创造乔灌草复层结构，在最大限度地发挥群落生态效益的前提下，兼顾其立地条件和经济效益的发挥，以艺术性及其原理为依托，将城市隔离片林的复层结构模式设计成为景观型（包括"春景模式""冬景模式""夏景模式""秋景棋式""水景模式""四季景观模式"等）；林经型（包括"林果模式""林药模式""林蜜模式"等）；林生型（包括"防护模式""耐瘠薄模式"等）。

郊区的绿化以环城景观生态林带、环城生态防护林带建设为骨架，结合市郊风景区及森林公园建设进行。在城郊接合部成片成带地进行大规模生态绿化工程建设。这些绿带与城区绿地连在一起，构成较为完整的城郊绿化新体系。在树种选择上要多样化，在植物配置上要合理化，从而形成多树种、多层次、多功能、多效益的林业绿化工程体系。

二、郊县绿化工程

中国的改革开放与城市的功能定位，决定了城市必须走人口、社会、经济、环境协调的生态城市建设之路，而郊区郊县的城市森林建设则是维系城市生态大循环的基础。生态园林建设要从生态经济系统的综合性、整体性和协调性出发，追求综合效益。城市近郊和远郊的绿地森林系统是和市区紧密相连的风景游览地、防护绿地及生产绿地。它位于城市人工环境和自然环境的交接处，将其建设成永久性绿地，对城市的环境和景观效益有长远的意义。各城市的生态园林绿化工程尤其是郊县绿化工程应当与国家六大林业生态工程接轨，在总体宏观规划下，各区域林业生态工程间相互协作，既有分工，又密切联系，实现总体利益最大化、长远化。

近郊为市民提供游憩和保健所需的森林环境；远郊则在提供满足多种林产品需求的同时，形成一道城市外围生态屏障；郊县绿化既是大林业向致力于改善城市环境方面的延伸，又是城市园林事业面向更大空间的扩展。郊县绿化对改善城市生态环境有着至关重要的作用。它的主要目标是通过绿化、美化、净化和生产化来改善城市的生态环境，同时还要兼顾城乡经济发展的需要。要通过建设高速公路、国道、省道绿色通道，江河湖防护林体系，以苗木、花卉、经济林果、商品用材林为主的林业产业基地，森林公园和人居森林以及森林资源安全保障体系，迅速增加森林资源总量，大力发展城郊林业产业，增强生态防护功能，促进农业增效、农民增收。

城郊一体化的自然生态系统，将城市绿地系统同郊区的自然山川地貌、林地、湿地、农牧区紧密地连接，形成一个整体系统的自然环境，将一切对改善生态有积极作用的因素都调动起来。我国实行以城市为中心，市管县的行政体制，在城市环境建设上，完全有条件根据城市的实际需要，以城区为中心，城郊一体化地统筹规划，求得城市生态环境的改善。

三、城市生态园林郊县绿化工程的布局构想

（一）生态公益林（防护林）

包括沿海防护林、水源涵养林、农田林网、护路护岸林。依据不同的防护功能选择不同的树种，营建不同的森林植被群落。农田林网分布于农作物栽培区，起到改善农田小气候、保障农作物高产、稳产的效用。郊县绿化85%以上的农田要实现林网化，完好率要在90%以上。到目前为止，农田林网的树种配置为乔木和灌木混交，常绿与落叶树种混交，以形成复合林冠，有利于小气候形成及防治病虫害的蔓延。

（二）生态景观林

是依地貌和经济特点发展的森林景观。在树种的构成上，应突出物种的多样性，以形成色彩丰富的景观，为人们提供休闲、游憩、健身活动的好场所。海岛片林的营造应当选用耐水湿、抗盐碱的树种，同时注意恢复与保持原有的植被类型。

（三）果树经济林

郊县农村以发展经济作物林和乡土树种为主，利用农田、山坡、沟道、河岔发展果林、材林及其他经济作物林，既改善环境又增加了收入。这是城市农业结构调整中重点发展的生产领域，成为农业经济中大幅上升的增长点。提高科学管理水平，减少化肥农药的使用，生产优质无公害果品，是当前水果生产上的重要课题。要发展农林复合生态技术，根据生态学物种相生相克原理，建立有效的植保型生态工程，保护天敌，减少害虫密度。

果园业和经济林业是以森林绿化为主体的绿色产业，大面积种植有较高经济

价值的林木和果树，既可增加农民收入，又使城市的绿化覆盖率大大提高。

（四）特种用途林

因某种特殊经济需要，如为生产药材、香料、油料、纸浆之需而营造的林地或用于培育优质苗木、花卉品种，以及物种基因保存为主的基地，也属于这一类型。

各种生态防护林的建设根据其具体情况和环境特点进行人工植物群落的构建。有关各种防护林的构建技术，许多林业学者进行了较为深入的研究和探索，并取得了较为成型的经验。

四、植物的配置原则

（一）生态效益优先的原则

最大限度地发挥对环境的改善能力，并把其作为选择城市绿地植物时首要考虑的条件。稀疏的乔、草、灌木模式其绿地生物量及生态综合质量是比较低的。大面积的草地或单纯种植一种植物和片植彩叶灌木，无论从厚度和林相都显得脆弱和单调。应因地制宜，以乔、灌、草的复层配置结构模式为主。

（二）乡土树种优先的原则

品种的选择及配置尽可能地符合本地域的自然条件，即以乡土树种为主，充分反映当地风光特色。

（三）绿量值高的树种优先原则

可选择本区域特有的姿态优美的乔木作为孤植树充实草地。

（四）灌草结合，适地适树的原则

土层较薄不适宜种植深根性的高大乔木时，需种植草坪和灌木的灌草模式。

（五）混交林优于纯林的原则

适量地增加阔叶树的群落，根据对光的适应性进行针阔混交林类型配置。

（六）美化景观和谐原则

草地的植物配置一定要突出自然，层次要丰富，线条要随意，色块的布置要注意与土地、层次的衔接，视觉上的柔和等问题。绿化规划建设是一个系统工程，一定要按规律按原则来办，减少随意性，加强科学性，才能真正创造出具有鲜明特色的绿色环境来。

在树种的配置上要做到"水平配置"与"立体配置"相结合。所谓"水平配置"是指在生态林中各林种的水平布局和合理规划，在与农田及其水土保持设计的结合上，综合考虑当地的地形特征。一般作为水土保持体系，树种选择要突出防护功能，兼顾其他效益，森林覆盖率需达 30% ～ 50%。所谓"立体配置"是指某一林种组成的树种或植物种的选择和林分立体结构的配合形式。要确定林种内树种种类及其混交方式，形成林分合理结构，以加强林分生态学稳定性和形成开发利用其短、中、长期经济效益的条件。林种内植物种立体结构可考虑引入乔木、灌木、草类、药用植物等，要注意当地适生植物的多样性经济开发价值。总之，水平配置和立体配置使林、果、花、药、草的合理结合形成多功能、多效益的农林复合生态系统，充分发挥土、水、肥、光、热等资源的生产潜力，不断培植地力，以求达到最高的土地利用率和土地生产力。根据植物的生态功能，营造混交群落结构，同时增加群落物种种类，减少建植大面积草坪，提高叶面积指数和绿视率，构建生态园林景观和绿地系统。

森林群落是陆地所有植被类型中，生物量最大、物种构成最丰富，生态综合效应最高的类型，所以，高效的城市生态绿地系统不是简单的成片扩展，而要求将农村野式绿地设计改造为含有相当比例森林面积的近郊和远郊绿色空间。从城市整体考虑，郊区郊县的绿化应是植被生态效益的巨大生产基地和城市环境质量改善的重要依托。因而，郊区和郊县生态功能圈的绿化工程建设，不仅是完善的城市森林群落和城市生态绿地系统建设的重要内容，而且是把城市建在森林中的一项重大举措，是构筑改善城市生态环境条件，充分发挥森林多种功能的绿色长城。

总之，要根据城市自然资源分布、地理区位、地形地貌特点和区域生态特征，实施生态功能分区建设，并以五大生态功能圈的生态绿化工程建设为依托，逐步形成点—线—面的辐射带动格局，共同构筑特色鲜明、整体功能良好的跨世纪生态城市。

参考文献

[1] 刘库 . 李河：《浅谈城市道路绿化树种的设计与选择》,《防护林科技》2002
   （03）:37–38.

[2] 丁铭绩 . 浅谈城市道路绿化设计 [J]. 科技情报开发与经济 ,2003（12）:243–244.

[3] 贾世龙 , 李立新 , 孙建平 . 城市绿化工程管理模式的探索与实践 [J]. 沈阳建筑大
   学学报（社会科学版）,2005（01）:34–36.

[4] 曹灿景 . 论城市道路绿化设计应遵循的原则 [J]. 山东林业科技 ,2006（02）:79–80.

[5] 王令茹 , 徐春霞 . 浅论城市居住区绿化与树种的选择 [J]. 现代农业科技 ,2007
   （01）:38–39.

[6] 王光新 , 李静 , 张浪 . 城市广场绿化中植物配置与造景的探讨 [J]. 安徽农学通
   报 ,2007（02）:87–88,46.

[7] 孙亚平 , 杨黎明 , 石辉 . 攀缘植物与城市的立体绿化 [J]. 陕西林业科技 ,2007
   （02）:116–118.

[8] 张守臣 , 高正辉 , 袁超 , 等 . 城市道路绿化植物配置 [J]. 安徽农业科学 ,2007
   （24）:7441–7442.

[9] 陈江峰 , 王艳 . 城市居住区园林绿化的设计原则及其重点 [J]. 建材技术与应
   用 ,2007（09）:30–31.

[10] 王普升 , 王楠 , 刘晓霞 . 城市公园园林绿化可持续发展探讨 [J]. 陕西农业科
    学 ,2008（01）:188–189.

[11] 杨佐 . 浅谈城市广场绿化配植 [J]. 中国科技财富 ,2008（09）:115.

[12] 张祝 . 城市公园绿化存在的问题及对策 [J]. 黑龙江科技信息 ,2009（25）:134.

[13] 苏顶勋 , 赵阁 , 李晓庆 . 浅谈立体绿化在城市园林中的应用 [J]. 农业科技与信息
    （现代园林）,2009（11）:46–49.

[14] 刘卫,姚士宇,梁盛平.城市立体绿化研究[J].现代农业科技,2010(04):278-280.

[15] 胡传明.城市居住区绿化中植物配置与造景的探讨[J].安徽农学通报（下半月刊）,2010,16（06）:128-130+134.

[16] 高红巧.城市广场绿化植物的配植[J].科技资讯,2010（21）:160.

[17] 李智博,马力,杨岚,等.从城市规划看城市道路绿化景观设计[J].国土与自然资源研究,2011（01）:74-75.

[18] 孙淑霞.浅析城市居住区绿化存在的问题及对策[J].黑龙江科技信息,2011（09）:223.

[19] 朱开元,刘慧春.城市立体绿化的应用与植物选择[J].北方园艺,2012（02）:107-108.

[20] 吕素雁.当前城市广场绿化设计的问题和建议[J].南方农业,2012,6（02）:8-11.

[21] 肖寒.城市空间立体绿化的模式与未来的发展[D].北京林业大学,2012.

[22] 曹娟.城市道路景观生态绿化设计研究[J].安徽农业科学,2012,40（20）:94-96.

[23] 董翔.城市居住区绿化及植物配置探讨[J].技术与市场,2012,19（12）:177.

[24] 高梅.浅议城市居住区绿化设计[J].内蒙古农业科技,2013（02）:132-134.

[25] 刘景元,秦飞.城市道路绿化研究综述[J].园林科技,2013（02）:14-17.

[26] 邓益宁.城市立体绿化现状及发展趋势[J].企业科技与发展,2013(13):187-188.

[27] 康玲,张妍.立体绿化在城市绿化中的应用前景[J].中国园艺文摘,2014,30（03）:85-86.

[28] 马思云.城市立体绿化初探[J].中外建筑,2014（07）:118-120.

[29] 单丹宁.浅论城市公园绿化景观设计[J].黑龙江科技信息,2014（31）:274.

[30] 余超.南京城市综合公园立体绿化植物景观评价及优化设计[D].南京农业大学,2016.

[31] 赵新.公园绿化的植物配置策略探析[J].现代园艺,2016（18）:148-149.

[32] 侯志超.城市公园园林绿化可持续发展探讨[J].现代园艺,2017（02）:142-144.

[33] 郑婷,唐科佳.城市居住区绿化建设与管理问题探讨[J].黑龙江科学,2017,8（17）:32-33.

[34] 陶涛.城市居住区的环境绿化与可持续发展探究[J].现代园艺,2018（06）:169-170.